江苏省高等学校重点教材(编号:2021-2-053)

大学物理实验

主 编　刘成林

南京大学出版社

图书在版编目(CIP)数据

大学物理实验/刘成林主编. --南京:南京大学出版社，2022.1(2024.1重印)

ISBN 978-7-305-25324-9

Ⅰ. ①大… Ⅱ. ①刘… Ⅲ. ①物理学—实验—高等学校—教材 Ⅳ. ①O4-33

中国版本图书馆CIP数据核字(2021)第275408号

出版发行 南京大学出版社
社　　址 南京市汉口路22号　　邮　编 210093

书　　名 大学物理实验
DAXUE WULI SHIYAN
主　　编 刘成林
责任编辑 刘　飞　　编辑热线 025-83592146

照　　排 南京南琳图文制作有限公司
印　　刷 丹阳兴华印务有限公司
开　　本 787×1092　1/16　印张 18.25　字数 422千
版　　次 2022年1月第1版　2024年1月第2次印刷
ISBN 978-7-305-25324-9
定　　价 48.00元

网址：http://www.njupco.com
官方微博：http://weibo.com/njupco
官方微信号：njupress
销售咨询热线：(025) 83594756

前　言

大学物理实验是理工科专业学生进入大学后遇到的第一门系统、全面的实践课程，该课程对学生科学实验素养的培养有十分重要的影响。大学物理实验课程教学质量受学校重视程度、师资力量水平、实验设备条件、师生协同配合、教学严格要求以及课程组织实施等因素的影响，而实验教材则是深化教学改革、巩固教学改革成果、提高教学质量、造就高素质人才的重要环节。

本书是根据教育部高等学校物理学与天文学教学指导委员会编制的《理工科类大学物理实验课程教学基本要求》(2010 年版)和新工科对物理实验教学的要求，结合编者多年来的教学经验编写而成的。本书主要由绪论、物理实验基础知识、基础操作实验、基本训练实验、综合提高实验、研究设计实验和虚拟仿真实验等七个部分组成，既是物理实验教学改革的产物，也是培养学生科学实验素养和独立工作能力的重要载体。

本书主要特点有：结合物理实验教学的实际水平，实行以不确定度评定实验结果；实验理论与具体实验项目更加有机融合；实验项目紧贴工科专业标准和普通高校的实验条件，使学生经过努力便可以完成；结合物理实验在线资源，便于学生自学。书中还专门介绍了 Phyphox(手机物理工坊)在物理实验中的应用，通过拓展实验的方式实现随时随地做实验的目标。

在本书的编写过程中，我们参考了一些物理实验教材、网上实验资源(包括文字和图片)和期刊上有关物理实验创新文章，在此向有关作者谨致谢意！

本书的出版是大家共同努力的结果，主要有刘成林、姜辉、马以春、王晓华、崔娟、罗俊杰、张开明等老师参加了编写工作。在此编者特向为本书出版作出贡献的所有同志致以衷心的谢意！

本书可供高等院校理工科专业物理实验教学之用。限于我们的水平，书中错误和不足之处，敬请读者批评指正。

编　者

2021 年 12 月

目　录

第1章 绪 论

科学理论来源于科学实验，并受到实践的检验。所谓科学实验，是人们按照一定的研究目的，利用特定的仪器人为地控制和模拟理想条件，突出主要因素，对自然现象进行仔细、反复的研究并探究其内部规律的一种实践活动形式。它是自然科学的根本，工程技术的基础。大学生不仅要具备深厚的专业基础理论知识，而且要具备良好的科学实验素养，以适应当代科学发展、技术应用和工程实践的需要。

科学的发展历史已经证明：科学的理论来源于科学的实践，并指导我们的实践；科学理论要受到实践的检验，并在实践中不断地得到修正、补充和完善。对于科学研究来讲，科学实验是最重要、最基本的实践活动。而且，随着社会的发展和研究的深入，科学实验的重要性和基本性将会越来越突出。

科学实验是根据一定的研究目的，通过积极的构思，利用科学仪器设备等物质手段，人为地控制和模拟自然现象，使自然过程或生产过程以比较纯粹的或典型的形式表现出来，从而在有利条件下，探索自然规律的一种研究方法。

科学实验的主要任务，是研究人类尚未认识或尚未充分认识的自然过程，发现未知的自然规律，创立新学说、新理论，研制发明新材料、新方法、新工艺，为生产实践提供科学的理论依据，促进生产技术的进步和革命，提高人们改造自然的能力。

物理学是实践性学科。物理实验是建立和检验物理理论的基础，在物理学的研究中占有非常重要的地位。物理实验是人们根据研究和学习的目的，利用物理仪器和设备人为地控制或模拟物理现象，排除各种偶然、次要的因素的干扰，突出主要因素，在有利的条件下重复地研究物理现象及其规律。物理实验是物理学工作者的一种重要研究方法，同时也是学生学习物理的一种基本方法和途径。

§1.1 大学物理实验课程的目的、作用和任务

物理理论的建立是通过由物理实践到物理理论，再由物理理论到实践的辩证过程发展起来的。通过对物理学历史地、全面地考察可以发现，物理学本质上是一门实验科学。首先，物理概念的建立、物理规律的发现依赖于物理实验，是以实验为基础的，物理学作为

一门科学的地位是由物理实验予以确立的;其次,已有的物理定律、物理假说、物理理论必须接受实验的检验,如果正确就予以确定,如果不正确就予以否定,如果不完全正确就予以完善。例如,普朗克在黑体辐射实验的基础上提出了能量子概念,爱因斯坦通过分析光电效应现象提出了光量子;伽利略用新发明的望远镜观察到木星有四个卫星后,否定了地心说;杨氏双缝干涉实验证实了光的波动假说的正确性。可以说,物理学的每一次进步都离不开实验。

物理实验课程是对高等院校学生进行科学实验基本技能训练的基础课程。它可使学生得到系统实验方法和技能的训练,使学生掌握科学实验过程和基本方法,为今后的理论研究和科学实践活动奠定初步基础,它的物理思想、数学工具的应用及分析问题与解决问题的方法对发展学生的智力大有裨益。同时,在教学活动中,可以培养学生认真、踏实的学风以及严谨、实事求是的科学态度和科学精神,对促进学生整体素质的提高大有帮助。开设大学物理实验课程的目的在于:培养学生掌握物理实验的基本方法和技能,即掌握物理实验的选题、实验的构思设计、实验具体实施方法、实验结果的分析和研究等,使学生学会通过物理实验对外在的物理运动现象进行观察思考、测量分析和研究,从而完成对内在物质运动规律的认识和把握。掌握这种由感性到理性的科学思维方法,逐步培养学生运用自己所掌握的物理知识、物理实验方法和技能进行科学研究的创新能力。

大学物理实验课与大学物理理论课一起构成了高等学校理工科学生必修的基础物理学知识统一的整体。理论课注重对物理概念、物理规律的讨论和学习,训练学生的理论思维方法;实验课则以实际动手实验为教学手段,对学生进行全面而系统的实验方法和实验技能训练。理论课和实验课具有同等重要的地位,具有深刻的内在联系。

《大学物理实验》课程的教学任务是:使学生在中学物理实验的基础上,按照循序渐进的原则,学习物理实验知识和方法,得到实验技能的训练,从而初步了解科学实验的主要过程和基本方法,为今后的学习和工作奠定良好的实验基础。其具体任务是:

(1) 落实“立德树人”的教育根本任务。培养和提高学生科学实验的作风和素养,主要是理论联系实际、实事求是的工作作风,严肃认真的工作态度,积极主动的探索精神,遵守纪律、团结协作、爱护公共财物的优良品德。比如,伦琴在研究阴极射线时,偶然观察到阴极射线管附近的荧光板发光,正是他实事求是、严肃认真的品格才使他认识到了X射线的存在;开普勒(Kapler)在其老师第谷大量的天文观测资料(700多颗星体)的基础上,经过近二十年的不懈研究、分析计算才总结出了行星三大定律。在近现代物理学研究中,如果一个物理学工作者没有高度的合作精神,是很难取得成就的。

(2) 通过对实验现象的观察、分析和对物理量的测量,学习物理实验知识,加深对物理学原理的理解。如以电阻测量实验为例,电阻测量是物理电路实验的重点,电阻测量实验原理是欧姆定律、闭合电路的欧姆定律、串并联电路的电流、电压、电阻之间的关系。电阻测量实验方法一般有几种:万用电表测量法、伏安法、半偏法、比值法等。因此,通过电阻测量实验可以巩固欧姆定律、闭合电路的欧姆定律、串并联电路的电流、电压、电阻之间的关系以及多种电量测量方法等知识。

(3) 培养和提高学生的科学实验能力。包括:

① 能够通过阅读实验教材或资料，做好实验前的准备；

② 能够借助教材或仪器说明书正确使用常用仪器；

③ 能够运用物理学理论对实验现象进行初步的分析判断；

④ 能够正确记录和处理实验数据，绘制曲线，总结实验规律，撰写合格的实验报告；

⑤ 能够完成简单的具有设计性内容的实验。

§1.2　大学物理实验课程教学的基本要求

大学物理实验课程选择了大学物理学中具有代表性的实验课题，对理工科专业的学生进行系统的实验训练。通过实验，学生应能具备以下能力：

(1) 通过本课程知识的学习，培养学生的科学素养、科学敏锐性和创新思维。增强学生的逻辑思维能力，使学生获得严谨的科研态度，正确的人生观、价值观。提高学生的民族自豪感和爱国情操。

(2) 通过本课程知识的学习，使学生掌握物理实验的基本理论知识、基本方法和基本技能。掌握基本物理量的测量方法，学会正确使用基本仪器仪表和测量工具。

(3) 通过本课程知识的学习，使学生能定量研究物理量的变化规律，正确处理实验数据，并对实验结果做出正确的分析和评价。独立完成实验报告，具有初步的科学实验能力和创新能力，为其他后继实验课程学习打下良好的基础。

对理工科专业的学生来讲，了解和掌握物理实验研究的方法和技巧，不仅对物理学理论的学习是重要的，而且对提高工作能力和创新能力也是十分必要的，这是大学物理理论课不能做到，也不能取代的。因此，大学物理实验应该是理工科非物理专业学生的一门独立的重要的必修基础课程。

§1.3　物理实验的基本类型

在进行物理实践的过程中，由于所涉及的研究对象、实践的目的、采用的研究方法、获得结论的层次等方面特征的不同，我们通常将物理学的实践活动分为观察和实验两种基本类型。下面就简述其概念和特征。

1.3.1　观察

所谓观察就是对自然界中发生的某种现象，在不改变其自然条件的情况下，按照原来的样子加以研究的过程。比如，对天空观察后发现，晴朗无云的天空是蓝色的；通过对气候的观察发现，一年可以分为春、夏、秋、冬四季。观察的特征是：

(1) 现象是在自然状态下发生的，通常没有人为限制。因此，一般地讲，观察这种实践活动是简便易行的，是一种可以经常进行的实践活动，也是对现象进行深入研究的基础。在科学实践中，养成观察的习惯，掌握观察的方法，对一个科学研究者来说是极其重要的素质之一。

(2) 一般来讲，影响自然现象的因素是多而复杂的，通过观察一般只需对现象作定性研究，即了解影响现象的主要因素及大致关系。因此，仅仅观察是不够准确、不深刻的。

1.3.2 实验

所谓实验是在人工控制的条件下，抑制次要因素，突出主要因素，使现象能够向着更加直接、更加单纯的方向进行，并能反复重演，从而借助仪器设备对影响现象的因素进行测量的研究过程。实验的特征是：

(1) 按照研究的需要和目的人为地简化和控制现象发生和进行的条件

实验目的是为了突出主要因素，排除或减少次要因素的干扰和影响，使过程的进行更直接、更纯粹，以获得明确的结果。可见，实验也是物理学中一种重要的研究方法，实验对物理学的发展起着十分重要的作用，过去是这样，现在是这样，将来也一定是这样。比如，伽利略用落体实验驳倒了亚里士多德的“重的物体落得快，轻的物体落得慢”的说法；他在斜面实验的基础上指出：力不是维持运动的原因，物体的运动不需要力来维持。我们知道是伽利略开创了物理学的实验方法，也正是因为实验方法的引入才使物理学真正成为一门科学。牛顿“最伟大的宇宙定律”的正确性，是因为它能计算出哈雷彗星的运行周期(约76年)，解释了潮汐现象，指出了(当时)太阳系中还应有所谓冥王星、海王星的存在。詹姆斯・克拉克・麦克斯韦于1864年将电和磁“合”在了一起，把描述电学规律和磁学规律的关系式总结为优美的麦克斯韦方程组，他由此预言了电磁场和电磁波，指出光是一种电磁波。而这一结论的正确性是在经过了24年——麦克斯韦逝世(1879年)9年之后(1888年)，才由赫兹实验向世界宣布的。

现在的粒子物理学理论是以物质的夸克模型为基础的，即是说：如果找不到这六种组成物质的夸克——上夸克、下夸克、奇异夸克、粲夸克、底夸克、顶夸克，或者说，即使找到了其中的五个，粒子物理学的现行理论也将重建。因此，从1964年提出夸克模型之后，许多著名的物理学家都开始致力于寻找夸克的工作。到1976年就已经找到了前五种夸克，而顶夸克却不见踪迹，但科学家们并不气馁。幸运的是，到1993年至1994年间科学家们终于找到了顶夸克的踪迹，1995年3月2日美国科学家正式向世界宣布了顶夸克已被捉到。此外，值得一提的是：世界科学界最崇高的奖励——诺贝尔奖，一般都授予与实验有关的科学发现。

(2) 实验中，一般都需要对现象进行定量研究

实验一般都需要对影响现象发生的因素进行测量，以获得较为精确的结论或规律。现在，几乎所有物理问题最终都要被定量化。正因为如此，物理学才成为一门定量的精确的科学。物理学家们在长期的研究实践中，不仅创造了巧妙而丰富的实践方法，而且在进行物理问题定量化的过程中，还创造了许多物理学特有的研究方法。所有这些，不仅对物理学，而且对自然科学的其他学科，以及工程技术和社会科学、社会生活的各个方面都具有重要的作用和意义。

物理实验在探索和研究新科技领域，在推动其他自然科学和工程技术的发展中，同样起着重要的作用。自然科学迅速发展，新的科学分支层出不穷，但基础学科就是数学和物理两门。物理实验是研究物理测量方法与实验方法的科学，物理实验的实验技术和测量方法具有特殊的基本性和普遍性：力、热、电、光等所有的自然现象，其基本性是指它是其他一切实验的基础；同时，它还具有通用性——适用于一切领域，很多工程技术问题或研究课题，如果把它们分解开来，实质上就是一些物理问题。在工程技术领域中，研制、生产、加工、运输等过程都普遍涉及物理量的测量及物体运动状态的控制，这正是成熟的物理实验的推广和应用。现代高科技的发展，其设计思想、方法和技术也来源于物理实验，因此，物理实验也是工程技术和现代高科技发展的基础。

§1.4 学生物理实验规范

物理实验是一种严谨的活动，因此学生的实验课也必须是严格规范化的。为了更好地开展物理实验课的教学，对学生物理实验课程提出了一些规范化的要求：

(1) 实验前应认真预习，明确实验目的与原理，了解实验步骤、实验中所用仪器的性能及使用方法。

(2) 学生必须按时上实验课，迟到10分钟以上者不能进实验室，该次实验由本人申请，经实验室主任同意后方可安排其他时间补做，一学期三次未做实验者不能参加该课程考试。

(3) 进实验室必须保持安静，不高声谈话，不随地吐痰，不乱抛纸屑杂物，保持室内整洁。

(4) 实验前应检查本次实验的仪器设备、工具、元器件及材料是否符合实验所要求的名称、型号规格、数量及技术状态，若不符合应及时向实验指导教师报告。实验中不准动用与本实验无关或其他组的仪器设备、器皿、试剂等。

(5) 仪器安装完毕须经指导教师检查后方能进行实验。实验中，应集中思想，认真观察，积极思考分析，仔细测试，如实记录实验数据，不能马虎了事，不得抄袭他人的实验记录或伪造实验数据。

(6) 实验中要注意安全，听从教师的指导，按操作规程进行实验，做好有毒、易燃、易爆、强腐蚀性物质和放射源的防护。发生事故应立即采取安全措施，并及时报告指导教师。

(7) 爱护国家财产，节约水、电和实验材料等。凡损坏、丢失实验器材者，均应填写报损、报失单，并按有关规章制度进行赔偿。

(8) 实验完毕，须做好仪器的整理和实验台的清洁工作，经教师检查验收实验仪器、工具、线路，并在实验记录本上签字，经指导老师同意后方可离开实验室。

(9) 实验后，要认真地写好实验报告，包括实验目的、仪器用具、基本理论、步骤、原始数据、曲线图表、数据处理等，认真分析实验结果，并附上教师签字的原始数据。凡不符合要求的实验报告,必须重写。

(10) 学生进入开放实验室做设计性实验时,应事先与有关实验室联系,报告自己的实验目的、内容和所需实验器材,经同意后方可在实验室教师安排的时间内进行。

§1.5 物理实验报告撰写规范与格式

物理实验除了使学生受到系统的科学实验方法和实验技能的训练外,通过书写实验报告还可以培养学生将来从事工程技术开发和科学研究的论文撰写能力。因此,实验报告是实验课学习的重要组成部分,绝不是抄写记录和计算结果,而是要思索,在思索中提高科学的素养,增强独立进行实验的能力,希望同学们能认真对待。

每做一个实验必须完成一份实验报告。在下一次实验时,必须完成前一个实验的报告,否则不能进行下一个实验。大学物理实验报告书写规范要求:

(1) 实验前,必须完成实验预习报告,主要内容包括实验名称、实验目的、实验仪器、实验原理、实验步骤和实验预习思考题等。

(2) 实验名称和实验目的必须按实验室的要求填写。

(3) 实验仪器必须与实际实验所使用仪器相一致。

(4) 实验原理可以用自己的语言概括,不必照抄照搬书上的全部内容。实验原理图须用铅笔、直尺作图,要求比例大小适当。

(5) 实验步骤必须详尽,没有做的实验过程不要写在报告上。

(6) 实验原始数据必须记录清楚,必须有指导老师签字;实验数据纸须附在实验报告后,随实验报告交到实验室。

(7) 实验数据处理不一定有过程,但必须有实验结果或结论以及误差处理的结果。实验数据最好用图表形式表示。

(8) 按要求完成相关思考题的解答。

实验报告的基本内容包含以下七个方面:① 实验目的;② 实验仪器设备;③ 实验原理;④ 实验内容(简单步骤);⑤ 原始实验数据及处理;⑥ 结果与分析讨论;⑦ 实验后的总结并回答实验思考题。

第2章 物理实验基础知识

物理实验的任务不仅是定性地观察各种自然现象，更重要的是定量地测量相关物理量，而对事物定量地描述又离不开数学方法和进行实验数据的处理。因此，误差分析和数据处理是物理实验课的基础。本章将从测量及误差的定义开始，逐步介绍有关误差和实验数据处理的方法和基本知识。误差理论及数据处理是一切实验结果中不可缺少的内容，是不可分割的两部分。误差理论是一门独立的学科。随着科学技术的发展，近年来误差理论基本的概念和处理方法也有很大发展。误差理论以数理统计和概率论为其数学基础，研究误差性质、规律及如何消除误差。实验中的误差分析，其目的是对实验结果作出评定，最大限度地减小实验误差，或指出减小实验误差的方向，提高测量质量，提高测量结果的可信赖程度。对低年级大学生而言，这部分内容难度较大，本课程仅限于介绍误差分析的初步知识，将重点放在几个重要概念及最简单情况下的误差处理方法，不进行严密的数学论证，降低学生学习的难度，有利于学好物理实验这门基础课程。

§2.1 测量误差与不确定度

物理实验不仅要定性地观察物理现象，更重要的是找出有关物理量之间的定量关系。因此需要对物理量进行定量的测量，以取得物理量数据的表征。物理量测量是物理实验中极其重要的一个组成部分。对某些物理量的大小进行测定，实验就是将此物理量与规定的作为标准单位的同类量或可借以导出的异类物理量进行比较而得出结论，这个比较的过程就叫做测量。例如，物体的质量规定用千克作为标准单位的标准砝码进行比较而得出测量结果；物体运动速度的测定则必须通过与两个不同的物理量，即长度和时间的标准单位进行比较而获得。比较的结果记录下来就叫做实验数据。测量得到的实验数据应包含测量值的大小和单位，两者是缺一不可的。

国际上规定了七个物理量的单位为基本单位，其他物理量的单位则是由七个基本单位按一定的计算关系式导出的。因此，除基本单位之外的其他单位均称为导出单位。如以上提到的速度以及经常遇到的力、电压、电阻等物理量的单位都是导出单位。

一个被测物理量，除了用数值和单位来表征它外，还有一个很重要的表征参数就是对测量结果可靠性的定量估计，这个重要参数却往往容易为人们所忽视。设想如果得到一个测量结果的可靠性几乎为零，那么这种测量结果还有什么价值呢？因此，从表征被测量这个意义上来说，对测量结果可靠性的定量估计与其数值和单位至少具有同等的重要意义，三者是缺一不可的。

2.1.1 测量及其分类

1. 测量分类

(1) 根据测量方法可分为直接测量和间接测量。直接测量就是把待测量与标准量直接比较得出结果。如用米尺测量物体的长度，用天平称量物体的质量，用电流表测量电流等，都是直接测量。间接测量是借助函数关系由直接测量的结果计算出的物理量。例如，已知路程和时间，根据速度、时间和路程之间的关系求出的速度，这就是间接测量。

一个物理量能否直接测量不是绝对的。随着科学技术的发展，测量仪器的改进，很多原来只能间接测量的量，现在可以直接测量了。比如电能的测量本来是间接测量，现在也可以用电度表来进行直接测量。物理量的测量，大多数是间接测量，但直接测量是一切测量的基础。

(2) 根据测量条件来分，有等精度测量和非等精度测量。等精度测量是指在同一(相同)条件下进行的多次测量，如同一个人用同一台仪器，每次测量时周围环境条件相同，等精度测量每次测量的可靠程度相同。反之，若每次测量时的条件不同，或测量仪器改变，或测量方法、条件改变，这样所进行的一系列测量叫做不等精度测量。不等精度测量的结果，其可靠程度自然也不相同。物理实验中大多采用等精度测量。应该指出：重复测量必须是重复进行测量的整个操作过程，而不是仅仅重复读数。

测量仪器是进行测量的必要工具。熟悉仪器性能，掌握仪器的使用方法及正确进行读数，是每个测量者必备的基础知识。量程是指仪器所能测量的物理量最大值和最小值之差，即仪器的测量范围(有时也将所能测量的最大值，称量程)。在测量过程中，超过仪器量程使用仪器是不允许的，轻则仪器准确度降低，使用寿命缩短，重则损坏仪器。

2. 精密度、准确度、精确度

仪器的精密度、准确度和精确度都是评价测量结果的术语，但目前使用时其涵义并不尽一致，以下介绍较为普遍采用的意见。

测量精密度表示在同样测量条件下，对同一物理量进行多次测量，所得结果彼此间相互接近的程度，即测量结果的重复性、测量数据的弥散程度，因而测量精密度是测量随机误差的反映。测量精密度高，随机误差小，但系统误差的大小不明确。

仪器精密度是指与仪器最小分度相当的物理量。仪器最小的分度越小，所测量物理量的位数就越多，仪器精密度就越高。对测量读数最小一位的取值，一般来讲应在仪器最小分度范围内再估计读出一位数字。如具有毫米分度的米尺，其精密度为 1 mm，应该估计读出到毫米的十分位；螺旋测微计的精密度为 0.01 mm，应该估计读出到毫米的千分位。

仪器准确度是指仪器测量读数的可靠程度。它一般标在仪器上或写在仪器说明书上，如电学仪表所标示的级别就是该仪器的准确度。对于没有标明准确度的仪器，可粗略地取仪器最小的分度数值或最小分度数值的一半。一般对连续读数的仪器取最小分度数值的一半，对非连续读数的仪器取最小的分度数值。在制造仪器时，其最小的分度数值是受仪器准确度约束的，不同的仪器准确度是不一样的，测量长度的常用仪器米尺、游标卡尺和螺旋测微计，它们的仪器准确度依次提高。

测量准确度表示测量结果与真值接近的程度，因而它是系统误差的反映。测量准确度高，则测量数据的算术平均值偏离真值较小。测量的系统误差小，但数据较分散，随机误差的大小不确定。

测量精确度是对测量的随机误差及系统误差的综合评定。精确度高，测量数据较集中在真值附近，测量的随机误差及系统误差都比较小。

总之，精密度高是指随机误差小，数据集中；准确度高是指系统误差小，测量的平均值偏离真值小；精确度高是指测量的精密度和准确度都高，数据集中而且偏离真值小，即随机误差和系统误差都小。

2.1.2 测量误差及其分类

测量的目的就是为了得到被测物理量所具有的客观真实数据，但由于受测量方法、测量仪器、测量条件以及观测者水平等多种因素的限制，只能获得该物理量的近似值。也就是说，一个被测量值 N 与真值 N_0 之间总是存在着差值，这种差值称为测量误差，即

$$\Delta N = N - N_0 \tag{2.1-1}$$

显然误差 ΔN 有正负之分，因为它是测量值与真值的差值，常称为绝对误差。注意，

绝对误差不是误差的绝对值!

误差存在于一切测量之中,测量与误差形影不离,分析测量过程中产生的误差,将影响降到最低程度,并对测量结果中未能消除的误差作出估计,是实验中的一项重要工作,也是实验的基本技能。实验总是根据对测量结果误差限度的一定要求来制定方案和选用仪器的,不要以为仪器精度越高越好。因为测量的误差是各个因素所引起的误差的总和,要以最小的代价来取得最好的结果,要合理地设计实验方案,选择仪器,确定测量方法。如采用比较法、替代法、天平复称法等,都是为了减小测量误差;对测量公式进行这样或那样的修正,也是为了减少某些误差的影响;在调节仪器时,如调节仪器使其处于铅直、水平状态,要考虑到什么程度才能使它的偏离对实验结果造成的影响可以忽略不计;电表接入电路和选择量程都要考虑到引起误差的大小。在测量过程中某些对结果影响大的关键量,就要努力想办法将它测准;有的测量不太准确对结果没有什么影响,就不必花太多的时间和精力去对待,在进行处理数据时,某个数据取到多少位,怎样使用近似公式,作图时坐标比例、尺寸大小怎样选取,如何求直线的斜率等,都要考虑到引入误差的大小。

由于客观条件所限和人们认识的局限性,测量不可能获得待测量的真值,只能是近似值。设某个物理量真值为 x_0,进行 n 次等精度测量,测量值分别为 $x_1, x_2, \cdots, x_n$(测量过程无明显的系统误差),它们的误差为

$$\Delta x_1 = x_1 - x_0$$

$$\Delta x_2 = x_2 - x_0$$

$$\cdots$$

$$\Delta x_n = x_n - x_0$$

求和得 $\sum_{i=1}^{n} \Delta x_i = \sum_{i=1}^{n} x_i - n x_0$,即

$$\frac{\sum_{i=1}^{n} \Delta x_i}{n} = \frac{\sum_{i=1}^{n} x_i}{n} - x_0 \tag{2.1-2}$$

当测量次数 $n \to \infty$,可以证明 $\frac{\sum_{i=1}^{n} \Delta x_i}{n} \to 0$,而且 $\frac{\sum_{i=1}^{n} x_i}{n} = \bar{x}$ 是 x_0 的最佳估计值,称 $\bar{x}$ 为测量值的近似真实值。为了估计误差,定义测量值与近似真实值的差值为偏差,即 $\Delta x_i = x_i - \bar{x}$。偏差又叫做“残差”。实验中真值得不到,因此误差也无法知道,而测量的偏差可以准确知道,实验误差分析中要经常计算这种偏差,用偏差来描述测量结果的精确程度。

绝对误差与真值之比的百分数叫做相对误差。用 E 表示:

$$E = \frac{\Delta N}{N_0} \times 100\%$$

由于真值无法知道,所以计算相对误差时常用 N 代替 N_0。在这种情况下,N 可能是

公认值，或高一级精密仪器的测量值，或测量值的平均值。相对误差表示测量的相对精确度，相对误差用百分数表示，保留两位有效数字。

1. 系统误差与随机误差

根据误差的性质和产生的原因，可分为系统误差和随机误差。

(1) 系统误差

系统误差是指在一定条件下多次测量的结果总是向一个方向偏离，其数值一定或按一定规律变化。系统误差的特征是具有一定的规律性。系统误差的来源具有以下几个方面：① 仪器误差。它是由于仪器本身的缺陷或没有按规定条件使用仪器而造成的误差。② 理论误差。它是由于测量所依据的理论公式本身的近似性，或实验条件不能达到理论公式所规定的要求，或测量方法等所带来的误差。③ 观测误差。它是由于观测者本人生理或心理特点造成的误差。例如，在液体黏度(黏滞系数)测量实验中，由于黏滞阻力的影响，多次测量的结果总是偏小，这是测量方法不完善造成的误差；用停表测量运动物体通过某一段路程所需要的时间，若停表走时太快，即使测量多次，测量的时间总是偏大为一个固定的数值，这是仪器不准确造成的误差；在测量过程中，若环境温度升高或降低，使测量值按一定规律变化，是由于环境因素变化引起的误差。

在任何一项实验工作和具体测量中，必须要想尽一切办法，最大限度地消除或减小一切可能存在的系统误差，或者对测量结果进行修正。发现系统误差需要改变实验条件和实验方法，反复进行对比，系统误差的消除或减小是比较复杂的一个问题，没有固定不变的方法，要具体问题具体分析。产生系统误差的原因可能不止一个，一般应找出影响的主要因素，有针对性地消除或减小系统误差。以下介绍几种常用的方法：

① 检定修正法：指将仪器、量具送计量部门检验取得修正值，以便对某一物理量测量后进行修正的一种方法。

② 替代法：指测量装置测定待测量后，在测量条件不变的情况下，用一个已知标准量替换被测量来减小系统误差的一种方法。如消除天平的两臂不等对待测量的影响可用此办法。

③ 异号法：指对实验时在两次测量中出现符号相反的误差，采取平均值后消除的一种方法。例如在外界磁场作用下，仪表读数会产生一个附加误差，若将仪表转动180°再进行一次测量，外磁场将对读数产生相反的影响，引起负的附加误差。两次测量结果平均，正负误差可以抵消，从中可以减小系统误差。

(2) 随机误差

在实际测量条件下，多次测量同一量时，误差时大时小、时正时负，以不可预定方式变化着的误差叫做随机误差，有时也叫偶然误差。当测量次数很多时，随机误差就显示出明显的规律性。实践和理论都已证明，随机误差服从一定的统计规律(正态分布)，其特点是：绝对值小的误差出现的概率比绝对值大的误差出现的概率大(单峰性)；绝对值相等的正负误差出现的概率相同(对称性)；绝对值很大的误差出现的概率趋于零(有界性)；误差的算术平均值随着测量次数的增加而趋于零(抵偿性)。因此，增加测量次数可以减小随机误差，但不能完全消除。

引起随机误差的原因也很多，与仪器精密度和观察者感官灵敏度有关。如仪器显示数值的估计读数位偏大或偏小；仪器调节平衡时，平衡点确定不准；测量环境扰动变化以及其他不能预测、不能控制的因素，如空间电磁场的干扰，电源电压波动引起测量的变化等。

由于测量者过失，如实验方法不合理，用错仪器，操作不当，读错数值或记错数据等引起的误差，是一种人为的过失误差，不属于测量误差。只要测量者采取严肃认真的态度，过失误差是可以避免的。

对某一测量进行多次重复测量，其测量结果服从一定的统计规律，也就是正态分布(或高斯分布)。用描述高斯分布的两个参量(x 和 σ)来估算随机误差。设在一组测量值中，n 次测量的值分别为 $x_1, x_2, \cdots x_n$。

根据最小二乘法原理证明，多次测量的算术平均值为

$$\bar{x} = \frac{1}{n}\sum_{i=1}^{n} x_i \tag{2.1-3}$$

$\bar{x}$ 是待测量真值 x_0 的最佳估计值，称 $\bar{x}$ 为近似真实值，以后将用 $\bar{x}$ 来表示多次测量的近似真实值。

误差理论证明，平均值的标准偏差(贝塞尔公式)为

$$S_x = \sigma_x = \sqrt{\frac{\sum_{i=1}^{n}(x_i - \bar{x})^2}{n-1}} \tag{2.1-4}$$

其意义表示某次测量值的随机误差在 $-\sigma_x \sim +\sigma_x$ 之间的概率为 68.3%。

当测量次数 n 有限，其算术平均值的标准偏差为

$$S_{\bar{x}} = \sigma_{\bar{x}} = \frac{\sigma_x}{\sqrt{n}} = \sqrt{\frac{\sum_{i=1}^{n}(x_i - \bar{x})^2}{n(n-1)}} \tag{2.1-5}$$

其意义是测量平均值的随机误差在 $-\sigma_{\bar{x}} \sim +\sigma_{\bar{x}}$ 之间的概率为 68.3%。或者说，待测量的真值在 $(\bar{x}-\sigma_{\bar{x}}) \sim (\bar{x}+\sigma_{\bar{x}})$ 范围内的概率为 68.3%。因此，$\sigma_{\bar{x}}$ 反映了平均值接近真值的程度。

当测量次数很少时，样本的平均值与平均值的标准偏差，可能严重偏离正态分布的平均值和平均值的标准偏差。根据误差理论，如果令 $T = S_{x_0}/S_{\bar{x}}$，式中 S_{x_0} 为统计的标准偏差，T 作为一个统计量将遵从另一种分布——T 分布，即“学生分布”，其函数式比较复杂，可不去管它。但 T 分布可以提供一个系数因子，简称 T 因子。用这个 T 因子乘样本的平均值的标准偏差作为置信区间，仍能保证在这个区间有 68.3%的置信概率。表2.1-1中列出几个常用的 T 因子。

表 2.1-1　T因子表(表中N表示测量次数)

N	2	3	4	5	6	7	8	9	10
$T_{0.683}$	1.84	1.32	1.20	1.14	1.11	1.09	1.08	1.07	1.06
$T_{0.95}$	4.30	3.18	2.78	2.57	2.45	2.36	2.31	2.26	2.23
$T_{0.99}$	9.92	5.84	4.60	4.03	3.71	3.50	3.36	3.25	3.17

从表2.1-1中可见，$T_{0.683}$因子随测量次数的增加而趋向于1，在测量次数7次以上可以不考虑T因子。在测量次数小于7次时，把测量结果表示成：$\bar{x}\pm T_{0.683}\cdot S_{\bar{x}}$（$p=68.3\%$）或$\bar{x}\pm T_{0.95}\cdot S_{\bar{x}}$（$p=95\%$）或$\bar{x}\pm T_{0.99}\cdot S_{\bar{x}}$（$p=99\%$）。

2. 异常数据的剔除

剔除测量列中异常数据的标准有几种，如$3\sigma_x$准则、肖维准则、格拉布斯准则等。

(1) $3\sigma_x$准则

统计理论表明，测量值的偏差超过$3\sigma_x$的概率已小于1%。因此，可以认为偏差超过$3\sigma_x$的测量值是其他因素或过失造成的，这些数据为异常数据应当剔除。剔除的方法是将多次测量所得的一系列数据，算出各测量值的偏差Δx_i和标准偏差σ_x，把其中最大的Δx_j与$3\sigma_x$比较，若$\Delta x_j>3\sigma_x$则认为第j个测量值是异常数据，舍去不计。剔除Δx_j后，对余下的各测量值重新计算偏差和标准偏差，并继续审查，直到各个偏差均小于$3\sigma_x$为止。

(2) 肖维准则

假定对一物理量重复测量了n次，其中某一数据在这n次测量中出现的概率不到半次，即小于$1/2n$，则可以肯定这个数据的出现是不合理的，应当予以剔除。

根据肖维准则，应用随机误差的统计理论可以证明：在标准误差为σ的测量列中，若某一个测量值的偏差等于或大于误差的极限值K_σ，则此值应当剔除。不同测量次数的误差极限值K_σ列于表2.1-2。

表 2.1-2　肖维系数表

n	K_σ	n	K_σ	n	K_σ
4	1.53σ	10	1.96σ	16	2.16σ
5	1.65σ	11	2.00σ	17	2.18σ
6	1.73σ	12	2.04σ	18	2.20σ
7	1.79σ	13	2.07σ	19	2.22σ
8	1.86σ	14	2.10σ	20	2.24σ
9	1.92σ	15	2.13σ	30	2.39σ

(3) 格拉布斯(Grubbs)准则

若有一组测量得出的数值，其中某次测量得出数值的偏差的绝对值$|\Delta x_i|$与该组测量列的标准偏差σ_x之比大于某一阈值$g_0(n,1-p)$，即

$$|\Delta x_i|>g_0(n,1-p)\cdot\sigma_x \tag{2.1-6}$$

则认为此测量值中有异常数据,并可予以剔除。这里 $g_0(n,1-p)$中的 n 为测量数据的个数,而 p 为服从此分布的置信概率,一般取 p 为 0.95 和 0.99(至于在处理具体问题时,究竟取哪个值则由实验者自己来决定)。将在表 2.1-3 中给出 $p=0.95$ 和 0.99 时或 $p=0.05$ 和 0.01 时,不同的 n 值所对应的 g_0 值。

表 2.1-3　$g_0(n,1-p)$值表

n \ p	0.05	0.01	n \ p	0.05	0.01	n \ p	0.05	0.01
3	1.15	1.15	9	2.11	2.32	21	2.58	2.91
4	1.46	1.49	10	2.18	2.41	22	2.60	2.94
5	1.67	1.75	17	2.48	2.78	23	2.62	2.96
6	1.82	1.94	18	2.50	2.82	24	2.64	2.99
7	1.94	2.10	19	2.53	2.85			
8	2.03	2.22	20	2.56	2.88			

3. 不确定度及其评定

测量的目的是不但要测量待测物理量的近似值,而且要对近似真实值的可靠性作出评定(即指出误差范围),因此还必须掌握不确定度的有关概念。下面将结合对测量结果的评定对不确定度的概念、分类、合成等问题进行讨论。

(1) 不确定度的含义

在物理实验中,常常要对测量的结果作出综合的评定,采用不确定度的概念。不确定度是误差可能数值的测量程度,表征所得测量结果代表被测量的准确程度。也就是因测量误差存在而对被测量不能肯定的程度,因而是测量质量的表征,用不确定度对测量数据作出比较合理的评定。对一个物理实验的具体数据来说,不确定度是指测量值(近真值)附近的一个范围,测量值与真值之差(误差)可能落于其中,不确定度小,测量结果可信赖程度高;不确定度大,测量结果可信赖程度低。在实验和测量工作中,不确定度一词近似于不确知,不明确,不可靠,有质疑,是作为估计而言的;因为误差是未知的,不可能用指出误差的方法去说明可信赖程度,而只能用误差的某种可能的数值去说明可信赖程度,所以不确定度更能表示测量结果的性质和测量的质量。用不确定度评定实验结果的误差,其中包含了各种来源不同的误差对结果的影响,而它们的计算又反映了这些误差所服从的分布规律,这是更准确地表述了测量结果的可靠程度,因而有必要采用不确定度的概念。

(2) 测量结果的表示和合成不确定度

在做物理实验时,要求表示出测量的最终结果。在这个结果中既要包含待测量的近似真实值 $\bar{x}$,又要包含测量结果的不确定度 $u_{\bar{x}}$,还要反映出物理量的单位。因此,要写成物理含义深刻的标准表达形式,即

$$x=\bar{x}\pm u_{\bar{x}}\text{(单位)} \tag{2.1-7}$$

式中：x 为待测量；$\bar{x}$ 是测量的近似真实值；$u_{\bar{x}}$ 是合成不确定度，一般保留一位有效数字。这种表达形式反映了三个基本要素：测量值、合成不确定度和单位。

在物理实验中，直接测量时若不需要对被测量进行系统误差的修正，一般就取多次测量的算术平均值 $\bar{x}$ 作为近似真实值；若在实验中有时只需测一次或只能测一次，该次测量值就为被测量的近似真实值。如果要求对被测量进行一定系统误差的修正，通常是将一定系统误差（即绝对值和符号都确定的可估计出的误差分量）从算术平均值 $\bar{x}$ 或一次测量值中减去，从而求得被修正后的直接测量结果的近似真实值。例如，用螺旋测微计来测量长度时，从被测量结果中减去螺旋测微计的零误差。在间接测量中，$\bar{x}$ 即为被测量的计算值。

在测量结果的标准表达式中，给出了一个范围 $(\bar{x}-u_{\bar{x}})\sim(\bar{x}+u_{\bar{x}})$，它表示待测量的真值在 $(\bar{x}-u_{\bar{x}})\sim(\bar{x}+u_{\bar{x}})$ 范围之间的概率为 68.3%，不要误认为真值一定就会落在 $(\bar{x}-u_{\bar{x}})\sim(\bar{x}+u_{\bar{x}})$ 之间，认为误差在 $-u_{\bar{x}}\sim+u_{\bar{x}}$ 之间也是错误的。

在上述的标准式中，近似真实值、合成不确定度、单位三个要素缺一不可，否则就不能全面表达测量结果。同时，近似真实值 $\bar{x}$ 的末尾数应该与不确定度的所在位数对齐，近似真实值 $\bar{x}$ 与不确定度 $u_{\bar{x}}$ 的数量级、单位要相同。在开始实验中，测量结果的正确表示是一个难点，要引起重视，从开始就注意纠正，培养良好的实验习惯，才能逐步克服难点，正确书写测量结果的标准形式。

在不确定度的合成问题中，主要是从系统误差和随机误差等方面进行综合考虑的，提出了统计不确定度和非统计不确定度的概念。合成不确定度 $u_{\bar{x}}$ 是由不确定度的两类分量（A 类和 B 类）求"方和根"计算而得。为使问题简化，本书只讨论简单情况下（即 A 类、B 类分量保持各自独立变化，互不相关）的合成不确定度。

A 类不确定度（统计不确定度）用 $(u_A)_{\bar{x}}$ 表示，B 类不确定度（非统计不确定度）用 $(u_B)_{\bar{x}}$ 表示，合成不确定度为

$$u_{\bar{x}}=\sqrt{(u_A)_{\bar{x}}^2+(u_B)_{\bar{x}}^2} \tag{2.1-8}$$

(3) 合成不确定度的两类分量

物理实验中的不确定度，一般主要来源于测量方法、测量人员、环境波动、测量对象变化等。计算不确定度是将可修正的系统误差修正后，将各种来源的误差按计算方法分为两类，即用统计方法计算的不确定度（A 类）和非统计方法计算的不确定度（B 类）。

A 类不确定度（统计不确定度），是指可以采用统计方法（即具有随机误差性质）计算的不确定度，如测量读数具有分散性、测量时温度波动影响等。这类统计不确定度通常认为它是服从正态分布规律，因此可以像计算标准偏差那样，用贝塞尔公式计算被测量的 A 类不确定度。A 类不确定度 $(u_A)_{\bar{x}}$ 为

$$(u_A)_{\bar{x}}=\sqrt{\frac{\sum_{i=1}^{n}(x_i-\bar{x})^2}{(n-1)n}}=\sqrt{\frac{\sum_{i=1}^{n}\Delta x_i^2}{(n-1)n}} \tag{2.1-9}$$

式中，$i=1,2,3,\cdots,n$，表示测量次数。

在计算A类不确定度时，也可以用最大偏差法、极差法、最小二乘法等，本书只采用贝塞尔公式法，并且着重讨论读数分散对应的不确定度。用贝塞尔公式计算A类不确定度，可以用函数计算器直接读取，十分方便。

B类不确定度(非统计不确定度)，是指用非统计方法求出或评定的不确定度，如实验室中的测量仪器不准确、量具磨损老化等。评定B类不确定度常用估计方法，要估计适当，需要确定分布规律，同时要参照标准，更需要估计者的实践经验、学识水平等。因此，往往是意见纷纭，争论颇多。本书对B类不确定度的估计同样只作简化处理。仪器不准确的程度主要用仪器误差来表示，所以因仪器不准确对应的B类不确定度为

$$(u_B)_{\bar{x}} = \frac{\Delta_{仪}}{\sqrt{3}} \tag{2.1-10}$$

$\Delta_{仪}$ 为仪器误差或仪器的基本误差，或允许误差，或显示数值误差。一般的仪器说明书中都会注明仪器误差，是制造厂或计量检定部门给定的，表2.1-4给出了常见仪器的 $\Delta_{仪}$ 值。物理实验教学中，$\Delta_{仪}$ 由实验仪器决定。对于单次测量的不确定度一般是以最大误差进行估计，以下分两种情况处理。

表2.1-4　约定正确使用仪器时选取的 $\Delta_{仪}$ 值

米尺	$\Delta_{仪}$＝0.5 mm
游标卡尺(20、50分度)	$\Delta_{仪}$＝最小分度值(0.05 mm或0.02 mm)
千分尺	$\Delta_{仪}$＝0.004 mm或0.005 mm
分光计	$\Delta_{仪}$＝最小分度值(1′或30″)
读数显微镜	$\Delta_{仪}$＝0.005 mm
各类数字式仪表	$\Delta_{仪}$＝仪器最小读数
计时器(1 s、0.1 s、0.01 s)	$\Delta_{仪}$＝仪器最小分度(1 s、0.1 s、0.01 s)
物理天平(0.1 g)	$\Delta_{仪}$＝0.05 g
电桥(QJ23型)	$\Delta_{仪}=K\%\cdot R$ (K是准确度或级别，R为示值)
电位差计(UJ33型)	$\Delta_{仪}=K\%\cdot v$ (K是准确度或级别，v为示值)
转柄电阻箱	$\Delta_{仪}=K\%\cdot R$ (K是准确度或级别，R为示值)
电表	$\Delta_{仪}=K\%\cdot M$ (K是准确度或级别，M为示值)

已知仪器准确度时，这时以其准确度作为误差大小。如一个量程150 mA，准确度0.2级的电流表，测一次电流时读数为131.2 mA。为估计其误差，则按准确度0.2级可算出最大绝对误差为0.3 mA，因而该次测量的结果可写成 $I=(131.2\pm0.3)$mA。又如用物理天平称量某个物体的质量，当天平平衡时砝码为 $m=145.02$ g，让游码在天平横梁上偏离平衡位置一个刻度(相当于0.05 g)，天平指针偏过1.8分度，则该天平这时的灵敏度为(1.8÷0.05)分度/克，其感量为0.03 g/分度，就是该天平测量物体质量时的准确度，测量结果可写成 $m=(145.02\pm0.03)$g。

未知仪器准确度时，这时单次测量误差的估计，应根据所用仪器的精密度、仪器灵敏

度、测试者感觉器官的分辨能力以及观测时的环境条件等因素具体考虑，以使估计误差的大小尽可能符合实际情况。一般说，最大读数误差对连续读数的仪器可取仪器最小刻度值的一半，而无法进行估计的非连续读数的仪器，如数字式仪表则取其最末位数的一个最小单位。

(4) 直接测量的不确定度

在对直接测量的不确定度的合成问题中，对 A 类不确定度主要讨论在多次等精度测量条件下读数分散对应的不确定度，并且用贝塞尔公式计算 A 类不确定度。对 B 类不确定度，主要讨论仪器不准确对应的不确定度，将测量结果写成标准形式。因此，实验结果的获得，应包括待测量近似真实值，A、B 两类不确定度以及合成不确定度的计算。增加重复测量次数对于减小平均值的标准误差，提高测量的精密度有利。但是注意到当次数增大时，平均值的标准误差减小渐为缓慢，当次数大于 10 时平均值的减小便不明显了。通常取测量次数 5～10 为宜。下面通过两个例子加以说明。

【例 2.1－1】 采用感量为 0.1 g 的物理天平称量某物体的质量，其读数值为 35.41 g，求物体质量的测量结果。

解：采用物理天平称物体的质量，重复测量读数值往往相同，故一般只需进行单次测量即可。单次测量的读数即为近似真实值，$m=35.41$ g。

物理天平的示值误差通常取感量的一半，并且作为仪器误差，即

$$(u_B)_{\overline{m}}=\Delta_{仪}=0.05(\mathrm{g})$$

测量结果为

$$m=35.41\pm0.05(\mathrm{g})$$

在例 2.1－1 中，因为是单次测量($n=1$)，合成不确定度为

$$u_{\overline{m}}=\sqrt{(u_A)_{\overline{m}}^2+(u_B)_{\overline{m}}^2}=\sqrt{S_{\overline{m}}^2+(u_B)_{\overline{m}}^2}$$

式中的 $S_{\overline{m}}=0$，所以单次测量的合成不确定度等于非统计不确定度。但是这个结论并不表明单次测量的 A 类不确定度就小，因为 $n=1$ 时，S_x 发散，其随机分布特征是客观存在的，测量次数 n 越大，置信概率就越高，因而测量的平均值就越接近真值。

【例 2.1－2】 用螺旋测微计测量小钢球的直径，五次的测量值分别为

$$d(\mathrm{mm})=11.922,11.923,11.922,11.922,11.922$$

螺旋测微计的最小分度数值为 0.01 mm，试写出测量结果的标准式。

解：(1) 直径 d 的算术平均值

$$\overline{d}=\frac{1}{n}\sum_{1}^{5}d_i=\frac{1}{5}(11.922+11.923+11.922+11.922+11.922)=11.922(\mathrm{mm})$$

(2) B 类不确定度

螺旋测微计仪器误差为 $\Delta_{仪}=0.005(\mathrm{mm})$，则

$$(u_B)_{\overline{d}}=\Delta_{仪}=0.005\ \mathrm{mm}$$

(3) A类不确定度

$$(u_A)_{\bar{d}} = S_{\bar{d}} = \sqrt{\frac{\sum_{1}^{5}(d_i - \bar{d})^2}{(n-1)n}}$$

$$= \sqrt{\frac{(11.922 - 11.922)^2 + (11.923 - 11.922)^2 + \cdots}{(5-1)\times 5}}$$

$$= 0.000\,25$$

(4) 合成不确定度

$$u_{\bar{d}} = \sqrt{(u_A)_{\bar{d}}^2 + (u_B)_{\bar{d}}^2} = \sqrt{0.000\,25^2 + 0.005^2}$$

式中，由于 0.000 5<1/3×0.005，故可略去$(u_A)_{\bar{d}}$，则

$$u_{\bar{d}} = 0.005(\text{mm})$$

(5) 测量结果为

$$d = \bar{d} \pm u_{\bar{d}} = 11.922 \pm 0.005(\text{mm})$$

从上例中可以看出，当有些不确定度分量的数值很小时，相对而言可以略去不计。在计算合成不确定度中求“方和根”时，若某一平方值小于另一平方值的 1/9，则这一项就可以略去不计，这一结论叫做微小误差准则。在进行数据处理时，利用微小误差准则可减少不必要的计算。不确定度的计算结果，一般应保留一位有效数字，多余的位数按有效数字的修约原则进行取舍。评价测量结果，有时候需要引入相对不确定度的概念。相对不确定度定义为

$$E = \frac{u_{\bar{x}}}{\bar{x}} \times 100\% \tag{2.1-11}$$

E 的结果一般应取 2 位有效数字。此外，有时还需要将测量结果的近似真实值 $\bar{x}$ 与公认值 $x_{公}$ 进行比较，得到测量结果的百分偏差（又称相对误差）B。百分偏差定义为

$$B = \frac{|\bar{x} - x_{公}|}{x_{公}} \times 100\% \tag{2.1-12}$$

百分偏差其结果一般应取 2 位有效数字。

测量不确定度表达涉及深广的知识领域和误差理论问题，大大超出了本课程的教学范围。同时，有关它的概念、理论和应用规范还在不断地发展和完善。以后在工作需要时，可以参考有关文献继续深入学习。

(5) 间接测量结果的合成不确定度

间接测量的近似真实值和合成不确定度是由直接测量结果通过函数式计算出来的。既然直接测量有误差，那么间接测量也必有误差，这就是误差的传递。由直接测量值及其误差来计算间接测量值的误差之间的关系式称为误差传递公式。设间接测量的函数式为

$$N = F(x, y, z, \cdots)$$

N 为间接测量的量，它有 K 个直接测量的物理量 $x, y, z, \cdots$，各直接观测量的测量结

果分别为

$$x=\bar{x}\pm u_x, y=\bar{y}\pm u_y, z=\bar{z}\pm u_z, \cdots$$

① 若将各个直接测量的近似真实值 $\bar{x}$ 代入函数表达式中，即可得到间接测量的近似真实值

$$\overline{N}=F(\bar{x},\bar{y},\bar{z},\cdots)$$

② 求间接测量的合成不确定度时，由于不确定度均为微小量，相似于数学中的微小增量，对函数式 $N=F(x,y,z,\cdots)$求全微分，即得

$$\mathrm{d}N=\frac{\partial F}{\partial x}\mathrm{d}x+\frac{\partial F}{\partial y}\mathrm{d}y+\frac{\partial F}{\partial z}\mathrm{d}z+\cdots$$

式中：$\mathrm{d}N,\mathrm{d}x,\mathrm{d}y,\mathrm{d}z,\cdots$均为微小量，代表各变量的微小变化；$\mathrm{d}N$ 的变化由各自变量的变化决定；$\frac{\partial F}{\partial x},\frac{\partial F}{\partial y},\frac{\partial F}{\partial z},\cdots$为函数对自变量的偏导数，记为$\frac{\partial F}{\partial A_K}$。将上面全微分式中的微分符号 d 改写为不确定度符号 u，并将微分式中的各项求“方和根”，即为间接测量的合成不确定度

$$u_N=\sqrt{\left(\frac{\partial F}{\partial x}u_x\right)^2+\left(\frac{\partial F}{\partial y}u_y\right)^2+\left(\frac{\partial F}{\partial z}u_z\right)^2}=\sqrt{\sum_{i=1}^{k}\left(\frac{\partial F}{\partial A_K}u_{A_K}\right)^2} \qquad (2.1-13)$$

式中：k 为直接测量量的个数；A 代表 $x,y,z,\cdots$各个自变量(直接观测量)。

上式表明，间接测量的函数式确定后，测出它所包含的直接观测量的结果，将各个直接观测量的不确定度 u_{A_K} 乘以函数对各变量(直测量)的偏导数$\left(\frac{\partial F}{\partial A_K}u_{A_K}\right)$，求“方和根”，即$\sqrt{\sum_{i=1}^{k}\left(\frac{\partial F}{\partial A_K}u_{A_K}\right)^2}$就是间接测量结果的不确定度。

间接测量的函数表达式为积和商(或含和差的积商形式)的形式时，为了使运算简便起见，可以先将函数式两边同时取自然对数，然后再求全微分。即

$$\frac{\mathrm{d}N}{N}=\frac{\partial \ln F}{\partial x}\mathrm{d}x+\frac{\partial \ln F}{\partial y}\mathrm{d}y+\frac{\partial \ln F}{\partial z}\mathrm{d}z+\cdots \qquad (2.1-14)$$

同样改写微分符号为不确定度符号，再求其“方和根”，即为间接测量的相对不确定度 E_N，即

$$E_N=\frac{u_N}{\overline{N}}=\sqrt{\left(\frac{\partial \ln F}{\partial x}u_x\right)^2+\left(\frac{\partial \ln F}{\partial y}u_y\right)^2+\left(\frac{\partial \ln F}{\partial z}u_z\right)^2}=\sqrt{\sum_{i=1}^{k}\left(\frac{\partial \ln F}{\partial A_K}u_{A_K}\right)^2} \qquad (2.1-15)$$

已知 E_N、$\overline{N}$，由式(2.1－15)可以求出合成不确定度为

$$u_N=\overline{N}\cdot E_N \qquad (2.1-16)$$

常用函数不确定度传递和合成公式见表 2.1－5。

表 2.1-5 常用函数不确定度传递和合成公式

函数表达式	不确定度传递公式	函数表达式	不确定度传递公式
$\omega=x\pm y$	$u_{\bar{\omega}}=\sqrt{u_x^2+u_y^2}$	$\omega=kx$	$u_{\bar{\omega}}=ku_x$；$\frac{u_{\bar{\omega}}}{\omega}=\frac{u_x}{x}$
$\omega=xy$	$\frac{u_{\bar{\omega}}}{\omega}=\sqrt{\left(\frac{u_x}{x}\right)^2+\left(\frac{u_y}{y}\right)^2}$	$\omega=\sqrt[k]{x}$	$\frac{u_{\bar{\omega}}}{\omega}=\frac{u_x}{kx}$
$\omega=\frac{x}{y}$	$\frac{u_{\bar{\omega}}}{\omega}=\sqrt{\left(\frac{u_x}{x}\right)^2+\left(\frac{u_y}{y}\right)^2}$	$\omega=\sin x$	$u_{\bar{\omega}}=u_x\cos x$
$\omega=\frac{x^k y^m}{z^n}$	$\frac{u_{\bar{\omega}}}{\omega}=\sqrt{k^2\left(\frac{u_x}{x}\right)^2+m^2\left(\frac{u_y}{y}\right)^2+n^2\left(\frac{u_z}{z}\right)^2}$	$\omega=\ln x$	$u_{\bar{\omega}}=\frac{u_x}{x}$

这样计算间接测量的合成不确定度时，特别对函数表达式很复杂的情况，尤其显示出它的优越性。今后在计算间接测量的不确定度时，对函数表达式仅为“和差”形式，可以直接利用式(2.1-13)，求出间接测量的合成不确定度 u_N，若函数表达式为积和商(或积商和差混合)等较为复杂的形式，可直接采用式(2.1-15)，先求出相对不确定度，再求出合成不确定度 u_N。注意的是所有直接测量所用置信概率必须相同，置信概率为 68%，传递后的置信概率不变，用高置信概率也相同。

【例 2.1-3】 已知电阻 $R_1=50.2\pm0.5(\Omega)$，$R_2=149.8\pm0.5(\Omega)$，求它们串联的电阻 R 和合成不确定度 u_R。

解：串联电阻的阻值为

$$R=R_1+R_2=50.2+149.8=200.0(\Omega)$$

合成不确定度为

$$u_R=\sqrt{\sum_1^2\left(\frac{\partial R}{\partial R_i}u_{R_i}\right)^2}=\sqrt{\left(\frac{\partial R}{\partial R_1}u_1\right)^2+\left(\frac{\partial R}{\partial R_2}u_2\right)^2}$$

$$=\sqrt{u_1^2+u_2^2}=\sqrt{0.5^2+0.5^2}=0.7(\Omega)$$

相对不确定度为

$$E_R=\frac{u_R}{R}\times100\%=\frac{0.7}{200.0}\times100\%=0.35\%$$

测量结果为

$$R=200.0\pm0.7(\Omega)$$

在例 2.1-3 中，由于$\frac{\partial R}{\partial R_1}=1$，$\frac{\partial R}{\partial R_2}=1$，$R$ 的总合成不确定度为各个直接观测量的不确定度平方求和后再开方。

间接测量的不确定度计算结果一般应保留一位有效数字，相对不确定度一般应保留2位有效数字。

【例 2.1-4】 测量金属环的内径 $D_1=2.880\pm0.004(\text{cm})$，外径 $D_2=3.600\pm0.004(\text{cm})$，厚度 $h=2.575\pm0.004(\text{cm})$。试求环的体积 V 和测量结果。

解：环体积公式为 $V=\frac{\pi}{4}h(D_2^2-D_1^2)$。

(1) 环体积的近似真实值为

$$V=\frac{\pi}{4}h(D_2^2-D_1^2)=\frac{3.1416}{4}\times2.575\times(3.600^2-2.880^2)=9.436(\text{cm}^3)$$

(2) 首先将环体积公式两边同时取自然对数后，再求全微分

$$\ln V=\ln\left(\frac{\pi}{4}\right)+\ln h+\ln(D_2^2-D^{21})$$

$$\frac{dV}{V}=0+\frac{dh}{h}+\frac{2D_2\,dD_2-2D_1\,dD_1}{D_2^2-D_1^2}$$

则相对不确定度为

$$\begin{aligned}E_V&=\frac{u_V}{V}\times100\%=\sqrt{\left(\frac{u_h}{h}\right)^2+\left(\frac{2D_2u_{D_2}}{D_2^2-D_1^2}\right)^2+\left(\frac{-2D_1u_{D_1}}{D_2^2-D_1^2}\right)^2}\times100\%\\&=\left[\left(\frac{0.004}{2.575}\right)^2+\left(\frac{2\times3.600\times0.004}{3.600^2-2.880^2}\right)^2+\left(\frac{-2\times2.880\times0.004}{3.600^2-2.880^2}\right)^2\right]^{\frac{1}{2}}\times100\%\\&=0.0081\times100\%=0.81\%\end{aligned}$$

(3) 总合成不确定度为

$$u_V=V\cdot E_V=9.436\times0.0081=0.08(\text{cm}^3)$$

(4) 环体积的测量结果为

$$V=9.44\pm0.08(\text{cm}^3)$$

V 的标准式中，$V=9.436(\text{cm}^3)$应与不确定度的位数取齐，因此将小数点后的第三位数 6，按照数字修约原则进到百分位，故为 $9.44(\text{cm}^3)$。

间接测量结果的误差，常用两种方法来估计，算术合成（最大误差法）和几何合成（标准误差法）。误差的算术合成将各误差取绝对值相加，是从最不利的情况考虑，误差合成的结果是间接测量的最大误差，因此是比较粗略的，但计算较为简单，它常用于误差分析、实验设计或粗略的误差计算中；上面例子采用几何合成的方法，计算较麻烦，但误差的几何合成较为合理。

§2.2　有效数字及其运算法则

物理实验中经常要记录很多测量数据，这些数据应当是能反映出被测量实际大小的全部数字，即有效数字。但是在实验观测、读数、运算与最后得出的结果中，哪些是能反映

被测量实际大小的数字应予以保留，哪些不应当保留，这就与有效数字及其运算法则有关。前面已经指出，测量不可能得到被测量的真实值，只能是近似值。实验数据的记录反映了近似值的大小，并且在某种程度上表明了误差。因此，有效数字是对测量结果的一种准确表示，它应当是有意义的数字，而不允许无意义的数字存在。如果把测量结果写成 54.2817±0.05(cm)是错误的，由不确定度 0.05(cm)可以得知，数据的第二位小数 0.08 已经不可靠，把它后面的数字也写出来没有多大意义，正确的写法应当是：54.28±0.05(cm)。测量结果的正确表示，对初学者来说是一个难点，必须加以重视，通过多次强调能够逐步形成正确表示测量结果的良好习惯。

2.2.1 有效数字的概念

任何一个物理量，其测量的结果既然都或多或少的有误差，那么一个物理量的数值就不应当无止境地写下去，写多了没有实际意义，写少了又不能比较真实地表达物理量。一个物理量的数值和数学上的某一个数就有着不同的意义，因此引入了一个有效数字的概念。若用最小分度值为 1 mm 的米尺测量物体的长度，读数值为 5.63 cm。其中 5 和 6 这两个数字是从米尺的刻度上准确读出的，可以认为是准确的，叫做可靠数字。末位数字 3 是在米尺最小分度值的下一位上估计出来的，是不准确的，叫做欠准数字。虽然是欠准可疑，但不是无中生有，而是有根有据有意义的，显然有一位欠准数字，就使测量值更接近真实值，更能反映客观实际。因此，测量值保留到这一位是合理的，即使估计数是 0，也不能舍去。测量结果应当而且也只能保留一位欠准数字，故测量数据的有效数字定义为几位可靠数字加上一位欠准数字，有效数字的个数叫做有效数字的位数，如上述 5.63 cm 称为三位有效数字。

有效数字的位数与十进制单位的变换无关，即与小数点的位置无关。因此，用以表示小数点位置的 0 不是有效数字。当 0 不是用作表示小数点位置时，0 和其他数字具有同等地位，都是有效数字。显然，在有效数字的位数确定时，第一个不为零的数字左面的零不能算有效数字的位数，而第一个不为零的数字右面的零一定要算作有效数字的位数。如 0.0135 m 是三位有效数字，0.0135 m 和 1.35 cm 及 13.5 mm 三者是等效的，只不过是分别采用了米、厘米和毫米作为长度的表示单位；1.030 m 是四位有效数字。从有效数字的另一面也可以看出测量用具的最小刻度值，如 0.013 5 m 是用最小刻度为毫米的尺子测量的，而 1.030 m 是用最小刻度为厘米的尺子测量的。因此，正确掌握有效数字的概念对物理实验来说是十分必要的。

2.2.2 直接测量的有效数字记录

1. 有效数字的记录规定

物理实验中通常仪器上显示的数字均为有效数字(包括最后一位估计读数)都应读出，并记录下来。仪器上显示的最后一位数字是 0 时，此 0 也要读出并记录。对于分度式的仪表，读数要根据人眼的分辨能力读到最小分度的十分之几。在记录直接测量的有效数字时，常用一种称为标准式的写法，就是任何数值都只写出有效数字，而数量级则用 10

的 n 次幂的形式去表示。

(1) 根据有效数字的规定，测量值的最末一位一定是欠准确数字，这一位应与仪器误差的位数对齐，仪器误差在哪一位发生，测量数据的欠准位就记录到哪一位，不能多记，也不能少记，即使估计数字是 0，也必须写上，否则与有效数字的规定不相符。例如，用米尺测量物体长为 52.4 mm 与 52.40 mm 是不同的两个测量值，也是属于不同仪器测量的两个值，误差也不相同，不能将它们等同看待，从这两个值可以看出测量前者的仪器精密度低，测量后者的仪器精密度高出一个数量级。

(2) 根据有效数字的规定，凡是仪器上读出的数值，有效数字中间与末尾的 0，均应算作有效位数。例如，6.003 cm，4.100 cm 均是四位有效数字；在记录数据中，有时因定位需要，而在小数点后添加 0，这不应算作有效位数，如 0.048 6 m 是三位有效数字而不是四位有效数字，有效数字中的 0 有时算作有效数字，有时不能算作有效数字，这对初学者也是一个难点。

(3) 根据有效数字的规定，在十进制单位换算中，其测量数据的有效位数不变，如 4.51 cm 若以米或毫米为单位，可以表示成 0.045 1 m 或 45.1 mm，这两个数仍然是三位有效数字。为了避免单位换算中位数很多时写一长串，或计数时出现错位，常采用科学表达式，通常是在小数点前保留一位整数，用 10^n 表示，如 4.51×10^2 m，4.51×10^4 cm 等，这样既简单明了，又便于计算和确定有效数字的位数。

(4) 根据有效数字的规定，对有效数字进行记录时，直接测量结果的有效位数的多少，取决于被测物本身的大小和所使用的仪器精度。对同一个被测物，高精度的仪器，测量的有效位数多；低精度的仪器，测量的有效位数少。例如，长度约为 3.7 cm 的物体，若用最小分度值为 1 mm 的米尺测量，其数据为 3.70 cm；若用螺旋测微计测量(最小分度值为 0.01 mm)，其测量值为 3.700 0 cm。显然螺旋测微计的精度较米尺高很多，所以测量结果的位数也多；被测物是较小的物体，测量结果的有效位数也少。对一个实际测量值，正确应用有效数字的规定进行记录，就可以从测量值的有效数字记录中看出测量仪器的精度。因此，有效数字的记录位数和测量仪器有关。

2. 有效数字的修约规则

有效数字的修约规则有专门的国家标准(GB/T 8170—2008)，在 2008 年颁布的国家标准《数值修约规则与极限数值的表示和判定(GB/T 8170—2008)》中，对需要修约的各种测量、计算的数值“3.2　进舍规则”，已有明确的规定：

(1) 原文“3.2.1　拟舍弃数字的最左一位数字小于 5，则舍去，保留其余各位数字不变”。例：将 12.149 8 修约到个位数，得 12；将 12.149 8 修约到一位小数，得 12.1。

(2) 原文“3.2.2　拟舍弃数字的最左一位数字大于 5，则进一，即保留数字的末位数字加 1”。例：在 1 268 修约到“百”数位，得 13×10^2(特定场合可写为 1 300)。

(3) 原文“3.2.3　在拟舍弃数字的最左一位数字是 5，且其后有非 0 数字时进一，即保留数字的末位数字加 1。其右边数字并非全部为零时，则进一，即所拟保留的末位数字加一”。例：10.500 2 修约到个位数，得 11。

(4) 原文“3.2.4　拟舍弃数字的最左一位数字为 5，其后无数字或皆为 0 时，若所保留的末位数字若为奇数(1、3、5、7、9)则进一，即保留数字的末位数字加1；若所保留的末位数字为偶数(0、2、4、6、8)，则舍去”。

(5) 原文“3.2.5　负数修约时，先将它的绝对值按3.2.1～3.2.4的规定进行修约，然后在所得值的前面加上负号”。

上述规定可概述为：舍弃数字中最左边一位数为小于四(含四)舍、为大于六(含六)入、为五时则看五后若为非零的数则入、若为零则往左看拟留的数的末位数为奇数则入为偶数则舍。可简述为“四舍六入五看右左”。

最后还要指出，“3.3.1　拟修约数字应在确定修约间隔或指定修约数位后一次修约获得结果，不得多次按3.2规则连续修约。”

2.2.3　有效数字的运算法则

在进行有效数字计算时，参加运算的分量可能很多。各分量数值的大小及有效数字的位数也不相同，而且在运算过程中，有效数字的位数会越乘越多，除不尽时有效数字的位数也无止境。即便是使用计算器，也会遇到中间数的取位问题以及如何更简捷的问题。测量结果的有效数字，只能允许保留一位欠准确数字，直接测量是如此，间接测量的计算结果也是如此。根据这一原则，为了达到：① 不因计算而引进误差，影响结果；② 尽量简捷，不做徒劳的运算。简化有效数字的运算，约定下列规则：

1. 加法或减法运算

$478.\underline{2}+3.46\underline{2}=481.\underline{6}\underline{6}\underline{2}=481.\underline{7}$

$49.2\underline{7}-3.\underline{4}=45.\underline{8}\underline{7}=45.\underline{9}$

大量计算表明，若干个数进行加法或减法运算，其和或者差的结果的欠准确数字的位置与参与运算各个量中的欠准确数字的位置最高者相同。由此得出结论，几个数进行加法或减法运算时，可先将多余数修约，将应保留的欠准确数字的位数多保留一位进行运算，最后结果按保留一位欠准确数字进行取舍。这样可以减小繁杂的数字计算。

推论：若干个直接测量值进行加法或减法计算时，选用精度相同的仪器最为合理。

2. 乘法和除法运算

$834.\underline{5}\times 23.\underline{9}=19\underline{9}\underline{4}\underline{4}.\underline{5}\underline{5}=1.9\underline{9}\times 10^4$

$2\,569.\underline{4}\div 19.\underline{5}=13\underline{1}.\underline{7}\underline{6}\underline{4}\underline{1}\cdots=13\underline{2}$

由此得出结论：用有效数字进行乘法或除法运算时，乘积或商的结果的有效数字的位数与参与运算的各个量中有效数字的位数最少者相同。

推论：测量的若干个量，若是进行乘法或除法运算，应按照有效位数相同的原则来选择不同精度的仪器。

3. 乘方和开方运算

$(7.32\underline{5})^2=53.6\underline{6}$

$\sqrt{32.\underline{8}}=5.7\underline{3}$

由此可见，乘方和开方运算的有效数字的位数与其底数的有效数字的位数相同。

4. 自然数

自然数 1,2,3,4,…不是测量而得,不存在欠准确数字。因此,可以视为无穷多位有效数字的位数,书写也不必写出后面的 0,如 $D=2R$,D 的位数仅由直测量 R 的位数决定。

5. 无理常数

无理常数 π,$\sqrt{2}$,$\sqrt{3}$,…的位数也可以看成很多位有效数字。例如 $L=2\pi R$,若测量值 $R=2.35\times10^{-1}$(m)时,π 应取为 3.142。则

$L=2\times3.142\times2.35\times10^{-2}=1.48\times10^{-1}$(m)

6. 有效数字的修约

根据有效数字的运算规则,为使计算简化,在不影响最后结果应保留有效数字的位数(或欠准确数字的位置)的前提下,可以在运算前、后对数据进行修约,其修约原则是"四舍六入五看右左",中间运算过程较结果要多保留一位有效数字。

§2.3　常用实验数据处理方法

物理实验中测量得到的许多数据需要处理后才能表示测量的最终结果。用简明而严格的方法把实验数据所代表的事物内在规律性提炼出来就是数据处理。数据处理是指从获得数据起到得出结果为止的加工过程。数据处理包括记录、整理、计算、分析、拟合等多种处理方法,这里主要介绍列表法、作图法、图解法、逐差法、最小二乘法和计算机处理实验数据。

2.3.1　用列表法处理实验数据

列表法是记录数据的基本方法。欲使实验结果一目了然,避免混乱,避免丢失数据,便于查对,列表法是记录的最好方法。将数据中的自变量、因变量的各个数值一一对应排列出来,简单明了地表示出有关物理量之间的关系;检查测量结果是否合理,及时发现问题;有助于找出有关量之间的联系和建立经验公式,这就是列表法的优点。设计记录表格要求:

(1) 列表简要明了,利于记录、运算处理数据和检查处理结果,便于一目了然地看出有关量之间的关系。

(2) 列表要标明符号所代表的物理量的意义。表中各栏中的物理量都要用符号标明,并写出数据所代表物理量的单位,同时量值的数量级也要交代清楚。单位写在符号标题栏,不要重复记在各个数值上。

(3) 列表的形式不限,根据具体情况,决定列出哪些项目。有些个别与其他项目联系不大的数可以不列入表内。列入表中的除原始数据外,计算过程中的一些中间结果和最后结果也可以列入表中。

(4) 表格记录的测量值和测量偏差，应正确反映所用仪器的精度，即正确反映测量结果的有效数字。一般记录表格还有序号和名称。

例如，测量圆柱体的体积，圆柱体高 H 和直径 D 的记录在表 2.3-1 中。

表 2.3-1　测量圆柱体的体积数据记录表

量次 i	H_i(mm)	ΔH_i(mm)	D_i(mm)	ΔD_i(mm)
1	35.32	−0.006	8.135	0.000 3
2	35.30	−0.026	8.137	0.002 3
3	35.32	−0.006	8.136	0.001 3
4	35.34	0.014	8.133	−0.001 7
5	35.30	−0.026	8.132	−0.002 7
6	35.34	0.014	8.135	0.000 3
7	35.38	0.054	8.134	−0.000 7
8	35.30	−0.026	8.136	0.001 3
9	35.34	0.014	8.135	0.000 3
10	35.32	−0.006	8.134	−0.000 7
平均	35.326		8.134 7	

说明：ΔH_i 是测量值 H_i 的偏差，ΔD_i 是测量值 D_i 的偏差；测 H_i 是用精度为0.02 mm的游标卡尺，仪器误差为 $\Delta_{仪}=0.02$ mm；测 D_i 是用精度为 0.01 mm 的螺旋测微计，其仪器误差 $\Delta_{仪}=0.005$ mm。

由表 2.3-1 中所列数据，可计算出高、直径和圆柱体体积测量结果(近真值和合成不确定度)：

$$H=35.33\pm0.02(\text{mm})$$

$$D=8.135\pm0.005(\text{mm})$$

$$V=(1.836\pm0.003)\times10^3(\text{mm}^3)$$

2.3.2　用作图法处理实验数据

用作图法处理实验数据是数据处理的常用方法之一，它能直观地显示物理量之间的对应关系，揭示物理量之间的联系。作图法是在坐标纸上用图形描述各物理量之间的关系，将实验数据用几何图形表示出来，这就叫做作图法。作图法的优点是直观、形象，便于比较研究实验结果，求出某些物理量，建立关系式等。为了能够清楚地反映出物理现象的变化规律，并能比较准确地确定有关物理量的量值或求出有关常数，在作图时要注意以下几点：

第一，作图一定要用坐标纸。当决定了作图的参量以后，根据函数关系选用直角坐标纸、单对数坐标纸、双对数坐标纸、极坐标纸等，本书主要采用直角坐标纸。

第二，坐标纸的大小及坐标轴的比例。应当根据所测得的有效数字和结果的需要来确定，原则上数据中的可靠数字在图中应当标出。数据中的欠准数字在图中应当是估计的，要适当选择 X 轴和 Y 轴的比例和坐标比例，使所绘制的图形充分占用图纸空间，不要缩在一边或一角；坐标轴比例的选取一般间隔 1，2，5，10 等，便于读数或计算，除特殊需要外，数值的起点一般不必从零开始，X 轴和 Y 轴的比例可以采用不同的比例，使作出的图形大体上能充满整个坐标纸，图形布局美观、合理。

第三，标明坐标轴。对直角坐标系，一般是自变量为横轴，因变量为纵轴，采用粗实线描出坐标轴，并用箭头表示方向，注明所示物理量的名称、单位。坐标轴上表明所用测量仪器的最小分度值，并要注意有效位数。

第四，描点。根据测量数据，用直尺和笔尖使其函数对应的实验点准确地落在相应的位置，一张图纸上画上几条实验曲线时，每条图线应用不同的标记如“×”“○”“△”等符号标出，以免混淆。

第五，连线。根据不同函数关系对应的实验数据点分布，把点连成直线或光滑的曲线或折线，连线必须用直尺或曲线板，如校准曲线中的数据点必须连成折线。由于每个实验数据都有一定的误差，所以将实验数据点连成直线或光滑曲线时，绘制的图线不一定通过所有的点，而是使数据点均匀分布在图线的两侧，尽可能使直线两侧所有点到直线的距离之和最小并且接近相等，有个别偏离很大的点应当应用“异常数据的剔除”中介绍的方法进行分析后决定是否舍去，原始数据点应保留在图中。在确信两物理量之间的关系是线性的，或所绘的实验点都在某一直线附近时，将实验点连成一直线。

第六，写图名。作完图后，在图纸下方或空白的明显位置处，写上图的名称、作者和作图日期，有时还要附上简单的说明，如实验条件等，使读者一目了然。作图时，一般将纵轴代表的物理量写在前面，横轴代表的物理量写在后面，中间用“-”联接。

第七，将图纸贴在实验报告的适当位置，便于教师批阅实验报告。

在物理实验中，实验图线作出以后，可以由图线求出经验公式。图解法就是根据实验数据作好的图线，用解析法找出相应的函数形式。实验中经常遇到的图线是直线、抛物线、双曲线、指数曲线、对数曲线。特别是当图线是直线时，采用此方法更为方便。

1. 由实验图线建立经验公式的一般步骤

(1) 根据解析几何知识判断图线的类型。

(2) 由图线的类型判断公式的可能特点。

(3) 利用半对数、对数或倒数坐标纸，把原曲线改为直线。

(4) 确定常数，建立起经验公式的形式，并用实验数据来检验所得公式的准确程度。

2. 用直线图解法求直线的方程

如果作出的实验图线是一条直线，则经验公式应为直线方程

$$y=kx+b$$

要建立此方程，必须由实验数据直接求出 k 和 b，一般有两种方法：

(1) 斜率截距法

在图线上选取两点 $P_1(x_1, y_1)$ 和 $P_2(x_2, y_2)$，其坐标值最好是整数值。用特定的符号表示所取的点，与实验点相区别。一般不要取原实验点。所取的两点在实验范围内应尽量彼此分开一些，以减小误差。根据解析几何知识，在上述直线方程中，k 为直线的斜

率，b 为直线的截距。k 可以根据两点的坐标求出：

$$k=\frac{y_2-y_1}{x_2-x_1}$$

其截距 b 为 $x=0$ 时 y 的值；若原实验中所绘制的图形并未给出 $x=0$ 段直线，可将直线用虚线延长交 y 轴，量出截距。如果起点不为零，也可以由式：

$$b=\frac{x_2y_1-x_1y_2}{x_2-x_1}$$

求出截距，将斜率和截距的数值代入方程中就可以得到经验公式。

(2) 端值求解法

在实验图线的直线两端取两点（但不能取原始数据点），分别得出它的坐标为 (x_1, y_1) 和 (x_2, y_2)，将坐标数值代入可得

$$\begin{cases} y_1=kx_1+b \\ y_2=kx_2+b \end{cases}$$

联立两个方程求解得 k 和 b。

经验公式得出之后还要进行校验。校验的方法是：对于一个测量值 x_i，由经验公式可写出一个 y_i 值，由实验测出一个 y'_i 值，其偏差 $\delta=y'_i-y_i$，若各个偏差之和 $\sum(y'_i-y_i)$ 趋于零，则经验公式就是正确的。

在实验问题中，有的实验并不需要建立经验公式，而仅需要求出 k 和 b 即可。

【例 2.3-1】 金属导体的电阻随着温度变化的测量值为表 2.3-2，试求经验公式 $R=f(T)$ 和电阻温度系数。

表 2.3-2 金属电阻温度系数测量数据记录表

T(℃)	19.1	25.0	30.1	36.0	40.0	45.1	50.0
R(μΩ)	76.30	77.80	79.75	80.80	82.35	83.90	85.10

解：根据所测数据绘出 $R-T$ 图，如图 2.3-1 所示。

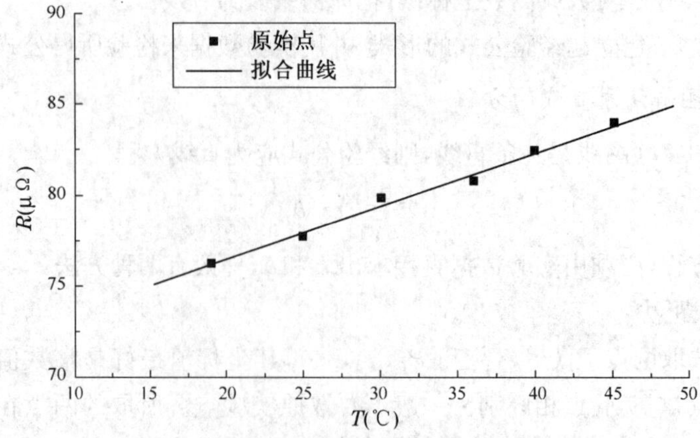

图 2.3-1 某金属丝电阻-温度曲线

拟合直线的斜率和截距：$k=0.296(\mu\Omega/℃)$，$b=70.69(\mu\Omega)$。

于是得经验公式：

$$R=70.69+0.296T$$

在实验工作中，许多物理量之间的关系并不都是线性的，由曲线图直接建立经验公式一般是比较困难的，但仍可通过适当的变换而成为线性关系，即把曲线变换成直线，再利用建立直线方程的办法来解决问题，这种方法叫做曲线改直。这样的变换不仅是由于直线容易描绘，更重要的是直线的斜率和截距所包含的物理内涵是我们所需要的。例如：

(1) $y=ax^b$，式中 a，b 为常量，可变换成 $\lg y=b\lg x+\lg a$，$\lg y$ 为 $\lg b$ 的线性函数，斜率为 b，截距为 $\lg a$。

(2) $y=a^{bx}$，式中 a，b 中为常量，可变换成 $\lg y=x\lg b+\lg a$，$\lg y$ 为 x 的线性函数，斜率为 $\lg b$，截距为 $\lg a$。

(3) $pV=C$，式中 C 为常量，要变换成 $p=C(1/V)$，p 是 $1/V$ 的线性函数，斜率为 C。

(4) $y^2=2px$，式中 p 为常量，$y=\pm\sqrt{2p}x^{1/2}$，y 是 $x^{1/2}$ 的线性函数，斜率为 $\pm\sqrt{2p}$。

(5) $y=\dfrac{x}{a+bx}$，式中 a、b 为常量，可变换成 $\dfrac{1}{y}=a\dfrac{1}{x}+b$，$\dfrac{1}{y}$ 为 $\dfrac{1}{x}$ 的线性函数，斜率为 a，截距为 b。

(6) $s=v_0+\dfrac{1}{2}at^2$，式中 v_0，a 为常量，可变换成 $\dfrac{s}{t}=\dfrac{a}{2}t+v_0$，$\dfrac{s}{t}$ 为 t 的线性函数，斜率为 $\dfrac{a}{2}$，截距为 v_0。

例 2.3-2　单摆的周期 T 随摆长 L 而变，绘出 $T-L$ 实验曲线为抛物线型如图 2.3-2 所示。

解：若作 T^2-L 图，则为一直线型，如图 2.3-3 所示。

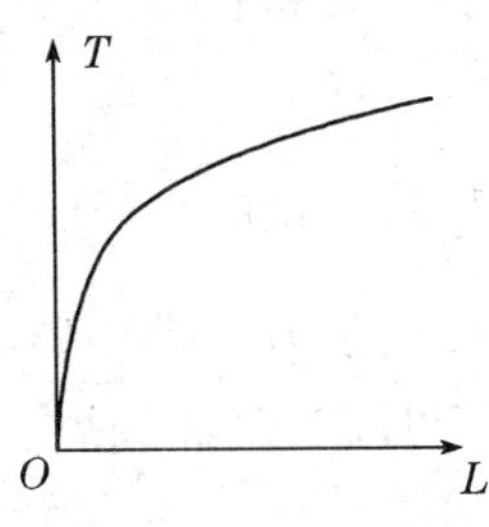

图 2.3-2　$T-L$ 曲线

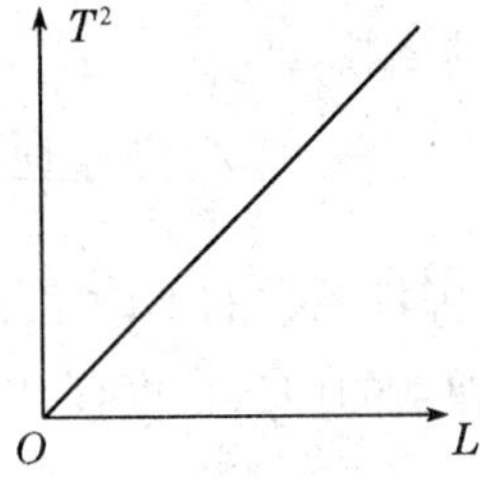

图 2.3-3　T^2-L 曲线

斜率为：$k=\dfrac{T^2}{L}=\dfrac{4\pi^2}{g}$；

由此可写出单摆的周期公式：$T=2\pi\sqrt{\dfrac{L}{g}}$。

2.3.3　用逐差法处理实验数据

逐差法常用于处理自变量等间距变化的数据组。逐差法计算简便，特别是在检查数据时，可以随测随查，能及时发现数据差错和数据的变化规律。

逐差法是把实验测量的数据列成表格进行逐次相减，或者等间隔相减。为了说明这种方法，使用"弹簧伸长与受力关系的实验数据（表 2.3－3）"，说明弹簧伸长与所加砝码质量的关系。同时还可以看出 $L_5-L_4=13.0$ mm，较其他相减的结果偏小，可能的原因是减砝码读数普遍比增砝码读数偏大。从 L_0 至 L_4 的结果都是增重和减重的平均值，因而抵消了一部分系统误差；而 L_5 是一次测量值，增减砝码之间的差异在这个值上没有被抵消。

表 2.3－3　弹簧伸长与受力关系实验数据记录及处理结果

砝码质量/(mg)	弹簧位置/(mm)	逐次相减/(mm)	等间隔相减/(mm)
0	$L_0=59.7$	$L_1-L_0=14.3$	$L_3-L_0=42.7$
200	$L_1=59.7$	$L_2-L_1=14.3$	
400	$L_2=59.7$	$L_3-L_2=14.1$	$L_4-L_1=42.4$
600	$L_3=59.7$	$L_4-L_3=14.0$	
800	$L_4=59.7$	$L_5-L_4=13.0$	$L_5-L_2=41.1$
1 000	$L_5=59.7$		

利用所测数据求弹簧的弹性系数。通常的方法是把实验数据分成两组，一组是 L_0、L_1、L_2，另一组是 L_3、L_4、L_5，然后求其等间隔的差值。对于本例中相当于求出三个对应与 600 mg 砝码质量的伸长量 $l_1=L_3-L_0$、$l_2=L_4-L_1$、$l_3=L_5-L_2$，得到三个独立值后取平均

$$\bar{l}=\frac{l_1+l_2+l_3}{3}=42.1(\text{mm})$$

由于用这个平均值求弹性系数，相当于利用数据点连了三条直线，分别求出每条直线的斜率，再取其倒数，即

$$k=\frac{F}{l}=\frac{600\times9.81\times10^{-6}}{42.1\times10^{-3}}=0.140(\text{N/m})$$

所得到的弹性系数的不确定度可按以下方法计算。由于力 F 的不确定度可以不考虑，主要考虑弹簧的伸长长度，所以弹性系数的不确定度可以考虑以下两个方面。

(1) A 类不确定度

$$(u_A)_{\bar{l}}=T_{0.683}\cdot S_{\bar{l}}$$

$$S_{\bar{l}}=\sqrt{\frac{(l_1-\bar{l})^2+(l_2-\bar{l})^2+(l_3-\bar{l})^2}{3(3-1)}}=0.49(\text{mm})$$

查表 2.1－1 可得，3 次测量时，$T_{0.683}=1.32$，于是 $(u_A)_{\bar{l}}=1.32\times0.49=0.65(\text{mm})$。

(2) B 类不确定度

根据精度 0.1 mm 的游标卡尺，示值误差极限为 $\Delta=0.1$ mm，所以

$$(u_B)_{\bar{l}}=\frac{\Delta}{\sqrt{3}}=\frac{0.1}{\sqrt{3}}(\text{mm})$$

总的不确定度为：

$$u_{\bar{l}}=\sqrt{(u_A)_{\bar{l}}^2+(u_B)_{\bar{l}}^2}=0.66(\text{mm})$$

根据不确定度传递关系：

$$\frac{u_k}{k}=\frac{u_{\bar{l}}}{\bar{l}}\times100\%=\frac{0.66}{42.1}\times100\%=1.6\%$$

$$u_k=k\times1.6\%=0.140\times1.6\%=0.003(\text{N/m})$$

$$k=(0.140\pm0.003)\text{N/m}\ (\text{置信概率 } P=68.3\%)$$

2.3.4　用最小二乘法处理实验数据

作图法虽然在数据处理中是一个很便利的方法，但在图线的绘制上往往带有较大的任意性，所得的结果也常常因人而异，而且很难对它做进一步的误差分析。为了克服这些缺点，在数理统计中研究了直线的拟合问题，常用一种以最小二乘法为基础的实验数据处理方法。由于某些曲线型的函数可以通过适当的数学变换而改写成直线方程，这一方法也适用于某些曲线型的规律。下面就数据处理中的最小二乘法原理作简单介绍。

从实验的数据求经验方程或经验公式称为方程的回归问题。方程的回归首先要确定函数的形式，一般要根据理论的推断或从实验数据变化的趋势而推测出来。如果推断出物理量 y 和 x 之间的关系是线性关系，则函数的形式可写为 $y=B_0+B_1x$，如果推断出是指数关系，则写为

$$y=C_1\mathrm{e}^{C_2x}+C_3$$

如果不能清楚地判断出函数的形式，则可用多项式来表示：

$$y=B_0+B_1x^1+B_2x^2+\cdots+B_nx^n$$

式中，$B_0,B_1,\cdots,B_n,C_1,C_2,C_3$ 等均为参数。可以认为，方程的回归问题就是用实验的数据来求出方程的待定参数。

用最小二乘法处理实验数据，可以求出上述待定参数。设 y 是变量 $x_1,x_2,\cdots$ 的函数，有 m 个待定参数 $C_1,C_2,\cdots,C_m$，即

$$y=f(C_1,C_2,\cdots,C_m;x_1,x_2,\cdots)$$

对各个自变量 $x_1,x_2,\cdots$ 和对应的因变量 y 作 n 次观测得 $(x_{1i},x_{2i},\cdots,y_i)(i=1,2,\cdots,n)$。

于是 y 的观测值 y_i 与由方程所得计算值 y_0 的偏差为 $(y_i-y_{0i})(i=1,2,\cdots,n)$。

所谓最小二乘法，就是要求上面的 n 个偏差在平方和最小的意义下，使得函数 $y=f(C_1,C_2,\cdots,C_m;x_1,x_2,\cdots)$ 与观测值 $y_1,y_2,\cdots,y_n$ 最佳拟合，也就是参数应使

$$Q=\sum_{i=1}^{n}[y_i-f(C_1,C_2,\cdots,C_m;x_1,x_2,\cdots)]^2=\text{最小值}$$

由微分学的求极值方法可知，$C_1,C_2,\cdots,C_m$ 应满足下列方程组：

$$\frac{\partial Q}{\partial C_i}=0 \quad (i=1,2,3\cdots,n)$$

下面从一个最简单的情况来看怎样用最小二乘法确定参数。设已知函数形式是

$$y=a+bx$$

这是个一元线性回归方程,由实验测得自变量 x 与因变量 y 的数据是

$$x=x_1,x_2,\cdots,x_n$$

$$y=y_1,y_2,\cdots,y_n$$

由最小二乘法,a、b 应使

$$Q=\sum_{i=1}^{n}[y_i-(a+bx_i)]^2=\text{最小值}$$

Q 对 a 和 b 求偏微商应等于零,即

$$\begin{cases}\dfrac{\partial Q}{\partial a}=-2\sum\limits_{i=1}^{n}[y_i-(a+bx_i)]=0\\ \dfrac{\partial Q}{\partial b}=-2\sum\limits_{i=1}^{n}[y_i-(a+bx_i)]x_i=0\end{cases}$$

由上式得

$$\bar{y}-a-b\bar{x}=0$$

$$\overline{xy}-a\bar{x}-b\overline{x^2}=0$$

式中:$\bar{x}$ 表示 x 的平均值,即 $\bar{x}=\dfrac{1}{n}\sum\limits_{i=1}^{n}x_i$;$\bar{y}$ 表示 y 的平均值,即 $\bar{y}=\dfrac{1}{n}\sum\limits_{i=1}^{n}y_i$;$\overline{x^2}$ 表示 x^2 的平均值,即 $\overline{x^2}=\dfrac{1}{n}\sum\limits_{i=1}^{n}x_i^2$;$\overline{xy}$ 表示 xy 的平均值,即 $\overline{xy}=\dfrac{1}{n}\sum\limits_{i=1}^{n}x_iy_i$。

解方程得

$$b=\frac{\bar{x}\,\bar{y}-\overline{xy}}{\bar{x}^2-\overline{x^2}}$$

$$a=\bar{y}-b\bar{x}$$

必须指出,实验中只有当 x 和 y 之间存在线性关系时,拟合的直线才有意义。在待定参数确定以后,为了判断所得的结果是否有意义,在数学上引进一个叫相关系数的量。通过计算一下相关系数 r 的大小,才能确定所拟合的直线是否有意义。对于一元线性回归,r 定义为

$$r=\frac{\overline{xy}-\bar{x}\,\bar{y}}{\sqrt{(\overline{x^2}-\bar{x}^2)(\overline{y^2}-\bar{y}^2)}}$$

可以证明,$|r|$的值是在 0 和 1 之间。$|r|$越接近于 1,说明实验数据能密集在求得的直线的近旁,用线性函数进行回归比较合理。相反,如果$|r|$值远小于 1 而接近于零,说明实验数据对求得的直线很分散,即用线性回归不妥当,必须用其他函数重新试探。至于

$|r|$的起码值（当$|r|$大于起码值，回归的线性方程才有意义），与实验观测次数 n 和置信度有关，可查阅有关手册，所做的实验应该大于 0.9。

非线性回归是一个很复杂的问题，并无一定的解法。但是通常遇到的非线性问题多数能够化为线性问题。

已知函数形式为

$$y=C_1 e^{C_2 x}$$

两边取对数得：$\ln y=\ln C_1+C_2 x$，令 $\ln y=z$，$\ln C_1=A$，$C_2=B$，则变为

$$z=A+Bx$$

这样就将非线性回归问题转化成为一个一元线性回归问题。

上面介绍了用最小二乘法求经验公式中常数 k 和 b 的方法，用这种方法计算出来的 k 和 b 是“最佳的”，但并不是没有误差。它们的不确定度估算比较复杂，这里就不作介绍了。

现以测量热敏电阻的阻值 R_T 随着温度变化的关系为例，其函数关系为

$$R_T=a e^{\frac{b}{T}}$$

式中：a、b 为待定常数；T 为热力学温度。为了能变换成直线形式，将两边取对数得：

$$\ln R_T=\ln a+\frac{b}{T}$$

经作变换，令 $y=\ln R_T$，$A=\ln a$，$B=b$，$x=\frac{1}{T}$，可以得出直线方程为 $y=A+Bx$。实验时测得热敏电阻在不同温度下的阻值，以变量 x，y 分别为横、纵坐标作图，若 y - x 图线为直线，就证明 R_T与 T 的理论关系正确。现将实验测量数据和变量变换数值列于表 2.3 - 4。

表 2.3 - 4 热敏电阻的阻值和温度关系

序号	T_c(℃)	T(K)	R_T(Ω)	$x=\frac{1}{T_i}10^{-3}(K^{-1})$	$y=\ln R_T$
1	27.0	300.0	3 427	3.333	8.139
2	29.7	302.7	3 127	3.304	8.048
3	32.2	305.2	2 824	3.277	7.946
4	36.2	309.2	2 498	3.234	7.823
5	38.2	311.2	2 261	3.215	7.724
6	42.2	315.2	2 000	3.173	7.601
7	44.5	317.5	1 826	3.150	7.510
8	48.0	321.0	1 634	3.115	7.399
9	53.5	326.5	1 353	3.063	7.210
10	57.5	330.5	1 193	3.026	7.084

对表 2.3－4 中提供的$\frac{1}{T_i}$和 $\ln R_T$ 数据，用最小二乘法拟合处理，用计算器运算操作，可得

直线斜率：$B=3.448\times10^3$(K)；

直线截距：$A=-3.473(\Omega)$；

相关系数：$r=0.9996$。

由上面相关系数值可知 $\ln R_T-\frac{1}{T}$的关系(图 2.3－4)中直线性很好，这说明热敏电阻阻值 R_T和$\frac{1}{T}$为严格的指数关系。

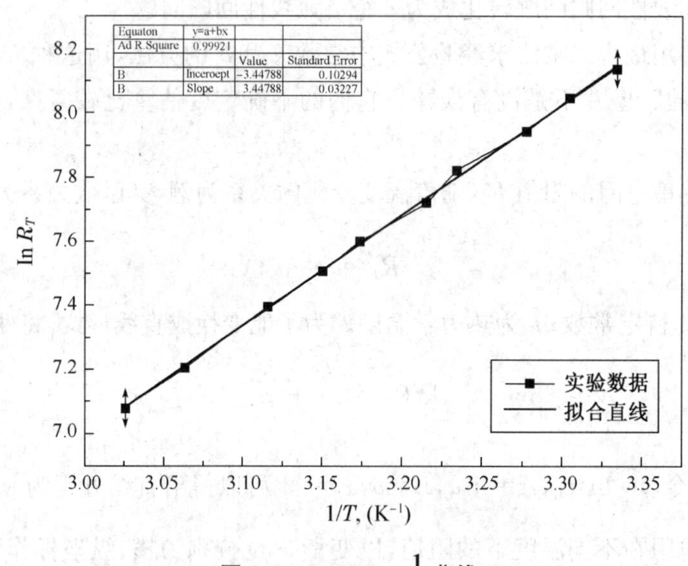

图 2.3－4　$\ln R_T-\frac{1}{T}$曲线

2.3.5　用计算机处理实验数据

在现代实验技术中，随着实验条件的不断改善，微机的应用也越来越多，不仅应用于仪器设备中提高精度、采集数据、模拟实验等，还可以在数据处理中发挥重要作用。应用微机进行数据处理的方法称为计算机法。微机法的优点是速度快、精度高，将实验数据输入装有相应软件的计算机中就能显示数据处理的结果，直观性强，减轻人们处理数据的工作量。同时也能提高人们应用计算机处理数据的能力。例如在一些平均值、相对误差、绝对误差、标准误差、线性回归、数据统计等方面的数值计算，常用函数计算，定积分计算，拟合曲线，作图等方面都可以考虑使用计算机来处理。在具体问题中可以应用现有的软件，也可以结合具体实验练习编写一些简单实用的小程序或开发一些实用性强的小软件来满足实验中数据处理的需要。随着计算机的不断普及，计算在实验教学中的地位不断提高，灵活应用计算机在实验教学中的优点，是今后实验教学中不可忽视的一个问题，应当先从数据处理入手，逐步加强计算机在实验教学中的具体应用，为以后应用计算机进行科学实

验奠定一个基础。

采用可编程序的计算器或者计算机来处理可以更方便一些，它们不仅可以完成计算工作，而且还可以打印出全部结果，绘制出拟合图线。目前，常用的方法有：用具有统计功能的计算器处理简单的数据，可以得到平均值、标准偏差等；用 Excel 或 Origin 软件等不仅可以进行数据运算，还可以进行作图和曲线拟合等，在数据处理中发挥着重要的作用。例如，可用 Origin 软件对表 2.3－4 中热敏电阻的阻值和温度关系描绘出直线(图 2.3－4)，同时进行数据拟合得到直线方程的表达式、相关系数等数据。

§2.4　物理实验常用仪器简介

物理学是一门实验科学，物理学的基本规律都是通过科学实验发现和检验的，科学实验在物理学的发展中起着重要作用。科学实验需要采用一定的仪器设备，在大学物理实验中也用到一些基本的测量仪器。

2.4.1　常用力学实验仪器简介

长度、质量和时间是最基本的力学量。测量这三个量常用的仪器有游标卡尺、螺旋测微计、读数显微镜、天平、秒表和智能数字测时器等。

1. 基本的长度测量仪器

长度是最基本的物理量之一。测量长度的仪器不仅在生产过程和科学实验中被广泛使用，而且许多物理量的测量(如温度计、压力表)最终都是转化为长度(刻度)而进行读数的，因此有关长度的测量方法、原理和技术在物理量的测量中具有普遍的意义。

在 SI 制中，长度的基本单位是米，用符号“m”表示。1983 年 10 月 7 日在巴黎召开的第 17 届国际计量大会通过米的定义：1 米的长度是光在真空中经 1/299 792 458 秒时间间隔内所传播的距离。

测量长度仪器的选取一般取决于测量的范围及测量精度。就测量范围来说小尺度的测量仪器有读数显微镜、螺旋测微计、游标卡尺等，稍大尺度的有折尺、卷尺，再大的尺度使用仪器有如工程上使用的远红外测距、卫星定位等。

物理实验中常用的长度测量仪器有米尺、游标卡尺、螺旋测微计(千分尺)、读数显微镜等。一般测长度仪器上都有指示不同量值的刻度线，相邻两刻度线所代表的量值之差称为分度值。仪器的最大测量范围称为量程。选用仪器时应注意仪器的量程和分度值。使用仪器时，首先要校准好仪器，以避免系统误差。测量时，除正确读出分度值的整数倍以外，还必须在一个分度内进行估读(如估读到$\frac{1}{10}$、$\frac{1}{5}$或$\frac{1}{2}$个分度)，应该强调的是必须估读到最小分度值的下一位。

几种常见的测长仪器：

(1) 米尺。米尺的种类较多，有 30 cm、1 m 的钢直尺，有 1.5 m、2 m、3 m 的卷尺，还有木尺、塑料尺等，可根据测量范围进行选择。

(2) 游标卡尺、螺旋测微计和读数显微镜。它们的原理及使用方法等见长度测量实验。

2. 基本的质量测量仪器

质量的国际单位为千克，用符号"kg"表示。1889 年在巴黎召开的第一届国际计量大会上规定千克为质量的单位。质量单位的国际标准是一个直径和高度都为 39 mm 的铂铱合金圆柱体，称为国际千克原器，它保存在巴黎国际权度局。常用的质量测量仪器有托盘天平、物理天平、分析天平和电子天平。

(1) 物理天平

物理天平的主要技术指标如下：

①称量(最大载荷)：称量是指天平允许称衡的最大质量。实验室常用的物理天平有：TW－02、TW－05 型，称量分别为 200 g、500 g。

② 感量：感量是在天平平衡时，为使天平指针从标度尺上的平衡位置偏转一个分度，在一个盘中所添加的最小质量。感量用符号"k"表示，其单位为：mg/分格。

③ 灵敏度：感量 k 的倒数称为灵敏度，用符号"S"表示，即有 $S=1/k$，其单位为：分格/mg。

④ 精度：天平的精度(相对精度)是指天平的分度值与称量的比值，常用的 TW－02、TW－05 型天平精度为 10^{-4}。

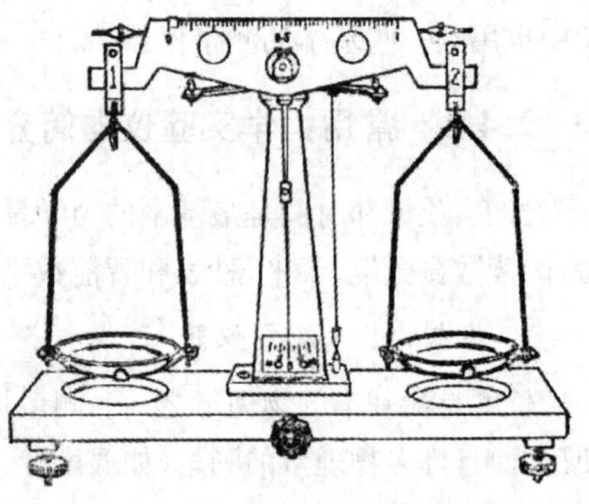

图 2.4－1　物理天平

物理天平(图 2.4－1)的结构和使用方法等见教材中的密度的测量实验。

(2) 电子天平

电子天平(图 2.4－2)的实验原理是依据电磁力平衡原理。称量通过支架连杆与线圈相连，该线圈置于固定的永久磁铁——磁钢之中，当线圈通电时自身产生的电磁力与磁钢磁力作用，产生向上的作用力，该力与秤盘中待测物的向下重力达到平衡时，此线圈通入的电流与待测物重力成正比，利用该电流大小可计量待测物的质量。其线圈上电流大小的自动控制与计量是通过该天平的位移传感器、调节器及放大器实现。

图 2.4－2　电子天平

电子天平是物质计量中唯一可自动测量、显示甚至可自动记录、打印结果的天平。电子天平最大称量在 100 g，最高读数精度可达±0.000 1 g，适用性很宽。天平使用时，要随使用地的纬度、海拔高度随时校正重力加速度的值，方可获取准确的质量数。常量或半微量电子天平一般内部配有标准砝码和质量的校正装置，经随时校正后的电子天平可获取准确的质量读数。

3. 基本的时间测量仪器

计时方法是因安排工作、生活的需要而衍生出来的。春秋时期已经用圭表、漏刻等计时器，此后发明了很多不同的计时方法。原子钟是现代获取精准时间的设备，国际上仅中国等少数国家具有独立研制能力。2016 年，由中科院上海光机所研制的空间冷原子钟能够实现约 3 000 万年误差 1 秒的超高精度，并且搭乘“天宫二号”空间实验室来到太空，成为国际首台在轨运行并开展科学实验的空间冷原子钟。时间的国际单位是秒，符号为“s”。物理实验中常用的时间测量仪器有秒表（也称停表）和智能数字测时器（见实验 9）等。

（1）电子秒表

电子秒表是数字显示秒表，它是一种较精密的计时器。电子秒表的机芯全部采用电子元件组成，利用石英振荡器振荡频率作为时间基准，一般采用六位液晶显示器，具有精度高、显示清楚、使用方便、功能较多等优点。有的表还装有太阳能电池，可延长表内电池的使用寿命。目前，智能手机中的计时器是一个精度很高的电子秒表。

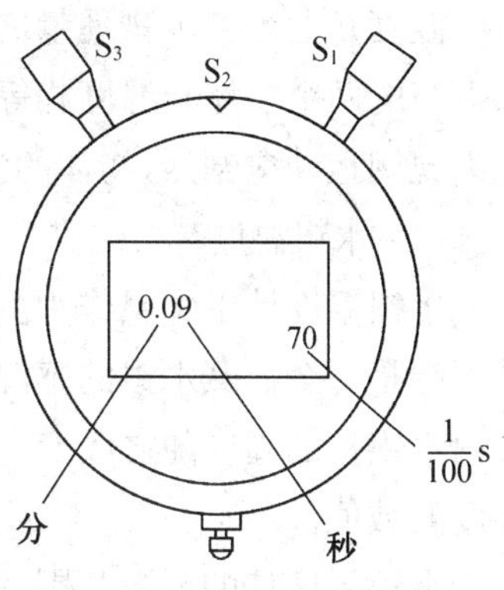

图 2.4－3　电子秒表

① 电子秒表的按钮：电子秒表一般配有三个按钮，控制着不同的显示状态。如图 2.4－3 所示，各个按钮的作用为：S_1 按钮：起动/停止、调整、计时/计历；S_2 按钮：暂停/回零、调整位置、分段计时；S_3 按钮：状态选择。

② 使用方法：在计时显示的情况下，按一下 S_3，即可呈现秒表功能，数字显示全为零。按一下 S_1，即可开始自动计时，当再次按一下 S_1 时，停止计时，如图 2.4－3 所示，液晶显示的时间为 9.70 s，即为测量的时间。

若要恢复正常计时显示，再按一下 S_3 即可。

（2）机械秒表

① 功能：一般用于数分钟以内的计时。

② 按分度值分类：一般有 0.1 s 和 0.2 s 两种。

③ 构造及使用：机械秒表外形如图 2.4－4 所示，表盘上有一个长的秒针和一个短的分针。秒表上端有可旋转的端钮，用来上紧发条和控制秒表的走动及停止。使用前先上紧发条，测量时手握住秒表，当拇指第一次按下端钮时，指针开始走动，第二次按下端钮时，指针停止走动，再按一次时，指针回到零点。有的秒表带有专门的回零按钮，还有的秒表在表的端钮上装有累计按钮，按钮向上推时，秒表即停止走动，向下推时，秒表继续走动，这样可以连续累计记时。

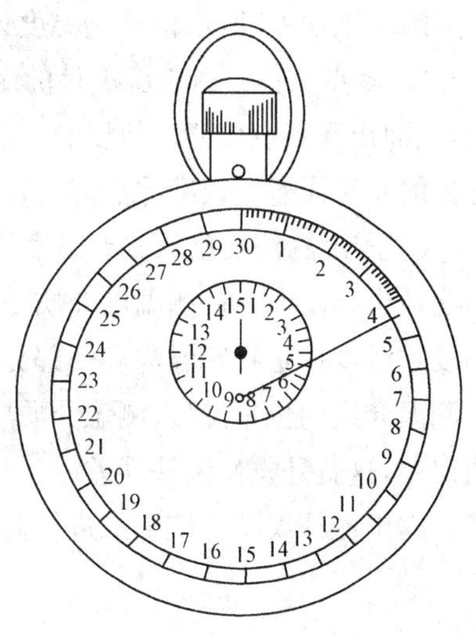
图 2.4－4　机械秒表

出于秒针是跳跃式运动的，所以最小分度以下估计值是没有意义的。如果秒表不准，会给测量带来系统误差，这时可用智能数字测时器作为标准计时器来进行校准。例如，秒表读数为 x，智能数字测时器读数为 y，校准系数即为 $c=y/x$。当实验测得的秒表读数为 t' 时，真正的时间应为 $t=ct'$。

④ 注意事项：使用前先上好发条，不宜过紧，以免损坏发条；开始计时前，先按下秒表端钮，使其指针归零，此时检查指针在不在零点，应记下初始读数，在测量后进行校正；用手按秒表端钮时不要用力过猛，不要摔、碰秒表，以免损坏机件；秒表不准在强电磁场环境中使用；实验结束时，应让秒表继续走动，使发条放松。

2.4.2 常见热学实验仪器简介

1. 温度测量仪器

温度是七个基本物理量之一。温度的宏观概念是物体冷热程度的量度，或者说互为热平衡的两个物体其温度相等。温度的微观概念是大量分子热运动平均强度的量度，分子无规则运动愈剧烈，物体的温度愈高。

(1) 水银温度计

水银温度计以水银作为测温物质，利用水银的热胀冷缩性质来测量温度。这种温度计下端是一个贮藏水银的感温泡，上接一个内径均匀的玻璃毛细管。随温度的变化，毛细管内水银柱的高度随之改变，其高度与感温泡所感受的温度相对应，在刻度尺上即可读出温度的数值。

水银温度计的测温范围一般在－30 ℃～300 ℃，其分度值为 0.05 ℃(一等标准水银温度计)和 0.1 ℃或 0.2 ℃(二等标准水银温度计)。实验室常用的温度计为玻璃水银温度计，分度值为 0.1 ℃或 0.2 ℃，示值误差为 0.2 ℃，采用“全浸式”读数。普通水银温度计测温范围分 0 ℃～50 ℃、0 ℃～100 ℃、0 ℃～150 ℃等，分度值一般为 1 ℃，示值误差限等于分度值，多采用“局浸式”读数。

除示值误差外，水银玻璃温度计测温误差还应考虑以下两点：

① 零点位移。由于温度计的老化使玻璃内部组织发生变化而使感温泡体积发生变化，从而出现零点位移。所以必须经常检查和校准水银温度计的零点，消除由零点位移而导致的系统误差。校准零点时要按照规定程序进行。

② 露出液柱误差。玻璃温度计一般分为全浸式和局浸式两种。全浸式温度计是将温度计全部浸没在待测温度介质中，并使感温泡与毛细管中的全部水银处于同一温度中；局浸式温度计是将感温泡和一部分毛细管(局浸式温度计背面刻有一横线，表示毛细管浸入测温介质的位置)浸入测温介质中。如果由于各种原因不能按照规定使用，就会引起示值误差，这就是露出液柱误差。

露出液柱误差可按下式进行修正：

$$\Delta\theta=kn(\theta-\theta_1)$$

式中：$\Delta\theta$ 为修正值(℃)；k 为水银对玻璃的视膨胀系数(1/℃)，一般取 0.000 16

(1/℃);n 为露出水银柱的长度,用刻度数计值(℃);θ 为露出水银柱部分理应达到的温度(以温度计示值替代);θ_1 为露出水银柱部分玻璃管的实际平均温度。

使用水银温度计还应注意:① 测温读数时,应使视线与水银柱液面处于同一水平面;② 应使感温泡离开被测对象的容器壁一定的距离;③ 由于水银柱在毛细管中升降有滞留现象,水银柱随温度的升降有跳跃式的间歇变动,这种现象在下降过程中尤为明显,所以使用水银温度计时最好采用升温的方式;④ 由于热传导速度等原因,在被测介质的温度发生变化时,水银温度计滞后一定时间才能正确显示介质的实际温度,在待测介质的温度变化较快时,必须改用反应迅速的温差电偶温度计。

(2) 温差电偶温度计

用两种不同的金属丝 A 和 B 联成回路并使两个接点维持在不同温度 θ_1 和 θ_2 时,则该闭合回路中会产生温差电动势 ε。在两种金属材料给定时,ε 的大小取决于温度差($\theta_1-\theta_2$)。如果使温差电偶一个接头(称参考端)的温度固定在已知温度 θ_0,则回路的温差电动势大小将与另一接头(称测温端)的温度有一一对应关系,测出回路中的温差电动势 ε 就可以确定 θ,这就是温差电偶温度计(图 2.4-5)的原理。

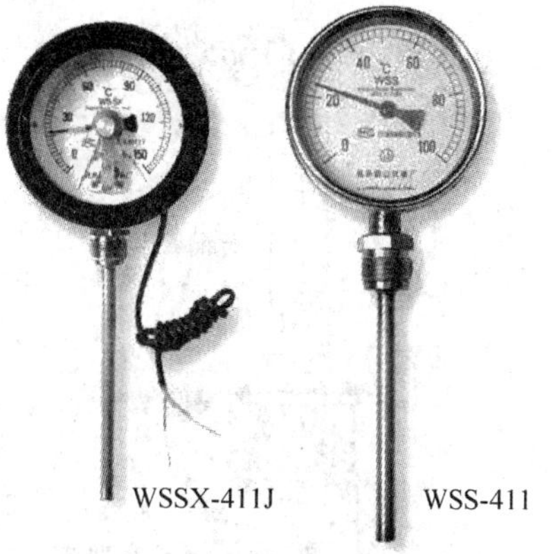

WSSX-411J　　WSS-411

图 2.4-5　温差电偶温度计

(3) 集成温度传感器

集成温度传感器(AD590)(图 2.4-6)实质上是一种半导体集成电路,它是利用晶体管的 b-e 结压降的不饱和值 V_{be} 与热力学温度 T 和通过发射极电流 I 的关系实现对温度的检测。

集成温度传感器具有线性好、精度适中、灵敏度高、体积小、使用方便等优点,得到广泛应用。集成温度传感器的输出形式分为电压输出和电流输出两种。电压输出型的灵敏度一般为 10 mV/K,电流输出型的灵敏度一般为 1 mA/K。

图 2.4-6　集成温度传感器

2. 压强测量仪器

压强是垂直而均匀地作用在物体单位面积上的力。在国际单位制(SI)中,压强的单位为帕斯卡(Pascal),简称帕,符号 Pa。

过去的文献和旧仪表曾使用的压强单位,如标准大气压(atm)、毫米汞柱(mmHg)、托(Torr)等,现在统一以"帕"重新定义,即 1 atm=101 325 Pa(≈0.1 MPa)=760 mmHg,1 mmHg=1 Torr=133.322 Pa。

实验室里常用福廷气压计(图 2.4-7)或仪表式气压计(图 2.4-8)测量环境的气压。一根长约 80 cm 的玻璃管,一端封口并灌满水银倒插入水银杯内,在标准大气压下,管内水银柱将会下降到距杯内水银面 76 cm 高度。气压变化，水银柱的高度就改变。利用玻璃管旁的黄铜米尺及游标装置可测量水银柱的高度。

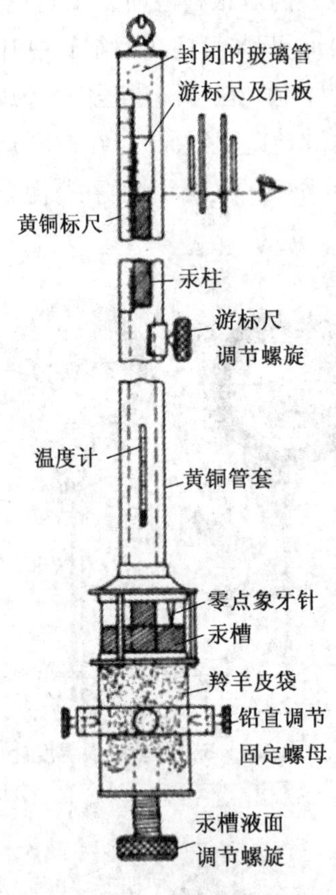

图 2.4－7　福廷气压计

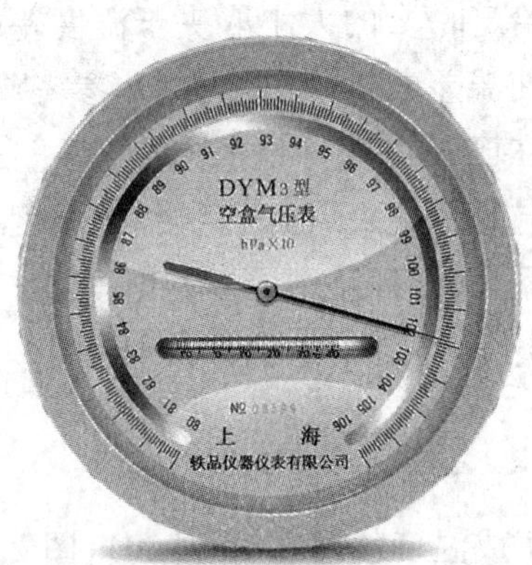

图 2.4－8　仪表式气压计

3. 湿度测量仪器

在影响实验的各种环境因素中，居首位的当属温度，因为各种物质性质几乎都与温度有关。其次便是空气的湿度和大气压强。比如，湿度大多会降低介电材料的绝缘性能，会使仪器锈蚀而降低其精密度，会使光学元件表面起雾和生霉而降低其透光度和成像清晰度。大气压强将影响气体和液体的密度，影响液体的沸点、固体的凝固点，影响空气中声音传播速度等。因而实验室中常挂有温度计、湿度计和气压计作为环境监测仪器。

湿度是指存在于空气中的水蒸气含量的多少。湿度不仅是气象方面的一个重要参数，而且在科学实验、工农业生产各方面都相当重要。

空气中水蒸气的含量可用三种方法表示：① 直接用空气中水蒸气的分压强表示；② 绝对湿度，即每单位体积潮湿空气中含水蒸气的质量，以 g/m^3 表示；③ 相对湿度，即空气中所含水蒸气的分压与相同温度下水的饱和蒸气压之比，以百分数表示。在科学实验和工农业生产中使用得较多的是相对湿度。

常用的湿度计是干湿泡湿度计和毛发湿度计。

(1) 干湿泡湿度计

利用干湿泡湿度计(图 2.4-9)可以测出环境的相对湿度。干湿泡湿度计由两支相同的温度计 A 和 B 组成。A 直接指示室温 θ,而 B 的感温泡上裹着细纱布,布的下端浸在水槽内。如果空气中的水蒸气不饱和,水就要蒸发,由于水蒸发吸热,而使 B 的感温泡冷却,因而湿温度计 B 所指示的温度 θ'就低于干温度计 A 所指示的温度。环境空气的湿度小,水蒸发就快,两支温度计指示的温度差就大。

日常生活最适合的湿度是 60%左右。当空气的温度下降,而水蒸气的含量不变时,相对湿度增大,当降到某一温度时,相对湿度成为 100%,即达到露点,露点以下水蒸气就会凝结。一般实验室都要避免这种现象。

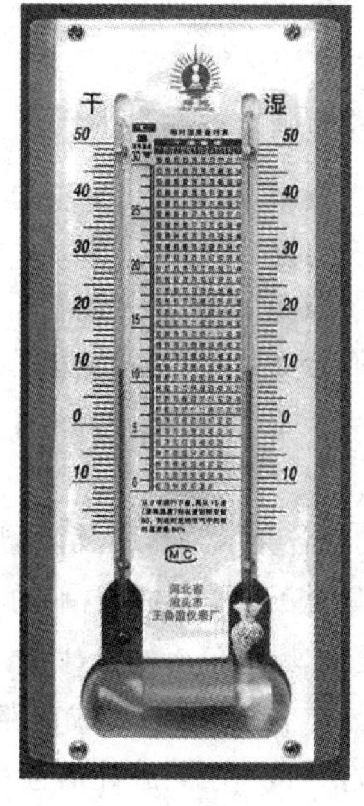

图 2.4-9　干湿泡湿度计

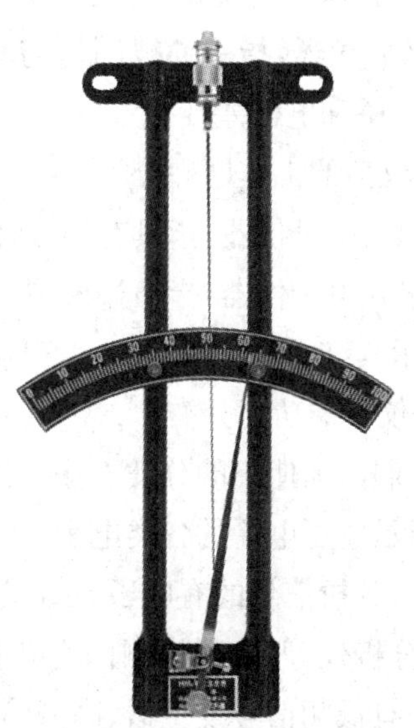

图 2.4-10　毛发湿度计

(2) 毛发湿度计

人的头发有一种特性,它吸收空气中水汽的多少是随相对湿度的增大而增加的,而毛发的长短又和它所含有的水分多少有关。利用这一变化即可制造毛发湿度计。用酒精等物将毛发洗净除油脂,以毛发十根为一束装置在容器中,利用杠杆原理,扩大它的伸缩量,指针直接在刻度板上指出湿度(图 2.4-10)。另有一种毛发湿度计是将头发的一端固定,而另一端挂一小砝码,为能够看清楚头发长短的变化,将头发绕过一个滑轮,同时在滑轮上安一长指针。由于砝码本身的重力作用,而使头发紧紧地压在滑轮上。当头发伸长时,滑轮就作顺时针方向转动,并带动指针沿弧形向下偏转,而当头发缩短时,指针则向上转动。设空气完全干燥时,指针所指的位置为 0。空气中水蒸气达到饱和状态时,指针所指的地方算作 100,再用干湿泡湿度计和它相核对,刻出度数,这样就可直接测出空气的相对湿度了。毛发湿度计的优点是构造简单,使用方便,唯一的缺点是不够准确。

2.4.3 常见电磁学实验仪器简介

一般地讲，凡是利用电子技术对各种信息进行测量的设备，统称为电子测量仪器，其中包括各种指示仪器(如电表)、比较式仪器、记录式仪器，以及各种传感器。从电磁测量角度说，利用各种电子技术对电磁学领域中的各种电磁量进行测量的设备及配件称为电磁测量仪器。电磁测量仪器的种类很多，而且随着新材料、新器件、新技术的不断发展，仪器的门类愈来愈多，而且趋向多功能、集成化、数字化、自动化、智能化发展。

电磁测量仪器有多种分类方法。

(1) 按仪器的测量方法分类

① 直读式仪器：指预先用标准量具作比较而分度的能够指示被测量值的大小和单位的仪器，如各类指针式仪表。

② 比较式仪器：指一种被测量与标准器具相比较而确定被测量的大小和单位的仪器，如各类电桥和电位差计。

(2) 按仪器的工作原理分类

① 模拟式电子仪器：指具有连续特性并与同类模拟量相比较的仪器。

② 数字式电子仪器：指通过模拟数字转换，把具有连续性的被测的量变成离散的数字量，再显示其结果的仪器。

(3) 按仪器的功能分类

这是人们习惯使用的分类方法。例如显示波形的有各类示波器、逻辑分析仪等；指示电平的有指示电压电平的各类电表(包括模拟式和数字式)、指示功率电平的功率计和数字电平表等；分析信号的有电子计数式频率计、失真度仪、频谱分析仪等；网络分析的有扫频仪、网络分析仪等；参数检测的有各类电桥、Q 表、晶体管图示仪、集成电路测试仪等；提供信号的有低频信号发生器、高频信号发生器、函数信号发生器、脉冲信号发生器等。

1. 电源

实验室常用的电源有直流电源和交流电源。

常用的直流电源有直流稳压电源、干电池和蓄电池。直流稳压电源的内阻小，输出功率较大，电压稳定性好，而且输出电压连续可调，使用十分方便，它的主要指标是：最大输出电压和最大输出电流，如 YB1731C 2A 型直流稳压电源最大输出电压为 30 V，最大输出电流为 2 A。干电池的电动势约为 1.5 V 左右，使用时间长了，电动势下降得很快，而且内阻也要增大。铅蓄电池的电动势约为 2 V 左右，输出电压比较稳定，储藏的电能也比较大，但需经常充电，比较麻烦。

交流电源一般使用 50 Hz 的单相或三相交流电。市电每相 220 V，如需用高于或低于 220 V 的单相交流电压，可使用变压器将电压升高或降低。

不论使用哪种电源都要注意安全，千万不要接错，而且切忌电源两端短接。使用时注意不得超过电源的额定输出功率，对直流电源要注意极性的正负，常用“红”端表示正极，“黑”端表示负极，对交流电源要注意区分相线、零线和地线。

2. 电表

电表的种类很多,在电学实验中以磁电式电表应用最广,实验室常用的是便携式电表。磁电式电表具有灵敏度高、刻度均匀、便于读数等优点,适合于直流电路的测量。

(1) 灵敏电流计

灵敏电流计的特征是指针零点在刻度中央,便于检测不同方向的直流电流。灵敏电流计常用在电桥和电位差计的电路中作平衡指示器,即检测电路中有无电流,故又称检流计。

检流计的主要规格是:

① 电流计常数:即偏转一小格代表的电流值。AC-5/2 型的指针检流计一般约为 10^{-6} 安/小格。

② 内阻:AC-5/2 型检流计内阻一般不大于 50 Ω。

(2) 直流电压表

直流电压表是用来测量直流电路中两点之间电压的。根据电压大小的不同,可分为毫伏表(mV)和伏特表(V)等。电压表是将表头串联一个适当大的降压电阻而构成的,它的主要规格如下:

① 量程:即指针偏转满度时的电压值。例如伏特表量程为 0—7.5 V—15 V—30 V,表示该表有三个量程,第一个量程在加上 7.5 V 电压时偏转满度,第二、三个量程分别为 15 V、30 V 电压时偏转满度。

② 内阻:即电表两端的电阻,同一伏特表不同量程内阻不同。例如 0—7.5 V—15 V—30 V 伏特表,它的三个量程内阻分别为 1 500Ω、3 000Ω、6 000Ω,但因为各量程的每伏欧姆数都是 200 Ω/V,所以伏特表内阻一般用 Ω/V 统一表示,可用下式计算某量程的内阻。

$$内阻=量程\times每伏欧姆数$$

(3) 直流电流表

直流电流表是用来测量直流电路中的电流的。根据电流大小的不同,可分为安培表(A)、毫安表(mA)和微安表(μA),电流表是在表头的两端并联一个适当的分流电阻而构成的,它的主要规格如下:

① 量程:即指针偏转满度时的电流值,安培表和毫安表一般都是多量程的。

② 内阻:一般安培表的内阻在 0.1 Ω 以下。毫安表、微安表的内阻可从 100～200 Ω 到 1 000～2 000 Ω。

(4) 使用直流电流表和电压表应注意

① 电表的连接及正负极:直流电流表应串联在待测电路中,并且必须使电流从电流表的"+"极流入,从"−"极流出。直流电压表应并联在待测电路中,并应使电压表的"+"极接高电位端,"−"极接低电位端。

② 电表的零点调节:使用电表之前,应先检查电表的指针是否指零。如不指零,应小心调节电表面板上的零点调节螺丝,使指针指零。

③ 电表的量程:实验时应根据被测电流或电压的大小,选择合适的量程。如果量程选得太大,则指针偏转太小,会使测量误差太大。量程选得太小,则过大的电流或电压会使电表损坏。在不知道测量值范围的情况下,应先试用最大量程,根据指针偏转的情况再改用合适的量程。

④ 视差问题:读数时应使视线垂直于电表的刻度盘,以免产生视差。级别较高的电表,在刻度线旁边装有平面反射镜。读数时,应使指针和它在平面镜中的像相重合。

(5) 电表误差

① 测量误差

电表测量产生的误差主要有两类:

仪器误差:由于电表结构和制作上的不完善所引起,例如轴承摩擦,分度不准,刻度尺划的不精密,游丝的变质等原因的影响,使得电表的指示与其值有误差。

附加误差:这是由于外界因素的变动对仪表读数产生影响而造成的。外界因素指的是温度、电场、磁场等。

当电表在正常情况下(符合仪表说明书上所要求的工作条件)运用时,不会有附加误差,因而测量误差可只考虑仪器误差。

②电表的测量误差与电表等级的关系

各种电表根据仪器误差的大小共分为七个等级,即 0.1,0.2,0.5,1.0,1.5,2.5,5.0。根据仪表的级数可以确定电表的测量误差。例如,0.5 级的电表表明其相对额定误差为 0.5%。它们之间的关系可表示如下:

$$\text{相对额定误差}=\frac{\text{绝对误差}}{\text{表的量程}}$$

$$\text{仪器误差}=\text{量程}\times\text{仪表等级}\%$$

例如,用量程为 15 V 的伏特表测量时,表上指针的示数为 7.28 V,若表的等级为 0.5 级,读数结果应如何表示?

仪器误差 $\Delta U_{\text{仪}}=\text{量程}\times\text{表的等级}\%=15\times0.5\%=7.5\%=0.08(\text{V})$(误差取一位)

相对误差 $\dfrac{\Delta U}{U}=\dfrac{0.08}{7.28}\times100\%=1\%$

由于用镜面读数较准确,可忽略读数误差。因此,绝对误差只用仪器误差。读数结果为:$U=(7.28\pm0.08)\text{V}$

③ 根据电表的绝对误差确定有效数字

例如,用量程为 15 V,0.5 级的伏特表测量电压时,应读几位有效数字?

根据电表的等级数和所用量程可求出:

$$\Delta U=15\times0.5\%=0.08(\text{V})$$

故读数值时只需读到小数点后两位,以下位数的数值按数据的舍入规则处理。

(6) 数字电表

数字电表是一种新型的电测仪表,在测量原理、仪器结构和操作方法上都与指针式电表不同,数字电表具有准确度高、灵敏度高、测量速度快的优点。

数字电压表和电流表的主要规格是量程、内阻和精确度。数字电压表内阻很高，一般在 MΩ 以上，要注意的是其内阻不能用统一的每伏欧姆数表示，说明书上会标明各量程的内阻。数字电流表具有内阻低的特点。

下面着重介绍数字电表的误差表示方法以及在测量时如何选用数字电表的量程。

数字电压表常用的误差表示方法是

$$\Delta=\pm(a\%U_X+b\%U_m)$$

式中：Δ 为绝对误差值；U_X 为测量指示值；U_m 为满度值；a 为误差的相对项系数；b 为误差的固定项系数。

从上式可以看出数字电压表的绝对误差分为两部分，式中第一项为可变误差部分；第二项为固定误差部分，与被测值无关。

由上式还可得到测量值的相对误差 r 为

$$r=\frac{\Delta}{U_X}=\pm\left(a\%+b\%\frac{U_m}{U_X}\right)$$

此式说明满量程时 r 最小，随着 U_X 的减小 r 逐渐增大，当 U_X 略大于 $0.1U_m$ 时，r 最大。当 $U_X\leqslant 0.1U_m$ 时，应该换下一个量程使用，这是因为数字电压表量程是 10 进位的。

例如，一个数字电压表在 2.000 0 V 量程时，若 $a=0.02$，$b=0.01$，其绝对误差为

$$\Delta=\pm(0.02\%U_X+0.01\%U_m)$$

当 $U_X=0.1U_m=0.2000$ V 时相对误差为

$$r=\pm(0.02\%+10\times0.01\%)=\pm0.12\%$$

满度时 r 值只有±0.03%。因此，在使用数字电压表时，应选合适的量程，使其略大于被测量，以减小测量值的相对误差。

3. 电阻

实验室常用的电阻除了有固定阻值的定值电阻以外，还有电阻值可变的电阻，主要有电阻箱和滑线变阻器。

(1) 电阻箱

电阻箱的内部有一套用锰铜线绕成的标准电阻(图 2.4－11)。旋转电阻箱上的旋钮，可以得到不同的电阻值，每个旋钮的边缘都标有数字 0、1、2、…、9，各旋钮下方的面板上刻×0.1、×1、×10、…、×10 000 的字样，称为倍率。当每个旋钮上的数字旋到对准其所示倍率时，用倍率乘上旋钮上的数值并相加，即为实际使用的电阻值。

图 2.4－11　旋转式电阻箱

电阻箱的规格如下：

① 总电阻：即最大电阻，ZX21 的电阻箱总电阻为 99 999.9 Ω。

② 额定功率:指电阻箱每个电阻的功率额定值,一般电阻箱的额定功率为 0.25 W,可以由它计算额定电流。例如用 100 Ω 档的电阻时,各档允许通过的电流值为

$$I=\sqrt{\frac{W}{R}}=\sqrt{\frac{0.25}{100}}=0.05(\mathrm{A})$$

表 2.4-1 电阻箱旋钮倍率与容许负载电流

旋钮倍率	×0.1	×1	×10	×100	×1 000	×10 000
容许负载电流(A)	1.5	0.5	0.15	0.05	0.015	0.005

③ 电阻箱的等级:电阻箱根据其误差的大小分为若干个准确等级,一般分为 0.02,0.05,0.1,0.2 等,它表示电阻值相对误差的百分数。

电阻箱面板上方有 0,0.9 Ω,9.9 Ω,9 999.9 Ω 四个接线柱,0 分别与其余三个接线柱构成所使用的电阻箱的三种不同调整范围。使用时,可根据需要选择其中一种,如使用电阻小于 10 Ω 时,可选 0～9.9 Ω 两接线柱,这种接法可避免电阻箱其余部分的接触电阻对使用的影响。不同级别的电阻箱,规定允许的接触电阻标准亦不同。例如,0.1 级规定每个旋钮的接触电阻不得大于 0.002 Ω,在电阻较大时,它带来的误差微不足道,但在电阻值较小时,这部分误差却很可观。例如一个六钮电阻箱,当阻值为 0.5 Ω 时接触电阻所带来的相对误差为 $\frac{6\times0.002}{0.5}\times100\%=2.4\%$。为了减少接触电阻,一些电阻箱增加了小电阻的接头,当电阻小于 10 Ω 时,用 0 和 9.9 Ω 接头可使电流只经过×1 Ω、×0.1 Ω 这两个旋钮,即把接触电阻限制在 2×0.002 Ω=0.004 Ω 以下;当电阻小于 1 Ω 时,用 0 和 0.9 接头可使电流只经过×0.1 Ω 这个旋钮,接触电阻就小于 0.002 Ω。标称误差和接触电阻误差之和就是电阻箱的误差。

(2) 滑线变阻器

滑线变阻器是用电阻丝密绕在绝缘瓷管上,电阻丝上涂有绝缘物,各圈电阻丝之间相互绝缘。电阻丝的两端与固定接线柱相联,通常称为静止端,之间的电阻为总电阻。滑动接头通常称为滑动端,可以在电阻丝之间滑动,滑动接头与电阻丝接触处的绝缘物被磨掉,使滑动接头与电阻丝接通。改变滑动端的位置,就改变滑动端与任一静止端之间的电阻值。使用滑线变阻器,虽然不能准确地读出其电阻值的大小,但却能近似连续地改变电阻值。

滑动变阻器的规格如下:

① 全电阻:静止端之间的全部电阻值。

② 额定电流:滑线变阻器允许通过的最大电流。

滑线变阻器有两种用法:

① 限流电路

两静止接线柱使用一个,另一个空着不用。当滑动头滑动时电阻改变,从而改变了回路总电阻,也就改变了回路的电流(在电源电压不变的情况下)。因此,滑线变阻器起到了限制(调节)电路电流的作用。

为了保证线路安全,在接通电源前,必须使有效电阻最大,回路电流最小。然后逐步

减小有效电阻值，使电流增至所需要的数值。

② 分压电路

滑线变阻器两静止端分别与电源相连，滑动头和一固定端与用电部分连接。接通电源后，两静止端电压等于电源电压。输出电压是电源电压的一部分，随着滑动端位置的改变，输出电压也在改变。分压电路中输出电压可以在零到电源电压之间任意调节，为了保证安全，接通电源前，一般应使输出电压为零，然后逐步增大，直至满足线路的需要。

4. 开关

开关通常以它的刀数（即接通或断开电路的金属杆数目）及每把刀的掷数（每把刀可以形成的通路数）来区分。经常使用的有单刀单掷开关、单刀双掷开关、双刀双掷及换向开关等。

2.4.4　常见光学实验仪器简介

光学仪器一般都比较精密，光学元件都是用光学玻璃经多项技术加工而成，其光学表面加工尤其精细，有的还镀有膜层。因此，在光学实验中应该十分爱惜各种仪器，养成良好的实验素养。光学仪器如使用维护不当，很容易造成光学元件破损和光学表面的污损。使用和维护光学仪器时应注意以下几个方面：

(1) 在使用仪器前必须认真阅读仪器使用说明书，详细了解仪器的结构、工作原理，调节光学仪器时要耐心细致，切忌盲目动手。使用和搬动光学仪器时，应轻拿轻放，避免受震磕碰。光学元件使用完毕，应当放回光学元件盒内。

(2) 保护好光学元件的光学表面，不能用手触及光学表面，以免印上汗渍和指纹。对于光学表面上附着的灰尘可用脱脂棉球或专用软毛刷等清除。如发现汗渍、指纹污损等可用实验室准备的擦镜纸擦拭干净，有镀膜的光学表面上的污迹常用脱脂棉球蘸少量乙醇和乙醚混合液转动擦拭多遍才行。对于镀膜光学表面的污迹和光学表面起雾等现象应及时送实验室专门处理，学生不要自行处理。

(3) 光学仪器的机械部分应及时添加润滑剂，以保持各转动部件转动自如，防止生锈。仪器长期不使用时，应将仪器放入带有干燥剂的木箱内。

1. 光具座

光具座是一种多功能的通用光学仪器。用于物理实验的光具座由导轨、滑动座（光具凳）、光源、可调狭缝、成像屏和各种夹持器等组成（图 2.4-12），按实验需要另配光学元件，如透镜、棱镜、偏振片等组成的光学系统。常用的导轨长度为 1～2 m，导轨上有米尺，滑动座上有定位线，便于确定光学元件的位置。

图 2.4-12　光具座

2. 测微目镜

测微目镜是带测微装置的目镜，可作为测微显微镜和测微望远镜等仪器的部件，在光学实验中有时也作为一个长度测量仪器独立使用(例如测量非定域干涉条纹的间距)。图 2.4－13 是一种常见的测微目镜。

图 2.4－13 测微目镜

图 2.4－14 读数显微镜

3. 读数显微镜

读数显微镜(又称移测显微镜)是利用螺旋测微计控制镜筒(或工作台)移动的一种测量显微镜，如图 2.4－14 所示。显微镜由物镜、分划板和目镜组成光学显微系统。位于物镜焦点前的物体经物镜成放大倒立的实像于目镜焦点附近，并与分划板的刻线在同一平面上。目镜的作用如同放大镜，人眼可通过它观察放大后的虚像。为精确测量小目标，有的读数显微镜配备测微目镜，取代普通目镜。

4. 分光计

分光计如图 2.4－15 所示，主要用于精确测量平行光束的偏转角度，借助它并利用折射、衍射等物理现象完成偏折角、折射率、光波波长等物理量的测量，其用途十分广泛。

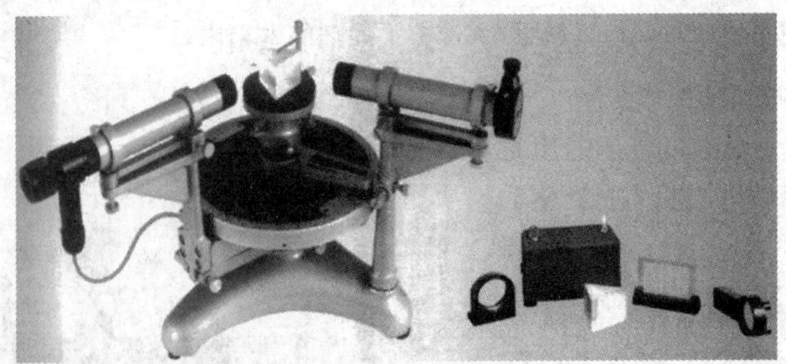

图 2.4－15 分光计实物图

5. 常用光源

白炽灯是以热辐射形式发射光能的电光源。它以高熔点的钨丝为发光体，通电后温度约 2 500 K 达到白炽发光。玻璃泡内抽成真空，充进惰性气体，以减少钨的蒸发。白炽灯的光谱是连续光谱。白炽灯可做白光光源和一般照明用。使用低压灯泡应特别注意是否与电源电压相适应,避免误接电压较高的插座造成白炽灯损坏。

汞灯是一种气体放电光源。常用的低压汞灯,其玻璃管胆内的汞蒸气压很低(约几十到几百帕之间),发光效率不高,是小强度的弧光放电光源,可用它产生汞元素的特征光谱线。高压汞灯也是常用光源,它的管胆内汞蒸气压较高(有几个大气压),发光效率也较高,是中高强度的弧光放电灯。该灯用于需要较强光源的实验,加上适当的滤光片可以得到一定波长(例如 546.1 nm)的单色光。正常工作的灯泡如遇临时断电或电压有较大波动而熄灭,须等待灯泡逐步冷却,汞蒸气降到适当压强之后才可以重新发光。

钠灯在可见光范围内有 589.6 nm 和 589.0 nm 两条波长很接近的特强光谱线,实验室通常取其平均值,以 589.3 nm(*D* 线)的波长直接当近似单色光使用,此时其他的弱谱线实际上被忽略。低压钠灯与低压汞灯的工作原理相类似。充有金属钠和辅助气体氖的玻璃泡是用抗钠玻璃吹制的,通电后先是氖放电呈现红光,待钠滴受热蒸发后产生低压蒸气,很快取代氖放电,经过几分钟以后发光稳定,发射出强烈黄光。

激光也是光学实验中常用的光源。激光是一种强光源,也是非常好的单色光源,因此对完成干涉实验非常重要。目前,物理实验中常用的激光光源有:He - Ne 激光器(波长 632.8 nm)和半导体激光器(波长 650 nm)。

使用激光光源时切不可直视激光束,以免灼伤眼睛。

§2.5 手机物理工坊(Phyphox)简介

手机物理工坊(Phyphox)是一款在线进行物理实验的平台,可以让大家从实验中学到更多的物理知识。手机物理工坊能够帮助学生在线上做很多的物理实验,可以帮助学生学习到很多物理知识。手机物理工坊是一款非常强大的物理学习软件,它为用户准备了超多的物理实验内容,用户可以通过物理工坊里面的命题来进行物理实验,推算出各种数据,从而得出一个最终的结果。手机物理工坊功能相当全面,能够测重力加速度、测地磁场、测声速等。图 2.5 - 1 是手机物理工坊 APP 的主界面。

图 2.5 - 1 手机物理工坊 APP 的主界面

2.5.1 手机物理工坊功能介绍

(1) 可选择预设实验直接进行测量。

(2) 将实验数据导出为泛用的格式。

(3) 可通过与手机同一网络的电脑远程控制进行的实验,仅需使用网页浏览器,无需安装其他程序。

(4) 通过选择传感器输入,定义分析步骤来设计实验,并通过网页编辑器来建立界面视图。分析可包括仅添加两个数值或使用如傅立叶转换和互相关等高级的方法。同时,提供了一个完整的分析功能工具箱。

(5) 支持的传感器:加速度计、磁力计、陀螺仪、光强度计、压力计、麦克风、距离传感器、GPS 等。

(6) 数据导出格式包括:CSV(逗号分隔值)、CSV(制表符分隔值)、Excel 等。

2.5.2 手机物理工坊使用方法

(1) 下载 phyphox.app,在手机上安装,出现警告提示(图 2.5-2)后确认即可。

图 2.5-2 phyphox.app 安装警示提醒

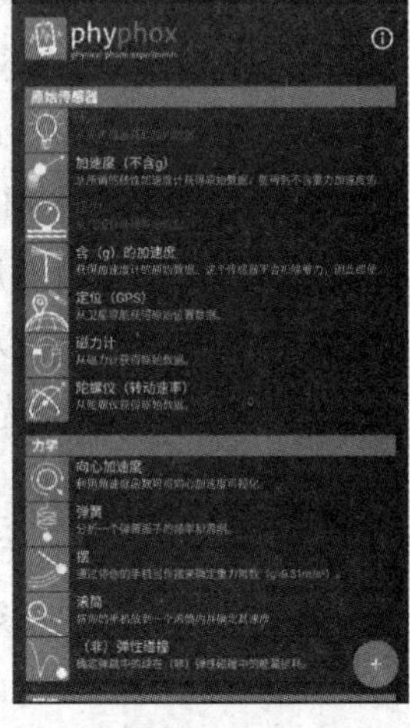

图 2.5-3 手机物理工坊能够使用的传感器

(2) 安装后,根据进行的实验项目选用相应的传感器(图 2.5-3),不同的手机中传感器的种类不同,图中灰色项目说明该手机没有相应的传感器。

(3) 选择相应的传感器后,如果要新建实验项目,先选择新的方式如图 2.5-4 所示,

图2.5-4 添加实验项目方式

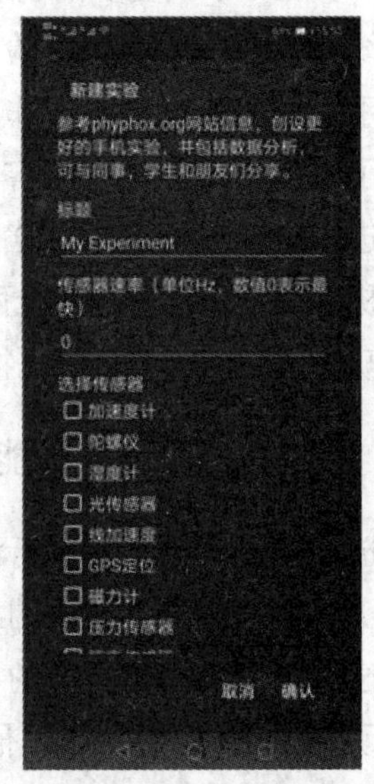

图2.5-5 新建实验项目信息

然后填写实验项目名称(即图中的标题),选择使用的传感器,设定采样速率,如图 2.5-5 所示。

(4) 设定参数后即可进行实验。以“声音频谱”为例,可看到加速度频谱、历史记录、设置(实际是样本数)、原始数据等,如图 2.5-6 所示。

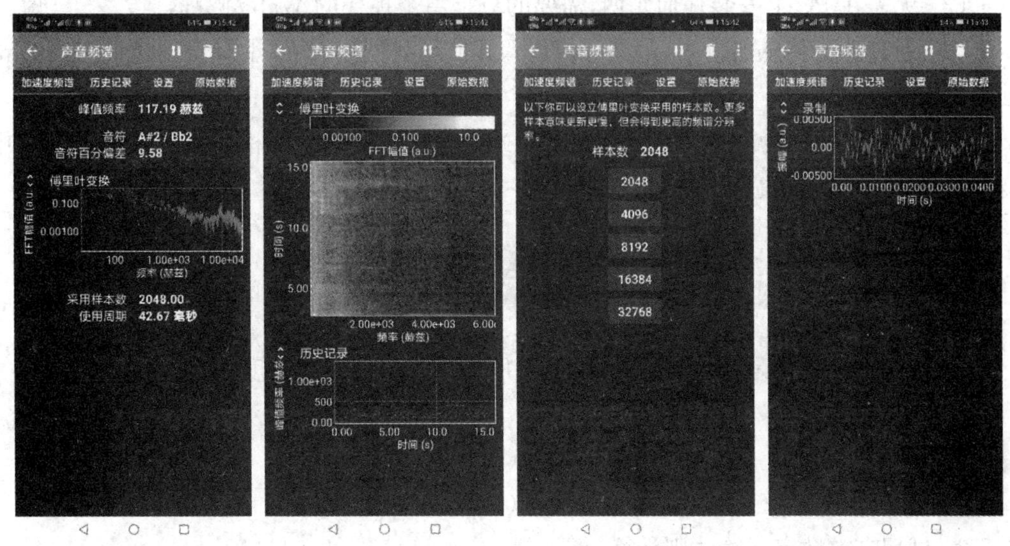

图 2.5-6 实验数据记录界面

(5) 导出数据。点击右上角的三个点,可以看到相关信息。点击导出数据,选择输出如 Excel,可以发送到 QQ、微信等,如图 2.5-7 所示。

图 2.5-7 实验数据导出与传递方式

2.5.3 手机物理工坊特色与应用

(1) 通过与手机在同一网络中的任何 PC 上的 Web 界面远程控制进行实验。一系列预定义的实验,只需按播放即可开始。

(2) 无需在 PC 上安装任何东西,需要的只是一个现代的 Web 浏览器。

(3) 通过选择传感器输入,定义分析步骤并使用我们的 Web 编辑器创建视图作为界面来定义自己的实验。

(4) 将数据导出为一系列广泛使用的格式。也可以将两个值相加或使用诸如傅立叶变换和互相关之类的高级方法进行分析等。

练习题

1. 指出下列各量是几位有效数字,测量所选用的仪器及其精度。

(1) 63.74 cm;　(2) 0.302 cm;　(3) 0.010 0 cm;

(4) 1.000 0 kg;　(5) 0.025 cm;　(6) 1.35 ℃;

(7) 12.6 s;　(8) 0.203 0 s;　(9) 1.530×10^{-3} m。

2. 试用有效数字运算法则计算。

(1) $107.50-2.5$;　(2) $273.5\div0.1$;　(3) $1.50\div0.500-2.97$;

(4) $\dfrac{8.0421}{6.038-6.034}+30.9$;　(5) $\dfrac{50.0\times(18.30-16.3)}{(103-3.0)\times(1.00+0.001)}$;

(6) $V=\pi d^2h/4$,已知 $h=0.005$ m,$d=13.984\times10^{-3}$(m),计算 V。

3 . 改正下列错误,写出正确答案。

(1) $L=0.010\,40$(km)的有效数字是五位;

(2) $d=12.435\pm0.02$(cm);

(3) $h=27.3\times10^4\pm2\,000$(km)。

4. 单位变换。

(1) 将 $L=4.25\pm0.05$(cm)的单位变换成 μm,mm,m,km。

(2) 将 $m=1.750\pm0.001$(kg)的单位变换成 g,mg,t。

5. 已知周期 $T=1.256\,6\pm0.000\,1$(s),计算角频率 ω 的测量结果,写出标准式。

第 3 章　基础操作实验

加强基础练习，不仅能提高学生的动手能力，为工程实践和科研工作打下基础，还能在物理实验课程的教学中发挥着重要作用，对提高实验教学质量有重要意义。本章安排了 8 个实验项目，着重练习最基本物理实验器具或仪器如游标卡尺、螺旋测微计、物理天平、万用表、示波器、光具座、透镜等的规范使用，熟练掌握长度、时间、质量、比热(容)、声速、电流、电压、电阻以及焦距等基本物理量的测量方法。

实验1　长度的测量

长度是物质最表观的物理量，长度测量是最基本的测量。长度测量技术对于人们从事各领域的研究和促进科学进步有着非常重要的意义。当今科技大到天文尺度，小到纳米尺度的长度测量技术都有了飞速的发展，例如我国的北斗导航定位系统具备动态分米级、静态厘米级的精密定位服务能力，在国际上处于领先地位。因此，正确测量长度、快捷准确地读出各种测量工具所示的数值是理工科专业学生必须掌握的实验技能之一。

【实验目的】

1. 掌握游标卡尺及螺旋测微计的原理，学会正确使用游标卡尺、螺旋测微计及读数显微镜。

2. 练习做好数据记录和有效数字的基本运算。

3. 掌握等精度测量中不确定度的估算方法和不确定度的计算。

【实验仪器】

游标卡尺；螺旋测微计；读数显微镜；待测量的工件。

【仪器描述】

1. 游标卡尺

(1) 结构及原理

游标卡尺是一种能准确到 0.1 mm 以上的较精密量具，用它可以测量物体的长、宽、高及工件的内、外直径等。它主要由按米尺刻度的主尺和一个可沿主尺移动的游标（又称副尺）组成。常用的一种游标卡尺的结构如图 1-1 所示。D 为主尺，E 为副尺；主尺和副尺上有测量钳口 A、B 和 A'、B'，钳口 A'、B' 用来测量物体内径；尾尺 C 在背面与副尺相连，移动副尺时尾尺也随之移动，可用来测量孔径深度；F 为锁紧螺钉，只要旋紧就能把副尺固定在主尺上。

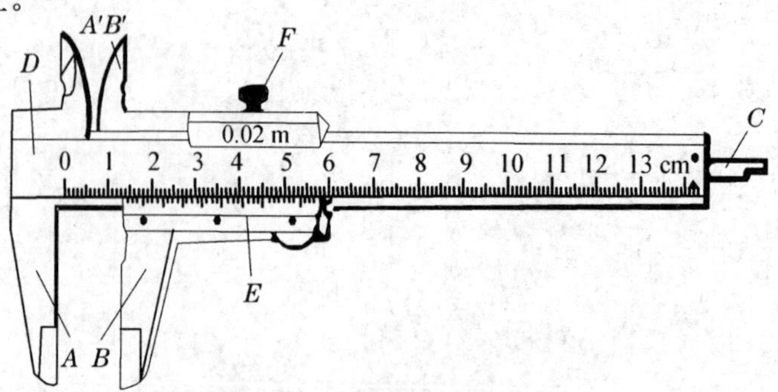

图1-1　游标卡尺结构图

游标刻度尺上一共有 M 分格，而 M 分格的总长度和主刻度尺上的 $(M-1)$ 分格的总长度相等。设主刻度尺上最小分度值为 y，游标刻度尺上每个等分格的长度为 x，则有

$$Mx=(M-1)y$$

主刻度尺与游标刻度尺每个分格之差 $y-x=y-\frac{(M-1)y}{M}=\frac{y}{M}$，其中 $\frac{y}{M}$ 为游标卡尺的最小读数值，该差值通常称为游标的分度值或称精度，这就是游标分度原理。主刻度尺的最小分度是 1 mm，若 $M=10$，即游标刻度尺上 10 个等分格的总长度和主刻度尺上的 9 mm相等，每个游标分度是 0.9 mm，主刻度尺与游标刻度尺每个分度之差 $\Delta x=1-0.9=0.1$(mm)，称作 10 分度游标卡尺；如 $M=20$，则游标卡尺的最小分度为 1/20 mm=0.05 mm，称为 20 分度游标卡尺；常用的 50 分度的游标卡尺，其分度数值为 1/50 mm=0.02 mm(如图 1-2)。

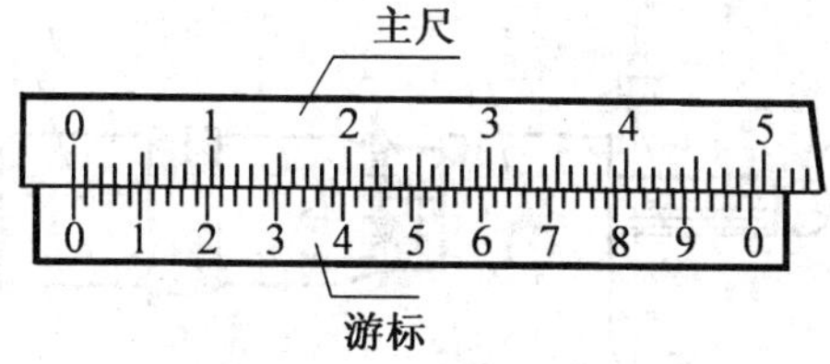

图 1-2　游标卡尺原理图

(2) 读数

读数时，待测物的长度 L 可分为两部分读出后再相加。先在主尺上与游标左边"0"线对齐的位置读出毫米以上的整数部分 L_1，再在游标上读出不足 1 mm 的小数部分 L_2，则 $L=L_1+L_2$。$L_2=k\frac{1}{N}$ mm，k 为游标上与主尺某刻线对得最齐的那条刻线的序数。例如图 1-3 所示的游标卡尺读数为 $L_1=0$，$L_2=k\frac{1}{N}=\frac{12}{50}=0.24$ mm。所以 $L=L_1+L_2=0.24$ mm。

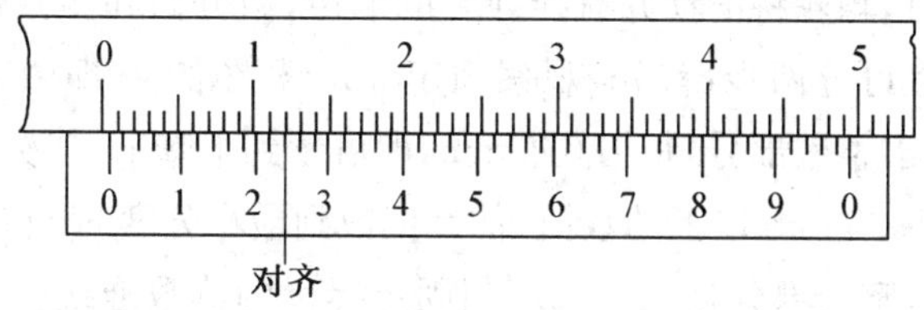

图 1-3　游标卡尺读数方法

许多游标卡尺的游标上常标有数值，L_2 可以直接由游标上读出。如图 1-3，可以从游标上直接读出 L_2 为 0.24 mm。

(3) 注意事项

① 游标卡尺使用前，应该先将游标卡尺的卡口合拢，检查游标尺的零线和主刻度尺的零线是否对齐。若对不齐说明卡口有零误差，应记下零点读数，用以修正测量值。

② 推动游标刻度尺时，不要用力过猛，卡住被测物体时松紧应适当，更不能卡住物体

后再移动物体，以防卡口受损。

③ 用完后两卡口要留有间隙，绝不可将副尺固定螺丝锁定，然后将游标卡尺放入包装盒内；不能随便放在桌上，更不能放在潮湿的地方。

2. 螺旋测微计

(1) 结构及原理

螺旋测微计也称千分尺(图 1-4)。测微螺杆的一部分加工成螺距为 0.5 mm 的螺纹，因此副刻度尺(微分筒)每旋转一周，螺旋测微计内部的测微螺杆和副刻度尺同时前进或后退 0.5 mm。微分筒周边等分为 50 个分格，从而螺旋测微计内部的测微螺丝杆套筒每旋转一格，测微螺丝杆沿着轴线方向前进 0.01 mm，0.01 mm 就是螺旋测微计的最小分度数值。在读数时可估计到最小分度的 1/10，即 0.001 mm，故螺旋测微计又称为千分尺。

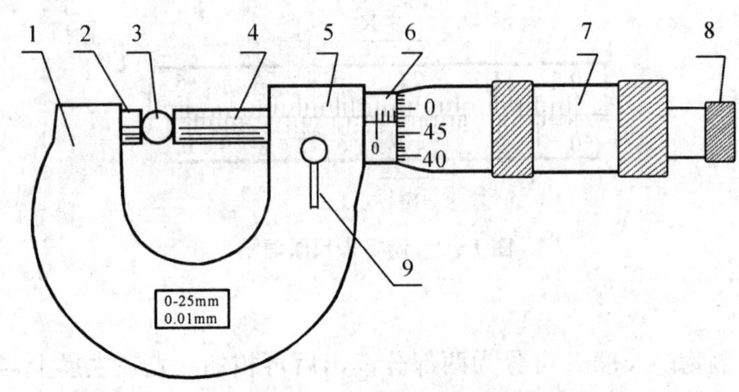

图 1-4　螺旋测微计构造图

1—尺架　2—砧台　3—待测物体　4—测微螺杆　5—螺母套管
6—固定套管　7—微分筒　8—棘轮　9—锁紧装置

(2) 读数

螺旋测微计的尾端有一棘轮装置，拧动棘轮使测微螺杆与被测物(或砧台)相接后的压力达到某一数值时，棘轮将滑动并有"咔咔"的响声，微分筒和测微螺杆会停止前进，这时就可以读数。读数可分两步：首先，观察固定标尺读数准线(即微分筒前沿)所在的位置，从固定标尺上读出整数部分，每格 0.5 mm，即可读到半毫米；其次，以固定标尺的刻度线为读数准线，读出 0.5 mm 以下的数值，估计读数到最小分度的 1/10，然后两者相加。

如图 1-5 所示，整数部分是 5.5 mm(因固定标尺的读数准线已超过了 1/2 刻度线，所以是 5.5 mm)，副刻度尺上的圆周刻度是 30 的刻线正好与读数准线对齐，即 0.300 mm。所以，其读数值为 5.5+0.300=5.800(mm)。如图 1-6 所示，整数部分(主尺部分)是 5 mm，而圆周刻度是 30.9，即 0.309 mm，其读数值为 5+0.309=5.309(mm)。使用螺旋测微计时要注意零点误差，即当两个测量界面密合时，看一下副刻度尺零线和主刻度尺零线所对应的位置。螺旋测微计使用过一段时间后，零点一般对不齐，而是显示某一读数，使用时要分清是正误差还是负误差。如图 1-7 和图 1-8 所示，如果零点误差用 δ_0 表示，测量待测物的读数是 d。此时，待测量物体的实际长度为 $d'=d-\delta_0$，δ_0 可正可负。

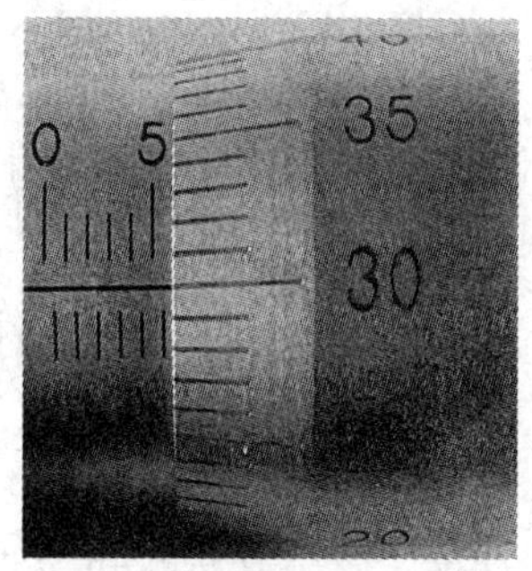

图 1-5　螺旋测微计读数

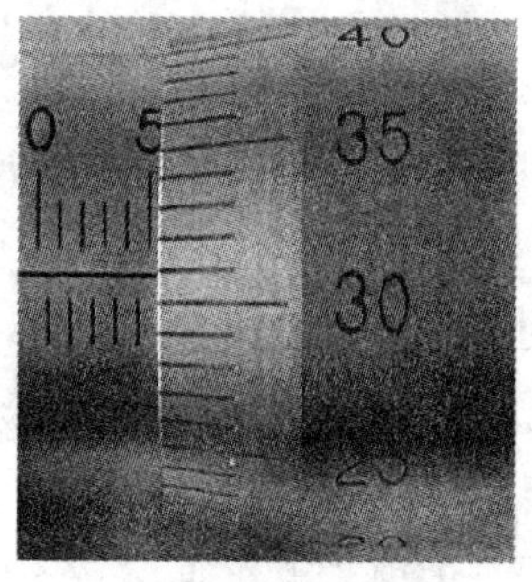

图 1-6　螺旋测微计读数

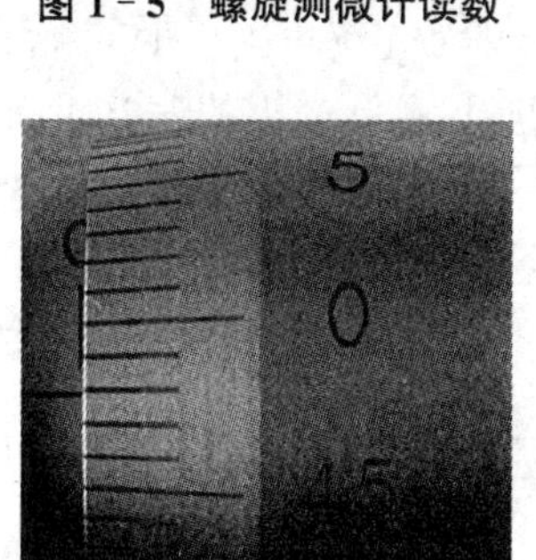

图 1-7　螺旋测微计读数

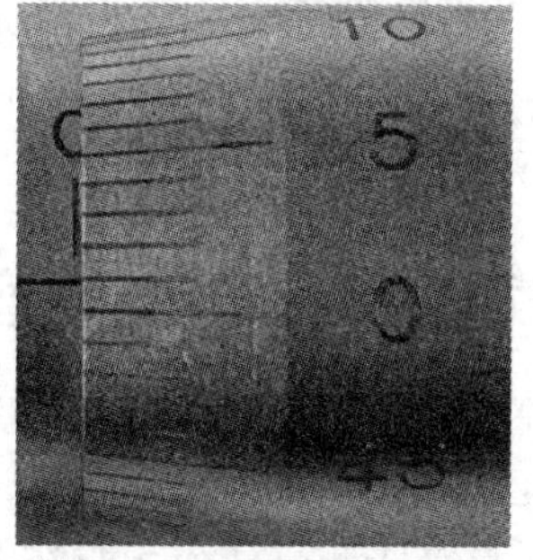

图 1-8　螺旋测微计读数

在图 1-7 中 $\delta_0=-0.021$ mm，$d'=d-(-0.021)=d+0.021$(mm)。

在图 1-8 中 $\delta_0=+0.009$ mm，$d'=d-\delta_0=d-0.009$(mm)。

3. 读数显微镜

(1) 原理

如图 1-9，测微螺旋螺距为 1 mm(即标尺分度)，在显微镜的旋转轮上刻有 100 个等分格，每格为 0.01 mm。当旋转轮转动一周时，显微镜沿标尺移动 1 mm；当旋转轮旋转过一个等分格，显微镜就沿标尺移动 0.01 mm。0.01 mm 即为读数显微镜的最小分度。

(2) 测量与读数

① 调节伸缩目镜(图 1-9 中的 1)进行视场调整，看清叉丝，使显微镜十字线最清晰即可；转动旋钮(图 1-9 中的 17)，由下向上移动显微镜筒，改变物镜到目的物之间的距离，看清目的物；可调整被测工件，使被测工件的一个横截面和显微镜

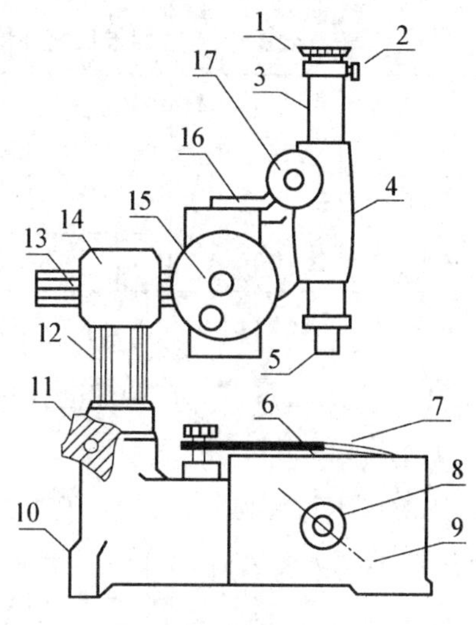

图 1-9　读数显微镜

1—目镜　2—螺钉　3—目镜套筒　4—镜筒　5—物镜　6—工作台　7—压片　8—旋钮　9—反光镜　10—底座　11—紧固螺丝　12—立柱　13—支架　14—固定螺丝　15—测微鼓轮　16—标尺　17—调焦手轮

移动方向平行。

② 转动鼓轮(图1-9中的15)可以调节十字竖线对准被测工件的起点，从标尺(图1-9中的16)读出毫米的整数部分，从鼓轮(图1-9中的15)读出毫米以下的小数部分。两次读数之和是此点的读数 A。

③ 沿着同方向转动鼓轮，移动显微镜，使十字竖线恰好停止于被测工件的终点，记下此值 A'，所测量工件的长度为 $L=|A'-A|$。

(3) 使用注意事项

① 在松开每个锁紧螺丝时，必须用手托住相应部分，以免其坠落和受冲击。

② 在实验过程中要防止产生回程误差。由于螺丝和螺母不可能完全密合，当螺旋转动方向改变时它的接触状态也改变，两次读数将不同，由此产生的误差叫回程误差。为防止此误差，测量时应向同一方向转动，使十字线和目标对准，若移动"十"字线超过了目标，就要多退回一些，重新再向同一方向转动。

【实验内容】

1. 用游标卡尺测圆柱体直径和高或圆筒的内径、外径，并求体积。
2. 用螺旋测微计测量小钢球直径，或测量钢丝或头发丝的直径。
3. 用读数显微镜测量钢丝的直径或头发丝的直径。

【数据记录及其处理】

1. 用游标卡尺测柱体的直径和高度，并计算圆柱体体积。利用直接和间接测量的不确定度公式计算不确定度，并将直径、高度和体积用测量结果的标准式表示出来。

表1-1 游标卡尺测柱体 游标卡尺零点读数________ cm 单位：

待测的量 \ 次数	1	2	3	4	5	平均
直径 D						
高度 H						

$$D=\overline{D}\pm u(D)=\_\_\_\_\_\_\_\_\_\_(单位)。$$
$$H=\overline{H}\pm u(H)=\_\_\_\_\_\_\_\_\_\_(单位)。$$
$$V=\overline{V}\pm u(V)=\_\_\_\_\_\_\_\_\_\_(单位)。$$

2. 用游标卡尺测圆管的外径 d_1、内径 d_2 和高度 H，并计算圆管体积。利用直接和间接测量的不确定度公式计算不确定度，并将直径、高度和体积用测量结果的标准式表示出来。

表1-2　游标卡尺测圆管　游标卡尺零点读数________ cm　　单位：

待测的量 \ 次数	1	2	3	4	5	平均
外径 d_1						
内径 d_2						
高度 H						

$d_1=\bar{d}_1\pm u(d_1)=$ ____________（单位）。

$d_2=\bar{d}_2\pm u(d_2)=$ ____________（单位）。

$H=\bar{H}\pm u(H)=$ ____________（单位）。

$V=\bar{V}\pm u(V)=$ ____________（单位）。

3. 用螺旋测微计(千分尺)测小钢球的直径，计算出小钢球直径的不确定度，并将测量结果用标准式表示出来。

表1-3　螺旋测微计(千分尺)测小钢球直径　零点读数 D_0：________ mm

单位：

待测的量 \ 次数	1	2	3	4	5	平均
$D_{读}$						
$D=D_{读}-D_0$						

$D=\bar{D}\pm u(D)=$ ____________（单位）。

$V=\bar{V}\pm u(V)=$ ____________（单位）。

4. 用读数显微镜测金属丝直径，计算钢丝直径的不确定度，并将结果用标准式表示出来。

表1-4　读数显微镜测金属丝　　单位：

次数 \ 待测的量	D_{r_2}	D_{r_1}	$D=\|D_{r_2}-D_{r_1}\|$
1			
2			
3			
4			
5			
平均			

$D=\bar{D}\pm u(D)=$ ____________（单位）。

【注意事项】

1. 测直径要做交叉测量，即在同一截面上，在相互垂直的方向各测量一次(图1-10)。

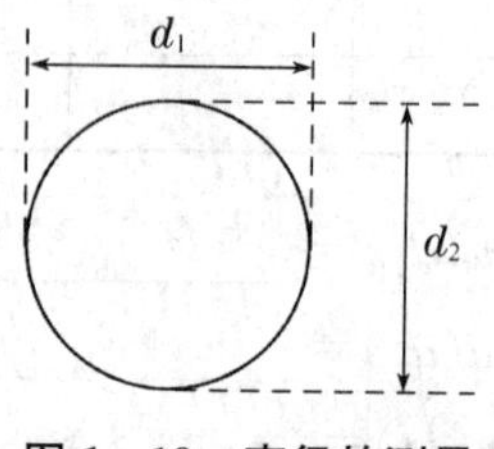

图 1-10　直径的测量

2. 为了防止读错数据，在用游标卡尺测量之前，先用米尺测一下；用螺旋测微计测量之前，先用游标卡尺测一下；用读数显微镜测量之前，也应先粗测一下。先粗测后再用相应的测量仪器来测量，这样对数据结果大有益处。

思考题

1. 何谓仪器的分度数值？米尺、20 分度游标卡尺和螺旋测微计的分度数值各为多少？

2. 游标刻度尺上 30 个分格与主刻度尺 29 个分格等长，问这种游标卡尺的分度数值为多少？

实验 2　密度的测量

物质的质量、温度等参数的测量是物理测量的基础，是人类最早认识到的物理量，在实验中经常遇到。密度是物质的特性之一，每种物质都有一定的密度，不同物质的密度一般不同。因此可以利用密度来鉴别物质，分析物体中所含各种物质的成分，计算很难称量的物体的质量或形状比较复杂的物体的体积，判定物体是实心还是空心等，如"氩"就是通过计算未知气体的密度发现的。因此，密度的测量对研究物质的性质具有重要的地位。

【实验目的】

1. 掌握物理天平的使用方法。
2. 掌握测定物质密度的两种测量方法——静力称衡法和比重瓶法。

【实验仪器】

物理天平；烧杯；比重瓶；温度计；金属块；玻璃块；酒精；蒸馏水；细线。

【仪器描述】

1. 物理天平结构

物理天平如图 2-1 所示，其主要部分是横梁。横梁上有一个玛瑙垫和三个钢制的刀口，中间刀口向下，可由立柱上的刀承支起；横梁两侧刀口上挂有吊耳，每个吊耳内有一个玛瑙垫，吊耳下边悬挂秤盘，三个刀口在同一水平面上，且间距相等，即横梁是等臂杠杆；在支柱下方，有一个制动旋钮，用以升降横梁，当顺时针旋转制动旋钮时，立柱中上升的支架将横梁从制动架上托起，此时就可以进行质量的称衡；当逆时针转动制动旋钮，横梁下降，由制动架托住，中间刀口和刀承分离，两侧刀口也由于秤盘落在底座上而减去负荷，保护刀口不受损伤；横梁下有一根读数指针，立柱的下端有读数标尺，用来观察和确定横梁的平衡状态，当横梁平衡时，指针应在标尺的中央刻线上；天平底板下有两个水平调

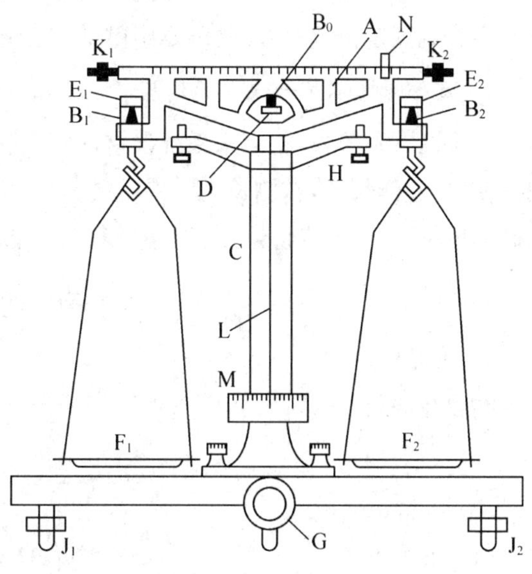

图 2-1　物理天平结构图

A—横梁　F_1,F_2—秤盘　L—指针　B_0,B_1,B_2—刀口
G—止动旋钮　M—标尺　C—立柱　H—止动架
N—游码　D—刀承　J_1,J_2—底角螺丝
E_1,E_2—吊耳　K_1,K_2—调平螺丝

节螺丝，用于调节天平底座位于水平状态。

2. 天平灵敏度的测量

天平灵敏度是由臂长(B_1B_0、B_2B_0)、指针长度、梁的质量(m_0)和其质心到中央刀口 B_0 的距离决定。计量仪器的灵敏度是指该仪器对被测的量的反应能力。灵敏度 S 用被观测变量的增量与其相应的被测量的增量之比来表示。对于天平，被观测变量为指针在标尺上的位置，被测量为质量，当天平一侧增加一小质量 Δm 时，指针向另一侧偏转 e 格(div)，则天平灵敏度 S 等于

$$S=\frac{e}{\Delta m}\left(单位:\frac{\text{div}}{单位质量}\right)$$

其中单位质量，对于灵敏度低的取 1 g，灵敏度高的则取 10 mg 或 0.1 mg。本实验所用物理天平的灵敏度为 1 div/20 mg，最大称量为 500 g。

3. 物理天平的使用

(1) 调节天平的底座螺丝，使底座的圆气泡水准器位于水平状态。

(2) 调节横梁平衡。把两个吊耳放到对应的刀口上后，检查两个秤盘放的位置是否正确。在秤盘空载时支起天平，通过调节横梁左右两边的螺丝，使指针的停点停在标尺中部，或左右均匀摆动。

(3) 按“物左砝右”的原则放上待测物，估计待测物质量的大小，先加适当的砝码，然后从大到小加减。

(4) 在称衡过程中只有当能判断天平哪一侧轻重时才支起横梁；称衡后要落下横梁，并且要放到固定位置；加减砝码要用镊子；砝码用过后要直接放回到盒中。

4. 天平两臂不等长误差的消除

天平两臂不等长，将带来系统误差，可用互称法来消除。假设天平横梁的左右两臂有稍许差异，左侧长 l_1，右侧长 l_2。将质量为 m 的物体置于左盘上称衡，天平平衡时，右盘上砝码质量为 m_1。将物体置于右盘，天平平衡时，左盘砝码质量为 m_2 则有

$$mgl_1=m_1gl_2$$

$$m_2gl_1=mgl_2$$

两式化简得

$$\frac{m}{m_2}=\frac{m_1}{m}$$

所以有

$$m^2=m_1m_2 \tag{2-1}$$

实际上 m_1 和 m_2 相差很小，考虑到(m_1-m_2)远远小于 m_2，为了计算将式(2-1)用级数展开，并略去高次项，得到

$$m=\sqrt{m_1m_2}=m_2\left(1+\frac{m_1-m_2}{m_2}\right)^{\frac{1}{2}}\approx m_2\left(1+\frac{1}{2}\cdot\frac{m_1-m_2}{m_2}\right)=\frac{1}{2}(m_1+m_2)\quad(2-2)$$

所以真正所要测量的质量 m 就是 m_1 和 m_2 的算术平均值。

【实验原理】

设体积为 V 的某一物质，它的质量为 M，则该物质的密度为

$$\rho=\frac{M}{V}$$

质量 M 可以用物理天平测得很精确，但是体积则由于外形尺寸，很难算出比较精确的值（外形很规整的除外），现介绍的方法是在水的密度已知的条件下，用物理天平测量质量求出其体积（图 2-2）。

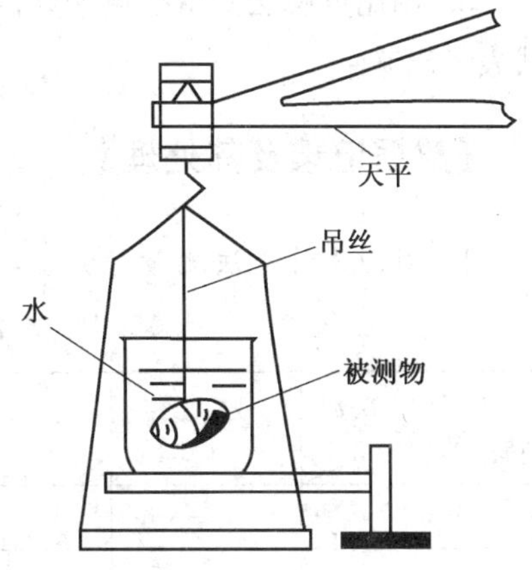

图 2-2　静力称衡法示意图

1. 由静力称衡法求固体的密度

设待测物不溶于水，其质量为 m_1，用细丝将其悬吊在水中的称衡值为 m_2，又设水在当时温度下的密度为 ρ_w，物体体积为 V，依据阿基米德定律，则有 $V\rho_w g=(m_1-m_2)g$，式中 g 为重力加速度，整理后得计算体积的公式为

$$V=\frac{m_1-m_2}{\rho_w}$$

所以固体的密度为

$$\rho=\rho_w\frac{m_1}{m_1-m_2}\quad(2-3)$$

2. 用静力称衡法测液体的密度

此法要借助于水。找一不溶于水并且和被测液体不发生化学反应的物体（一般用玻璃块）。

设一物体质量为 m_1'，将其悬吊在水中称衡值为 m_2'，悬吊在被测液体中的称衡值为 m_3'，则参照上述讨论，可得液体密度 ρ' 等于

$$\rho'=\rho_w\frac{m_1'-m_3'}{m_1'-m_2'}\quad(2-4)$$

3. 用比重瓶测液体的密度

图 2-3 为常用比重瓶，它在一定的温度下有一定的容积，将被测液体注入瓶中，放好瓶塞后多余的液体会从塞中的毛细管溢出。

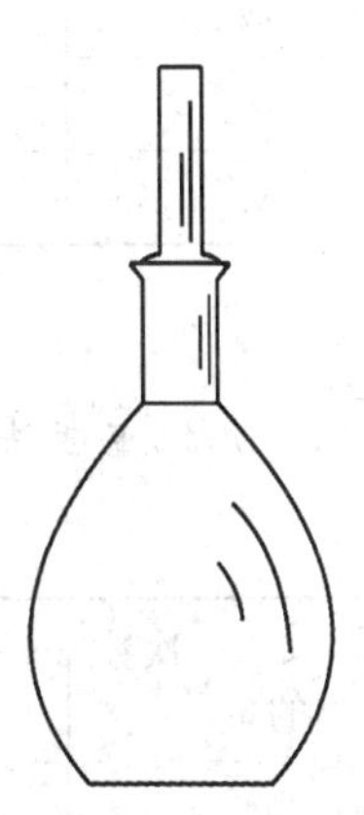
图 2-3　比重瓶

设空比重瓶的质量为 m_1''，充满密度 ρ'' 的被测液体时的质量为 m_2''，充满同温度的蒸馏水时的质量为 m_3''，则

$$\rho''=\rho_w\frac{m_2''-m_1''}{m_3''-m_1''} \tag{2-5}$$

【实验内容】

1. 用静力称衡法测量待测金属固体的密度,并计算出密度的不确定度,将测量结果用标准式表示出来。

2. 用静力称衡法测量待测液体的密度,并计算出密度的不确定度,将测量结果用标准式表示出来。

3. 用比重瓶法测量待测液体的密度,并计算出密度的不确定度,将测量结果用标准式表示出来。

【数据记录及其处理】

1. 用静力称衡法测量待测金属固体的密度

表 2-1 测量固体密度数据 单位:

次数 待测的量	1	2	3	4	5	平均
m_1						
m_2						

$$\rho=\bar{\rho}\pm u(\rho)=\_\_\_\_\_\_\_\_\text{(单位)。}$$

2. 用静力称衡法测待测液体的密度

表 2-2 测量液体的密度数据 单位:

次数 待测的量	1	2	3	4	5	平均
m_1'						
m_2'						
m_3'						

$$\rho'=\bar{\rho}'\pm u(\rho')=\_\_\_\_\_\_\_\_\text{(单位)。}$$

3. 用比重瓶法测量待测液体的密度

表 2-3 用比重瓶测量液体的密度数据 单位:

次数 待测的量	1	2	3	4	5	平均
m_1''						
m_2''						
m_3''						

$$\rho''=\bar{\rho}''\pm u(\rho'')=\_\_\_\_\_\_\_\_\_\_\text{（单位）}。$$

【注意事项】

1. 使用物理天平时，一般要先测其灵敏度。
2. 测量固体及液体密度时，注意排除气泡的影响。
3. 实验过程中要测水和液体的温度。
4. 实验时运用多次测量求 Δm，也可以近似认为是天平的感应量。
5. 温度计读数时注意有效数字。

思考题

1. 设计一个测量小粒状固体密度的方案。

2. 要考察从 0 ℃到 50 ℃～60 ℃水的密度变化的规律，你能否设计一个实验方案？要求能显示出在 4 ℃附近水的密度极大。

3. 假如在实验中提供定容瓶，设计一个思路来测量空气的密度。

4. 实验中用来把固体吊起来的线为什么要用细线而不用粗线？如果线的粗细是一样的，用棉线好，还是尼龙线好，还是铜丝好？试定性说明。

实验 3　用单摆测定重力加速度

在不同的地区，同一物体所受的重力是不同的，所以重力加速度 g 也不同，g 的大小一般由物体所在地区的纬度和海拔高度以及矿藏分布等因素决定。重力加速度是一个重要的地球物理常数。各地区的重力加速度数值，随该地区的地理纬度和海拔高度不同而不同。准确地测定重力加速度无论在理论上还是在生产和科学研究中都具有很重要的意义。本实验用单摆测定重力加速度，而单摆用于钟表进行计时已经有几百年的历史，现代复杂而又准确的钟表原理是基于简单的单摆，在单摆的运动中蕴涵着时间、万有引力、简谐运动等物理奥秘。因此，通过单摆这一经典实验，不仅能够测量重力加速度，也能利用手控多次测量单摆的周期以验证偶然误差的正态分布规律，学会实验数据处理方法和误差来源分析方法。

【实验目的】

1. 用摆长与周期之间的关系，测定本地的重力加速度 g。
2. 用摆角与周期之间的关系，测定本地的重力加速度 g，并分析误差来源。

【实验仪器】

单摆实验仪；游标卡尺；米尺；秒表。

【仪器描述】

单摆是能够产生往复摆动的一种装置，将无重细杆或不可伸长的细柔绳一端悬于重力场内一定点，另一端固定一个重小球，就构成单摆。图 3－1 为单摆实验装置简图，以静止的单摆线为铅垂线，调节底座上的调节螺钉，使摆线在平面镜上的竖直划线处成像。通

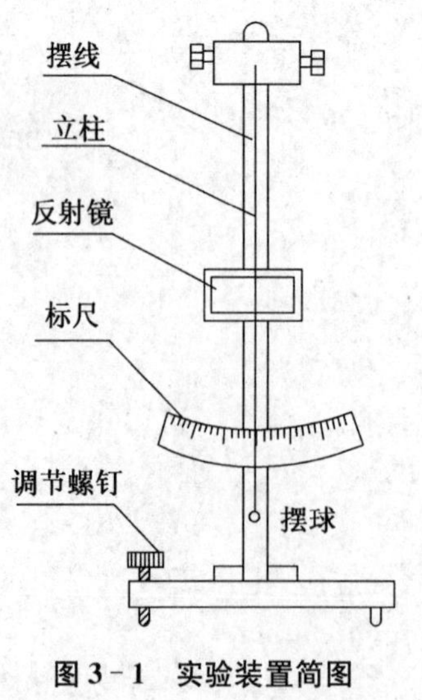

图 3－1　实验装置简图

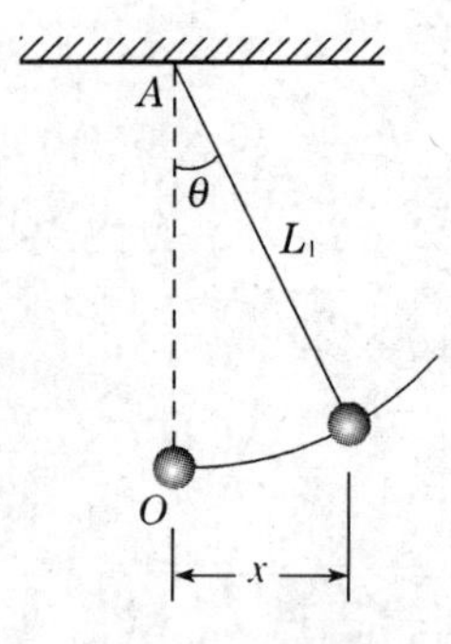

图 3－2　单摆

过仔细调节，使悬点、竖划线、摆线的像三点共线即可。记下摆线的长度 L_1。调节好计时器，将小球拉开一段距离，在标尺上读出或用水平直尺测量 x(图 3－2)的距离，应用三角函数计算出摆角 θ 的大小。在同一摆角处应多次测量，求其平均值，取不同的摆角，重复实验。

【实验原理】

实际上，单摆是一种理想的物理模型，它由理想化的摆球和摆线组成(图 3－2)。摆线由质量不计、不可伸缩的细线提供；摆球密度较大，而且球的半径比摆线的长度小得多，这样才可以将摆球看作质点，由摆线和摆球构成单摆。

1. 周期与摆角的关系

在忽略空气阻力和浮力的情况下，由单摆振动时能量守恒，可以得到质量为 m 的小球在摆角为 θ 处动能和势能之和为常量，即

$$\frac{1}{2}mL^2\left(\frac{\mathrm{d}\theta}{\mathrm{d}t}\right)^2+mgL(1-\cos\theta)=E_0 \tag{3-1}$$

式中：L 为单摆摆长；θ 为摆角；g 为重力加速度；t 为时间；E_0 为小球的总机械能。如果小球在摆角为 θ_m 处释放，则有

$$E_0=mgL(1-\cos\theta_m)$$

代入式(3－1)，解方程得到

$$\frac{\sqrt{2}}{4}T=\sqrt{\frac{L}{g}}\int_0^{\theta_m}\frac{\mathrm{d}\theta}{\sqrt{\cos\theta-\cos\theta_m}} \tag{3-2}$$

式(3－2)中 T 为单摆的振动周期。

令 $k=\sin\left(\frac{\theta_m}{2}\right)$，并作变换 $\sin\left(\frac{\theta}{2}\right)=k\sin\varphi$，则有

$$T=4\sqrt{\frac{L}{g}}\int_0^{\pi/2}\frac{\mathrm{d}\varphi}{\sqrt{1-k^2\sin^2\varphi}}$$

经近似计算可得到

$$T=2\pi\sqrt{\frac{L}{g}}\left[1+\frac{1}{4}\sin^2\left(\frac{\theta_m}{2}\right)+\cdots\right] \tag{3-3}$$

在传统的手控计时方法下，单次测量周期的误差可达 0.1～0.2 s，而多次测量又面临空气阻尼使摆角衰减的情况，因而式(3－3)只能考虑到一级近似，不得不将 $\frac{1}{4}\sin^2\left(\frac{\theta_m}{2}\right)$ 项忽略。当单摆振动周期可以精确测量时，必须考虑摆角对周期的影响，即用二级近似公式。

2. 周期与摆长的关系

如果在一固定点上悬挂一根不能伸长且无质量的线，并在线的末端悬挂一个质量为

m 的质点，这就构成一个单摆。当摆角 θ_m 很小时（小于 5°），单摆的振动周期 T 和摆长 L 有如下近似关系：

$$T=2\pi\sqrt{\frac{L}{g}}$$

或

$$T^2=4\pi^2\frac{L}{g} \tag{3-4}$$

当然，这种理想的单摆实际上是不存在的，因为悬线是有质量的，实验中又采用了半径为 r 的金属小球来代替质点。所以，只有当小球质量远大于悬线的质量，而它的半径又远小于悬线长度时，才能将小球作为质点来处理，并可用式(3-4)进行计算。但此时必须将悬挂点与球心之间的距离作为摆长，即 $L=L_1+r$，其中 L_1 为线长。如固定摆长 L，测出相应的振动周期 T，则可由式(3-4)求 g。也可逐次改变摆长 L，测量各相应的周期 T，再求出 T^2，最后用坐标纸作 T^2-L 图。如果图是一条直线，说明 T^2 与 L 成正比关系。在直线上选取两点 $P_1(L'_1, T_1^2)$，$P_2(L'_2, T_2^2)$，由两点式求得斜率 $k=\frac{T_2^2-T_1^2}{L'_2-L'_1}$，再从 $k=\frac{4\pi^2}{g}$ 求得重力加速度，即

$$g=4\pi^2\frac{L'_2-L'_1}{T_2^2-T_1^2} \tag{3-5}$$

【实验内容】

1. 调节仪器的底座，使仪器处于竖直状态。
2. 测量摆球直径，选取适当摆长，并测量其长度。使摆球在 5°之内摆动，测量其摆动周期，共测量 5 次。
3. 改变摆长 5 次以上，按上述方法分别测其对应的摆动周期各 5 次。
4. 选取固定的摆长，改变单摆的摆角（大于 5°），分别测量其对应的周期各 5 次。
5. 实验数据测量好后，关闭电源，摆放好仪器。

【数据记录及其处理】

1. 摆角 $\theta<5°$，改变摆长，测出对应周期，求出重力加速度。

(1) 用游标卡尺测量摆球的直径。从不同的方位测 5 次，取平均值。

表 3-1　摆球直径的测量数据

次序	1	2	3	4	5	平均值
直径 d/cm						

$$d=\bar{d}\pm\Delta d$$

(2) 摆线长度 L_1，总的摆长为：$L=L_1+d/2=$ ________ cm。

表 3-2 重力加速度测量数据

物理量 \ 次序	1	2	3	4	5	平均值
T/s						
L_1/cm						

$$T=\overline{T}\pm\Delta T$$

$$L_1=\overline{L_1}\pm\Delta L_1$$

$$L=L_1+d/2$$

将 T 和 L 代入式(3-4),得

$$g=4\pi^2\frac{L}{T^2} \tag{3-6}$$

求出重力加速度 g,然后用式(3-7)进行不确定度的分析。

$$u(g)=g\sqrt{\left(\frac{u(L_1)}{L_1}\right)^2+\left(\frac{u(d)}{d}\right)^2+\left(2\frac{u(T)}{T}\right)^2} \tag{3-7}$$

(3) 取不同的摆线长度 L_1,总的摆长为:$L=L_1+d/2$。

表 3-3 $\theta<5°$时周期与摆长关系的测量数据

L_1/cm	$L=L_1+\frac{d}{2}$/cm	T/s						T^2/s^2
		第 1 次	第 2 次	第 3 次	第 4 次	第 5 次	平均值	
40								
50								
60								
70								
80								

由表 3-3 数据作 T^2-L 图,并进行直线拟合(可以用 Origin 进行数据处理),并分析在摆角 $\theta<5°$时,T^2 与 L 是否呈线性关系。

用最小二乘法拟合得:相关系数 $R=$________;斜率 $k=4\pi^2/g=$________ s^2/cm。

重力加速度 $g=4\pi^2/k=$________ m/s^2。

此结果与盐城重力加速度 $g=9.798$ m/s^2 相比,相对误差为________。

2. 固定摆长,改变摆角,测出其对应的周期,研究摆角与周期的关系。

(1) 选择摆线长度 L_1,$L_1=$________ cm;总的摆长为:$L=L_1+d/2=$________ cm。摆角($\theta>5°$)可以由标尺直接读出,也可以通过摆线长 L_1 和摆球中心点与摆线竖直方向的水平距离 x 求得(或为在左右最大位移处摆球中心点之间的距离的一半)。

实验中测得的特定摆长下的 $2T$,填入表 3-4。

表 3-4 摆角与周期关系的测量数据

x(cm)	$\sin^2(\theta_m/2)$	T/s						2T/s
		第1次	第2次	第3次	第4次	第5次	平均值	
10								
15								
20								
25								
30								
35								

由表 3-4 数据画出周期与摆角之间的曲线 $2T-\sin^2\left(\frac{\theta_m}{2}\right)$图，并对图、表进行分析。

(2) 对 $2T-\sin^2\left(\frac{\theta_m}{2}\right)$图进行直线拟合，得到相关系数 $R=$________；斜率 $k=$________；截距 $A=2T_0=$________。将直线外推到与纵轴相交，得对应于 $\theta_m=0$ 时的 $T=$________ s，把 T 值和 $\theta_m=0$ 代入式(3-3)算得：$g=$________ m/s^2。

已知盐城地区重力加速度的标准值为 $g=9.798\ m/s^2$，比较本方法测得实验结果与标准值的差异情况。

拓展实验

用手机作为单摆进行重力加速度的测量

器材：智能手机；Phyphox 软件；细线；米尺。

(1) 将细绳一端固定在竖直墙面上，另一端固定在手机上，让手机面与墙面平行，做成一个单摆。

(2) 用米尺(刻度尺)测量摆线长度，在 Phyphox APP 中点击"摆"，然后在 G 栏目中填写摆长(图 3-3)。

(3) 设定延迟测量及测量时长后，将手机摆动一个小的角度(小于 5°)，点击手机屏幕上三角标志开始测量，松开手机使其摆动，软件会根据陀螺仪测量的数据自动记录单摆的周期和频率。观察手机测量数据，等待测量停止。

(4) 改变摆长多次测量，并记录相关数据(表 3-5)。

图 3-3　Phyphox“摆”及摆长设定界面

表 3-5　$\theta<5°$时重力加速度测量数据

L/cm	T/s						g/m/s^2
	第 1 次	第 2 次	第 3 次	第 4 次	第 5 次	平均值	
40							
50							
60							
70							
80							
g 平均值							

(5) 利用式(3-6)求出 g,并比较实验结果与标准值(盐城地区重力加速度的标准值 $g=9.798\ \mathrm{m/s^2}$)的差异情况。

思考题

1. 在单摆周期公式推导过程中,有没有其他方法来进行推导?
2. 为什么测量周期 T 时需要测量连续多个周期?试从误差角度作具体的分析。
3. 请设计一个实验装置来体现空气中的阻力对单摆的摆球摆动的影响。

实验 4　固体比热容的测量

比热容是热力学中常用的一个物理量，表示物质提高温度所需热量的能力，而不是吸收或者散热能力。它指单位质量的某种物质升高（或下降）单位温度所吸收（或放出）的热量。其国际单位制中的单位是焦耳每千克开尔文（$J \cdot kg^{-1} \cdot K^{-1}$），即 1 kg 的物质的温度上升 1 K(℃)所需的热量。温度每升高 1 ℃，物质的比热容越大，该物质则需要更多热能加热。比热容是物质的一种特性，不同的物质有不同的比热容。因此，可以用比热容的不同来（粗略地）鉴别不同的物质（注意有部分物质比热容相当接近）。本实验选用固体金属铁（或铝）块等作为样品，用冷却法测定其比热容研究其冷却规律。

【实验目的】

1. 学会用铜-康铜热电偶测量物体的温度，学会用冷却法测量金属的比热容。
2. 已知铜在 100 ℃的比热容，用冷却法测量铁和铝在 100 ℃的比热容。

【实验仪器】

FD-JSBR 型（冷却法）金属比热容测量仪。

【仪器描述】

图 4-1 是 FD-JSBR 型（冷却法）金属比热容测量仪的实物图，其基本组成如图 4-2 所示，其中 A 为热源，采用 75 W 电烙铁改制而成，利用底盘支撑固定并可上下移动；B 为实验样品，是一个直径 5 mm、长 30 mm 的小圆柱，其底部钻一深孔便于安放热电偶，而热电偶的冷端则安放在冰水混合物内；C 是铜-康铜热电偶；D 是热电偶支架；E 是防风容器；F 是三位半数字电压表，显示用三位半面板表；G 为冰水混合物。

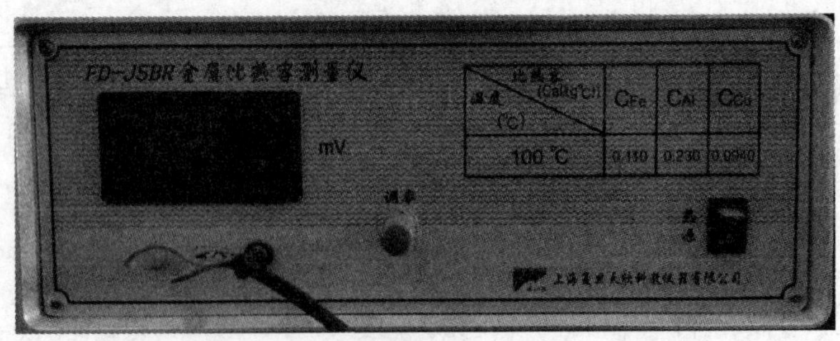

图 4-1　FD-JSBR 型（冷却法）金属比热容测量仪

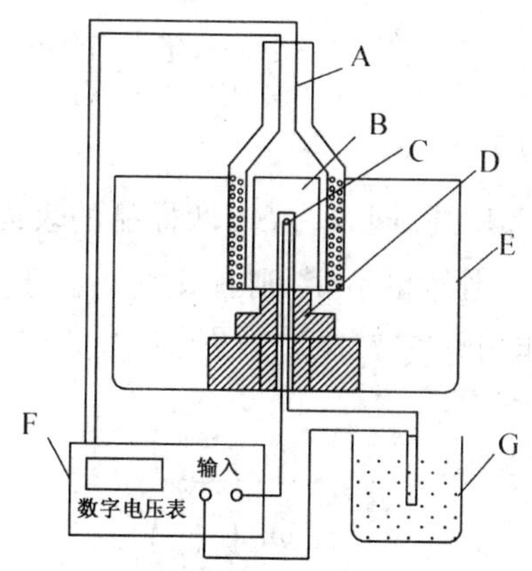

图 4-2　冷却法金属比热容测定仪装置示意图

A—热源　B—实验样品　C—铜-康铜热电偶　D—热电偶支架

E—防风容器　F—三位半数字电压表　G—冰水

【实验原理】

根据牛顿冷却定律，用冷却法测定金属的比热容是量热学中常用方法之一。若已知标准样品在不同温度的比热容，通过作冷却曲线可测量各种金属在不同温度时的比热容。本实验以铜为标准样品，测定铁、铝样品在 100 ℃或 200 ℃时的比热容。通过实验了解金属的冷却速率和它与环境之间的温差关系以及进行测量的实验条件。单位质量的物质，其温度升高 1 K(1 ℃)所需的热量叫做该物质的比热容，其值随温度而变化。将质量为 m_1 的金属样品加热后，放到较低温度的介质(例如：室温的空气)中，样品将会逐渐冷却。其单位时间的热量损失($\frac{\Delta Q}{\Delta t}$)与温度下降的速率成正比，于是得到下述关系式：

$$\frac{\Delta Q}{\Delta t}=C_1 m_1 \frac{\Delta T_1}{\Delta t} \tag{4-1}$$

式中：C_1 为该金属样品在温度 T_1 时的比热容；$\frac{\Delta T_1}{\Delta t}$ 为金属样品在 T_1 时的温度下降速率。根据冷却定律有：

$$\frac{\Delta Q}{\Delta t}=a_1 S_1 (T_1-T_0)^m \tag{4-2}$$

式中：a_1 为热交换系数；S_1 为该样品外表面的面积；m 为常数；T_1 为金属样品的温度；T_0 为周围介质的温度。由式(4-1)和式(4-2)可得：

$$C_1 m_1 \frac{\Delta T_1}{\Delta t}=a_1 S_1 (T_1-T_0)^m \tag{4-3}$$

同理，对质量为 m_2、比热容为 C_2 的另一种金属样品，可有同样的表达式：

$$C_2 m_2 \frac{\Delta T_2}{\Delta t}=a_2 S_2 (T_2-T_0)^m \tag{4-4}$$

由式(4-3)和式(4-4)，可得：

$$C_2=C_1\frac{m_1\dfrac{\Delta T_1}{\Delta t}}{m_2\dfrac{\Delta T_2}{\Delta t}}\frac{a_2S_2(T_2-T_0)^m}{a_1S_1(T_1-T_0)^m}$$

如果两样品的形状尺寸都相同，即 $S_1=S_2$；两样品的表面状况也相同（如涂层、色泽等），而周围介质（空气）的性质当然也不变，则有 $a_1=a_2$。于是当周围介质温度不变（即室温 T_0 恒定而样品又处于相同温度 $T_1=T_2=T$）时，上式可以简化为：

$$C_2=C_1\frac{m_1\left(\dfrac{\Delta T}{\Delta t}\right)_1}{m_2\left(\dfrac{\Delta T}{\Delta t}\right)_2} \tag{4-5}$$

如果已知标准金属样品的比热容 C_1、质量 m_1，待测样品的质量 m_2 及两样品在温度 T 时冷却速率之比，就可以求出待测的金属材料的比热容 C_2。

几种金属材料的比热容见表 4－1。

表 4－1　几种金属材料的比热容

温度 \ 比热容	C_{Fe}(cal/(g℃))	C_{Al}(cal/(g℃))	C_{Cu}(cal/(g℃))
100 ℃	0.110	0.230	0.094 0

【实验内容及其方法】

1. 用天平称出（铜、铁、铝）三种实验样品的质量，三种实验样品可根据质量大小区分（$m_{Cu}>m_{Fe}>m_{Al}$）。

2. 打开电源，注意调零数字电压表，并连接各仪器导线。

3. 测量铁和铝在 100 ℃时的比热容。

(1) 将铜样品套在容器内的热电偶上，调节支架上的旋钮，下降实验架，使电烙铁套于样品上，开启加热开关；用铜-康铜热电偶测量实验样品的温度，当电压表读数超过 5.00 mV 时，断开加热开关，上升加热支架；让样品继续安放在与外界基本隔绝的防风容器内自然冷却（容器必须盖上盖子）。

(2) 冷却过程中，观察比热容测量仪中的电压值，当电压表显示为 4.37 mV 时（此时样品温度为 102 ℃），迅速按下时间指示下方的“起动/停止”按钮；一段时间后，当电压表显示为 4.18 mV 时（此时样品温度为 98 ℃），再次迅速按下“起动/停止”按钮；记录此时仪器上显示的时间，即为样品降温所需要的时间 Δt_1。

(3) 重复步骤(1)、(2)，再次测量铜样品的降温时间 Δt_2、Δt_3，填入表 4－2。

(4) 重复步骤(1)、(2)、(3)，测量铁和铝样品的降温时间 Δt_1、Δt_2、Δt_3，填入表 4－2。

4. 测量金属的冷却规律。

(1) 选取两种样品，重复第 3 点中第(1)步。

(2) 冷却过程中，当电压表显示为 4.37 mV 时，迅速按下“起动/停止”按钮；每隔 5 s，记录电压表的读数，填入表 4－3。

【数据记录及其处理】

1. 基本数据

样品质量：$m_{Cu}=$________g；$m_{Fe}=$________g；$m_{Al}=$________g。

热电偶冷端温度：$T_0=$________℃。

2. 将不同样品由 102 ℃下降到 98 ℃所需的时间(单位为 s)记录在表 4－2 中。

表 4－2　不同样品由 102 ℃下降到 98 ℃所需时间(单位:s)

样品＼次数	1	2	3	4	5	平均值$\overline{\Delta t}$	$\sigma_{\Delta t}$
Fe							
Cu							
Al							

以铜为标准：$C_1=C_{Cu}=0.0940$ cal/(g℃)

铁(Fe)：$C_2=C_1\dfrac{m_1(\Delta t)_2}{m_2(\Delta t)_1}=$________cal/(g℃)

相对误差 $E_{Fe}=\dfrac{|C_{Fe}-C_2|}{C_{Fe}}\times 100\%=$________%。

铝(Al)：$C_3=C_1\dfrac{m_1(\Delta t)_2}{m_3(\Delta t)_1}=$________cal/(g℃)

相对误差 $E_{Al}=\dfrac{|C_{Al}-C_3|}{C_{Al}}\times 100\%=$________%。

3. 选取不同样品测定冷却曲线。样品自然冷却，每隔 5 s 记录电压值。

表 4－3　不同样品的冷却曲线图数据

样品＼电压＼时间	5 s	10 s	15 s	20 s	25 s	30 s	35 s	40 s	45 s	50 s

以时间 t(s)为横坐标，电压值 V(mV)为纵坐标，画出两种样品的冷却曲线图($V-t$ 曲线)。

【注意事项】

1. 加热装置向下移动时动作要慢，应注意要使被测样品垂直放置，以使加热装置能完全套入被测样品。

2. 样品冷却时，电压表的读数跳变会比较大(比如：4.39 mV 直接跳到 4.36 mV)，要注意把握，记录数据时动作要敏捷，以免错过合适的测量点，以减少误差。

3. 降温测量时，间隔测量时间较短，应迅速、准确，以减小人为计时误差。

4. 加热后样品烫手，勿用手触摸以免烫伤手指，使用镊子夹取样品。

思考题

1. 质量相同、温度相同的铁块和铜块，放出相同的热量后，它们互相接触，热量将在两者之间如何传递？同样是质量相同、温度相同的铁块和铜块，吸收相同的热量后，它们互相接触，热量将在两者之间如何传递？并用比热容的概念一一进行解释。

2. 试用比热容的概念来解释城市热岛效应？

3. 分析实验过程中引起本实验的误差因素有哪些？应如何消除？（提示：室温、冷端温度、热电偶、计时等方面）

【附录】

国产的康铜丝，各厂生产成分配方和工艺略有不同，因而制成的铜-康铜热电偶在100 ℃时（分度号：CK，参考端温度为0 ℃），测量的温差电势差有4.10 mV和4.25 mV等几种，用户使用时须自己定标，以下铜一康铜热电偶热势差表仅供参考（引自国家计量局，中华人民共和国，国家计量检定规程汇编，温度(一)，中国计量出版社，1987）。

附表4-1 铜-康铜热电偶分度表（分度号：CK，参考端温度为0 ℃）

温度℃	0	1	2	3	4	5	6	7	8	9	10
	热电动势(mV)										
0	0.000	0.039	0.078	0.117	0.156	0.195	0.234	0.273	0.312	0.351	0.391
10	0.391	0.430	0.470	0.510	0.549	0.589	0.629	0.669	0.709	0.749	0.789
20	0.789	0.830	0.870	0.911	0.951	0.992	1.032	1.073	1.114	1.155	1.196
30	1.196	1.237	1.279	1.320	1.361	1.403	1.444	1.486	1.528	1.569	1.611
40	1.611	1.653	1.695	1.738	1.780	1.822	1.865	1.907	1.950	1.992	2.035
50	2.035	2.078	2.121	2.164	2.207	2.250	2.294	2.337	2.380	2.424	2.467
60	2.467	2.511	2.555	2.599	2.643	2.687	2.731	2.775	2.819	2.864	2.908
70	2.908	2.953	2.997	3.042	3.087	3.131	3.176	3.221	3.266	3.312	3.357
80	3.357	3.402	3.447	3.493	3.538	3.584	3.630	3.676	3.721	3.767	3.813
90	3.813	3.859	3.906	3.952	3.998	4.044	4.091	4.137	4.184	4.231	4.277
100	4.277	4.324	4.371	4.418	4.465	4.512	4.559	4.607	4.654	4.701	4.749
110	4.749	4.796	4.844	4.891	4.939	4.987	5.035	5.083	5.131	5.179	5.227
120	5.227	5.275	5.324	5.372	5.420	5.469	5.517	5.566	5.615	5.663	5.712
130	5.712	5.761	5.810	5.859	5.908	5.957	6.007	6.056	6.105	6.155	6.204
140	6.204	6.254	6.303	6.353	6.403	6.452	6.502	6.552	6.602	6.652	6.702

（续表）

温度℃	0	1	2	3	4	5	6	7	8	9	10
	热电动势(mV)										
150	6.702	6.753	6.803	6.853	6.903	6.954	7.004	7.055	7.106	7.156	7.207
160	7.207	7.258	7.309	7.360	7.411	7.462	7.513	7.564	7.615	7.666	7.718
170	7.718	7.769	7.821	7.872	7.924	7.975	8.027	8.079	8.131	8.183	8.235
180	8.235	8.287	8.339	8.391	8.443	8.495	8.548	8.600	8.652	8.705	8.757
190	8.757	8.810	8.863	8.915	8.968	9.021	9.074	9.127	9.180	9.233	9.286
200	9.286	9.339	9.392	9.446	9.499	9.553	9.606	9.659	9.713	9.767	9.830

实验 5　万用表的使用

万用电表是最常用的仪表，它可以测量交、直流电压、电流，还可以测量电阻。它的使用和携带都很方便，所以被广泛地用于生产和科学实验中。因此，了解万用电表的结构，学会正确使用是非常必要的。

【实验目的】

1. 熟悉万用电表的结构和原理。
2. 了解欧姆档、电压档和电流档的设计，能正确使用万用电表。
3. 掌握万用表测量电阻、电压的方法及判断二极管、电容器的好坏。

【实验仪器】

万用电表；多种阻值的电阻；电容；二极管；直流稳压电源（或电池）等。

【仪器描述】

万用表是最常用的测量仪器之一（图 5-1），它不但可以测量交流和直流电压、电流，还可以测量电阻，用途虽广，但准确度较低。使用万用表前必须认清所用万用表的面板和刻度。根据测量的种类（交流或直流；电压、电流或电阻）及大小，将选择开关拨至合适的位置（不知待测量的大小时，一般应选择最大量程先行试测），接好表笔（万用电表的正端应接红色表笔）。

图 5-1　MF47 标准型万用表

使用伏特表或安培表时，需要注意：

(1) 安培表是测量电流的，它必须串联在电路中；伏特表是测量电压的，它应该与待测对象并联。

(2) 表笔的正、负不要接反。

(3) 执笔时，手不能接触任何金属部分。

(4) 测量时应采用跃接法，即在用表笔接触测量点的同时，注视电表指针偏转情况，并随时准备在出现不正常现象时，使表笔离开测量点。

使用欧姆档时：

(1) 每次换档后都要调节欧姆零点。

(2) 不得测带电的电阻，不得测额定电流极小的电阻（例如灵敏电流计的内阻）。

(3) 测试时，不得双手同时接触两个表笔笔尖，测高阻时尤须注意。

【实验原理】

1. 直流电压档

当选择开关拨到 V 时，万用表就是一个多量程直流伏特表，各量程分别是 1 V，2.5 V，10 V，…，1 000 V，它们的简化线路图 5－2(a)是量程为 1 V，2.5 V，10 V 的电路，由于 R_1、R_2 的分流作用，虚线框内部分相当于 50 μA 的表头，串联不同的电阻分别得出所要求的量程。图 5－2(b)是量程为 50 V，250 V，500 V，1 000 V 的电路，由于 R_1 改为和表头串联，分流电阻只剩 R_2，故虚线框内部分相当于表头量程加大到 200 μA。这样，同样是串联 $R_3+R_4+R_5$，得到的伏特表量程为 500 V，再串联 R_6 得到量程 1 000 V。

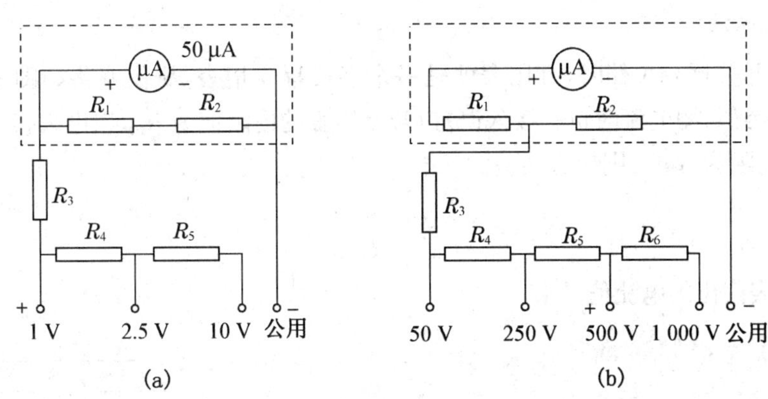

图 5－2 万用表直流电压档原理图

万用表在使用时往往不是固定连接在待测电路上，而是测量时连上，读数后即撤离，所以接入误差成为经常要考虑的问题。

如图 5－3 所示的电路，B、C 间的电压 U_{BC} 显然等于 $\dfrac{R_2}{R_1+R_2}E$。如果把伏特表接在 B、C 两点，测出的电压是否就是 U_{BC} 呢？不是的，由于伏特表有一定的内阻 R_V，伏特表接入后电路的电压分配会发生改变，BC 间的电压变为 U'_{BC}，电表未接入时的电压为 U_{BC}，但电表测出的却是 U'_{BC}，这两者之差称为接入误差 ΔU，定义为：

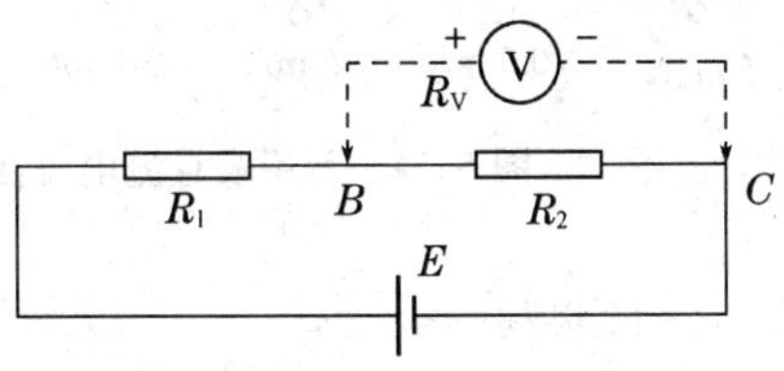

图 5－3 电压测量误差分析

$$\Delta U=U_{BC}-U'_{BC}$$

$$U'_{BC}=\frac{\dfrac{R_U R_2}{R_U+R_2}}{R_1+\dfrac{R_U R_2}{R_U+R_2}}E=\frac{1}{1+\dfrac{R_1(R_V+R_2)}{R_V R_2}}E$$

$$\frac{\Delta U}{U'_{BC}}=\frac{U_{BC}-U'_{BC}}{U'_{BC}}=\frac{U_{BC}}{U'_{BC}}-1=\frac{R_2}{R_1+R_2}\left[1+\frac{R_1(R_V+R_2)}{R_V R_2}\right]-1$$

$$=\frac{R_V R_2+R_1 R_2+R_V R_1}{R_V(R_1+R_2)}-1=\frac{R_1 R_2}{R_V(R_1+R_2)}$$

观察图 5-3 的电路可知，$\frac{R_1 R_2}{R_1+R_2}$正是以伏特表接入点 BC 为考察点的等效电阻 $R_{等效}$（此时电源看作短路，故为 R_1 和 R_2 并联），则

$$\frac{\Delta U}{U'_{BC}}=\frac{R_{等效}}{R_V} \tag{5-1}$$

根据式(5-1)很容易知道接入误差的大小，并在必要时可用下式修正测量值：

$$U_{BC}=U'_{BC}\left(1+\frac{R_{等效}}{R_V}\right) \tag{5-2}$$

2. 直流电流档

当选择开关至 mA 档时，万用表就是一个多量程安培表，简化电路如图 5-4 所示。和电压测量类似，测电流时也有接入误差，若万用表的内阻值为 R_A，以电表接入点为考察点，电路的电阻为 $R_{等效}$，则接入误差为

$$\frac{\Delta}{I'}=\frac{R_A}{R_{等效}} \tag{5-3}$$

I'即电表读出的电流值。

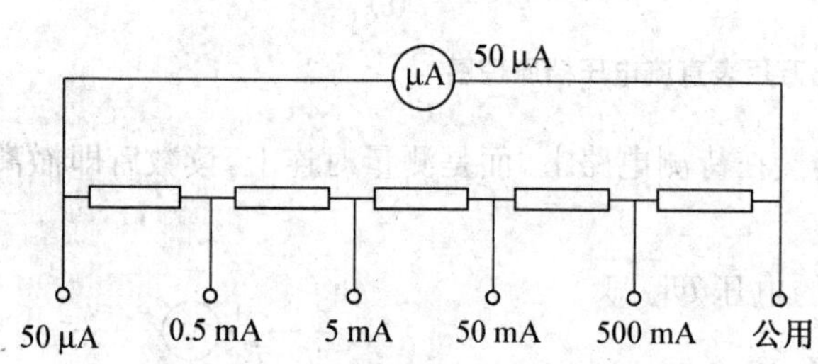

图 5-4　万用表直流电流档原理

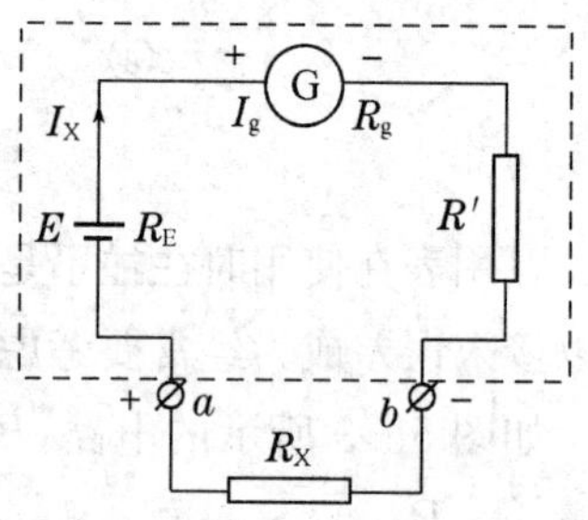

图 5-5　欧姆档原理

3. 欧姆档

(1) 欧姆表原理

欧姆表的原理线路如图 5-5 所示，其中虚线框部分为欧姆表，a 和 b 为两接线柱（表笔插孔），测量时将待测电阻 R_X 接在 a 和 b 上。在欧姆表中，E 为电源（干电池，内阻为 R_E），G 为表头（内阻为 R_g，满度电流为 I_g），R'为限流电阻，由欧姆定律可知回路中的电流 I_X 为

$$I_X=\frac{E}{(R_E+R_g+R')+R_X} \tag{5-4}$$

可以看出，对一给定的欧姆表（即 E、R_E、R_g、R'给定），则 I_X 仅由 R_X 决定，即 I_X 与 R_X 之间有一一对应的关系。这样，在表头刻度上标出相应的 R_X 值即成一欧姆表。

由式(5-4)可以看出，当 $R_X=0$ 时，回路中的电流最大为$\frac{E}{R_E+R_g+R'}$，在欧姆表中设

法改变表头的满度电流 I_g 使其等于最大电流，即

$$I_g=\frac{E}{R_E+R_g+R'} \tag{5-5}$$

习惯上用 $R_{中}$ 表示 R_E+R_g+R'，称之为欧姆表的中值电阻，即 $R_{中}=R_E+R_g+R'$，式(5-4)和式(5-5)改写为

$$I_g=\frac{E}{R_{中}} \tag{5-6}$$

$$I_X=\frac{E}{R_{中}+R_X} \tag{5-7}$$

由式(5-7)可以看出，欧姆表的刻度是非线性(不均匀)的，正中那个刻度即 $R_{中}$，这是因为 $R_X=R_{中}$ 时指针偏转为满度的一半，即 $I_X=I_g/2$。当 $R_X<<R_{中}$ 时，$I_X\approx E/R_{中}=I_g$，此时偏转接近满度，随 R_X 之变化亦不明显，因而测量误差很大；当 $R_X>>R_{中}$ 时，$I_X\approx 0$，因而测量误差亦很大。所以在实用上通常只用欧姆表中间的一段来测量。实际上欧姆表都有几个量程，每个量程的 $R_{中}$ 都不同，如果 $R_{中}=100\ \Omega$，则测量范围为 20 Ω～500 Ω；若 $R_{中}=1\,000\ \Omega$，则测量范围为 200 Ω～5 000 Ω。

(2) 调零电路

欧姆表的刻度是根据电池的电动势 E 和内阻 R_E 不变的情况下设计的。但是实际上，电池在使用过程中，内阻会不断增加，电动势也会逐渐减小。这时若将表笔短路，指针就不会满偏指在“0”欧姆处，这一现象称为电阻档的零点偏移，它给测量带来一定的系统误差。对此最简单的解决方法是调节限流电阻 R'，使指针满偏指在“0”欧姆处。但这会改变欧姆表的内阻，使其偏离标度尺的中间刻度值，从而引起新的系统误差。

较合理的电路是在表头回路里接入对零点偏移起补偿作用的电位器 R_0，如图 5-6 所示。电位器上的滑动头把 R_0 分成两部分，一部分与表头串联，其余部分与表头并联。因电动势增加使电路中的总电流偏大时，可将滑动触头下移，以增加与表头串联的阻值，而减少与表头并联的阻值，使分流增加，以减少流经表头的电流。当实际的电动势低于标称值或内阻高于设计标准，使总电流偏小时，可将滑动头上移，以增加表头电流。总之，调节电位器 R_0 的滑动头，可以使表笔短路时流经表头的电流保持满标度电流。电位器 R_0 称为调零电位器。但改变调零电位器 R_0 的滑动头时，整个表头回路的等效电阻 R'_g 会随之改变，因而中值电阻 $R_{中}=R_E+R'_g+R'$ 也会有变化。为了减小这个变化对测量结果带来的误差，通常在设计欧姆表时，都是先设计 $R\times1$ kΩ 档，这一档的中值电阻约为 10 kΩ，是一个很大的电阻，R'_g 的变化对它的影响就可以忽略不计。对于 $R\times100\ \Omega$、$R\times10\ \Omega$、$R\times1\ \Omega$ 各档，则采用 $R\times1$ kΩ 档并联分流电阻的办法来实现。

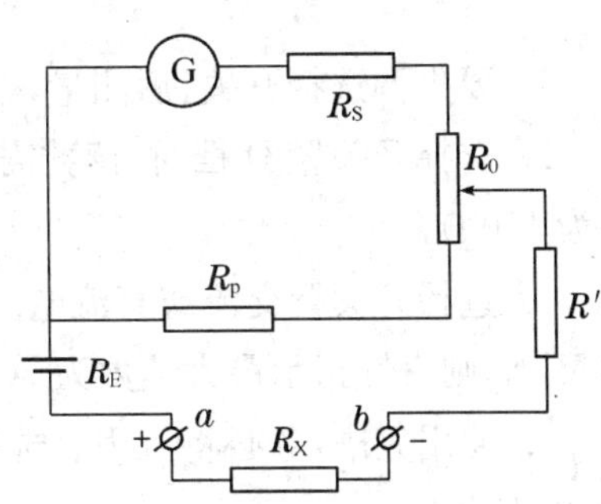

图 5-6　欧姆档调零电路

【实验内容】

1. 测量电阻及验证串并联规律。
2. 测量二极管的参数，并判断二极管的好坏。
3. 测量电源的路端电压。
4. 测量电容器的容量。

【数据记录及其处理】

表 5－1　万用电表使用测量数据记录表

<table>
<tr><td colspan="2" rowspan="2">电阻</td><td rowspan="2">电阻 1(Ω)</td><td rowspan="2">电阻 2(Ω)</td><td colspan="2">串联</td><td colspan="2">并联</td></tr>
<tr><td>实验值</td><td>理论值</td><td>实验值</td><td>理论值</td></tr>
<tr><td colspan="2" rowspan="2">二极管</td><td>正向电阻(小)</td><td>反向电阻(∞)</td><td colspan="2">好
正向小、反向∞</td><td colspan="2">坏</td></tr>
<tr><td></td><td></td><td colspan="2"></td><td colspan="2"></td></tr>
<tr><td colspan="2">一号电池电压</td><td></td><td></td><td colspan="2"></td><td colspan="2">平均值　V</td></tr>
<tr><td colspan="2">叠层电池电压</td><td></td><td></td><td colspan="2"></td><td colspan="2">平均值　V</td></tr>
<tr><td rowspan="2">电容器</td><td>正常</td><td>容量
1～10 μF</td><td>欧姆档
$R*1$ K</td><td colspan="2">表针初始摆到
位置 350 K～15 K</td><td colspan="2">表针退到位置
∞</td></tr>
<tr><td>测量</td><td></td><td></td><td colspan="2"></td><td colspan="2"></td></tr>
</table>

【注意事项】

1. 要先调选择开关，后测量，否则会损坏万用表。

2. 选择开关置 Ω 档时，读数需乘相应值，如置×10 档，测某电阻时表针指 15，则该电阻为 150 Ω。

3. 选择开关置交流或直流电压档时，开关所指值为表满刻度值(该档最大值)，如置 50 V 档，则表针指示最大读数为 50 V。

4. 使用完毕，务必将万用表选择开关拨离欧姆档，应拨到空档或最大直流电压量程处，以保安全。

思考题

1. 为什么欧姆档的有效量程只是中值电阻附近较窄的一段？
2. 欧姆表的红、黑表笔中哪一根电势较高？为什么？
3. 为什么不宜用欧姆表测量表头内阻？能否用欧姆表测电源内阻？

实验 6　示波器的使用

示波器是一种用来测量交流电或脉冲电流波的形状的仪器，由电子管放大器、扫描振荡器、阴极射线管等组成。示波器除观测电流的波形外，还可以测定频率、电压强度等。电效应的周期性物理过程都可以用示波器进行观测。示波器可以直接观察信号的电压波形，并测定电压的大小。因此，一切可转化为电压的电学量(如电流、电功率、阻抗等)和非电学量(温度、压力、光强、磁场、频率等)以及它们随时间变化的过程都可以用示波器来观测，所以它是用途广泛的现代测量工具。

【实验目的】

1. 了解示波器的结构和工作原理。
2. 掌握示波器各个旋钮的作用和基本调整方法。
3. 学会用示波器观测信号的波形、测量电压、频率。

【实验仪器】

双踪示波器；音频信号发生器；同轴电缆。

【仪器描述】

示波器的主要部分有示波管、带衰减器的 Y 轴放大器和 X 轴放大器、扫描发生器(锯齿波发生器)、触发同步和电源等，其实物如图 6－1 所示。

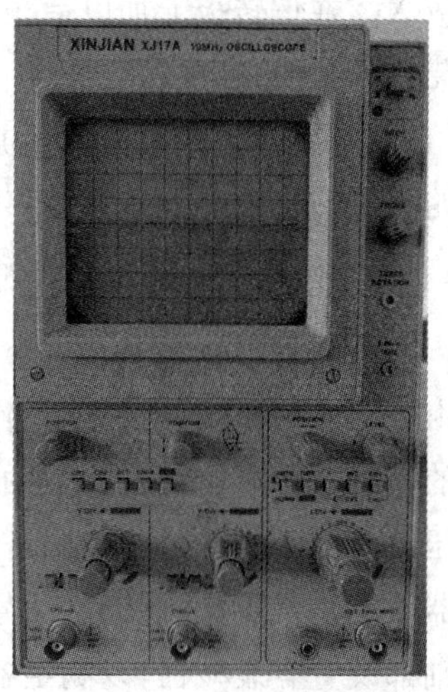

图 6－1　示波器实物图

1. 示波管

图 6－2 是示波器结构图。示波管主要包括荧光屏、电子枪和偏转系统三部分，全都密封在玻璃外壳内，里面抽成高真空。

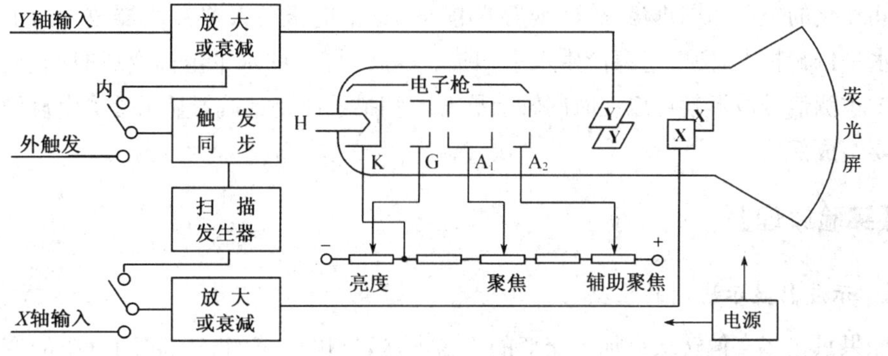

图 6－2　示波器结构图

(1) 荧光屏：它是示波器的显示部分，当加速聚焦后的电子打到荧光上时，屏上所涂的荧光物质就会发光，从而显示出电子束的位置。当电子停止作用后，荧光剂的发光需经一定时间才会停止，称为余辉效应。

(2) 电子枪：由灯丝 H、阴极 K、控制栅极 G、第一阳极 A_1、第二阳极 A_2 五部分组成。灯丝通电后加热阴极。阴极是一个表面涂有氧化物的金属筒，被加热后发射电子。控制栅极是一个顶端有小孔的圆筒，套在阴极外面。它的电位比阴极低，对阴极发射出来的电子起控制作用，只有初速度较大的电子才能穿过栅极顶端的小孔，然后在阳极加速下奔向荧光屏。示波器面板上的"亮度"调整就是通过调节栅极电位以控制射向荧光屏的电子流密度，从而改变了屏上的光斑亮度。阳极电位比阴极电位高很多，电子被它们之间的电场加速形成射线。当控制栅极、第一阳极、第二阳极之间的电位调节合适时，电子枪内的电场对电子射线有聚焦作用，所以第一阳极也称聚焦阳极。第二阳极电位更高，又称加速阳极。面板上的"聚焦"调节，就是调第一阳极电位，使荧光屏上的光斑成为明亮、清晰的小圆点。有的示波器还有"辅助聚焦"，实际是调节第二阳极电位。

(3) 偏转系统：它由两对相互垂直的偏转板组成，一对垂直偏转板 Y，一对水平偏转板 X。在偏转板上加以适当电压，电子束通过时，其运动方向发生偏转，从而使电子束在荧光屏上的光斑位置也发生改变。

容易证明，光点在荧光屏上偏移的距离与偏转板上所加的电压成正比，因而可将电压的测量转化为屏上光点偏移距离的测量，这就是示波器测量电压的原理。

2. *信号放大器和衰减器*

示波管本身相当于一个多量程电压表，这一作用是靠信号放大器和衰减器实现的。由于示波管本身的 X 轴和 Y 轴偏转板的灵敏度不高(约 0.1～1 mm/V)，当加在偏转板的信号过小时，要预先将小的信号电压放大后再加到偏转板上，为此设置 X 轴与 Y 轴电压放大器。衰减器的作用是使过大的输入信号电压变小以适应放大器的要求，否则放大器不能正常工作，使输入信号发生畸变，甚至使仪器受损。对一般示波器来说，X 轴和 Y 轴都设置有衰减器，以满足各种测量的需要。

3. *扫描系统*

扫描系统也称时基电路，用来产生一个随时间作线性变化的扫描电压，这种扫描电压随时间变化的关系如同锯齿，故称锯齿波电压。这个电压经 X 轴放大器放大后加到示波管的水平偏转板上，使电子束产生水平扫描。这样，屏上的水平坐标变成时间坐标，Y 轴输入的被测信号波形就可以在时间轴上展开。扫描系统是示波器显示被测电压波形必需的重要组成部分。

【实验原理】

1. *示波器显示波形的原理*

如果只在竖直偏转板上加一交变的正弦电压，则电子束的亮点将随电压的变化在竖直方向来回运动，如果电压频率较高，则看到的是一条竖直亮线，如图 6-3 所示。要能显示波形，必须同时在水平偏转板上加一扫描电压，使电子束的亮点沿水平方向拉开。这种扫描电压的特点是电压随时间呈线性关系增加到最大值，最后突然回到最小，此后再重复地变化。这种扫描电压即前面所说的“锯齿波电压”，如图6-4所示。当只有锯齿波电压加在水平偏转板上时，如果频率足够高，则荧光屏上只显示一条水平亮线。

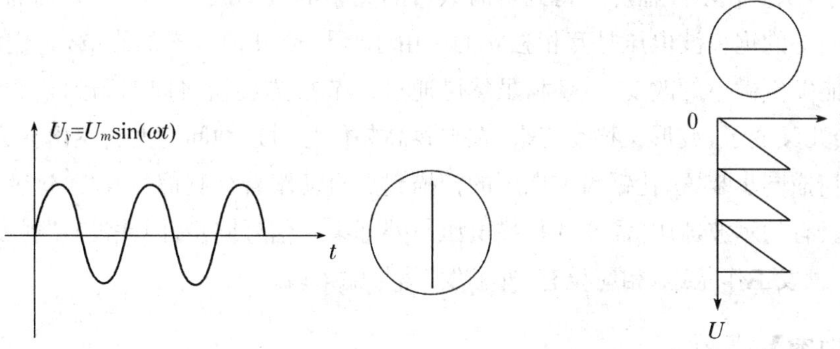

图6-3　*Y*偏转板加正弦电压　　**图6-4　*X*偏转板加锯齿波**

如果在竖直偏转板上(简称Y轴)加正弦电压，同时在水平偏转板上(简称X轴)加锯齿波电压，电子受竖直、水平两个方向的力的作用，电子的运动就是两相互垂直的运动的合成。当锯齿波电压比正弦电压变化周期稍大时，在荧光屏上将能显示出完整周期的所加正弦电压的波形图，如图6-5所示。

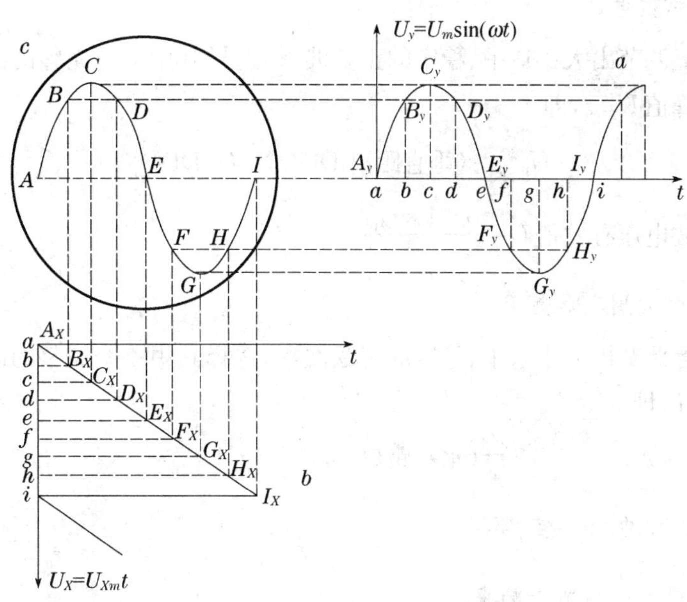

图6-5　*Y*、*X*偏转板分别加正弦波和加锯齿波电压

2. 同步工作的原理

如果正弦波和锯齿波电压的周期稍微不同，屏上出现的是移动着的不稳定图形。为了观察到稳定的波形，要求每次扫描起点的相位应等于前次扫描终点的相位，即要求扫描

电压周期 T_x 为被测电压周期 T_y 的 n 倍($n=1$、2、3、…),同步电路就是为了实现以上目的而设计的。

为了获得一定数量的波形,示波器上设有"扫描时间"(或"扫描范围")、"扫描微调"旋钮,用来调节锯齿波电压的周期 T_x(或频率 f_x),使之与被测信号的周期 T_y(或频率 f_y)成合适的关系,从而在示波器屏上得到所需数目的完整的被测波形。输入 Y 轴的被测信号与示波器内部的锯齿波电压是互相独立的。由于环境或其他因素的影响,它们的周期(或频率)可能发生微小的改变。这时,虽然可通过调节扫描旋钮将周期调到整数倍的关系,但过一会儿又变了,波形又移动起来,在观察高频信号时这种问题尤为突出。为此,示波器内装有扫描同步装置,让锯齿波电压的扫描起点自动跟着被测信号改变,这就称为整步(或同步)。有的示波器中,需要让扫描电压与外部某一信号同步,因此设有"触发选择"键,可选择外触发工作状态,相应设有"外触发"信号输入端。

【实验内容】

1. 观察信号发生器波形

(1) 将信号发生器的输出端接到示波器 Y 轴输入端上。

(2) 开启信号发生器,调节示波器(注意信号发生器频率与示波器扫描频率),观察正弦波形,并使其稳定。

2. 测量正弦波电压

在示波器上调节出大小适中、稳定的正弦波形,选择其中一个完整的波形,先测算出正弦波电压峰峰值 U_{p-p},即

$$U_{p-p}=(\text{垂直距离 DIV})\times(U/\text{DIV})$$

然后求出正弦波电压有效值 $U=\frac{0.71\times U_{p-p}}{2}$。

3. 测量正弦波周期和频率

在示波器上调节出大小适中、稳定的正弦波形,选择其中一个完整的波形,先测算出正弦波的周期 T,即

$$T=(\text{水平距离 DIV})\times(t/\text{DIV})$$

然后求出正弦波的频率 $f=\frac{1}{T}$。

4. 利用李萨如图形测量频率

设将未知频率 f_y 的电压 U_y 和已知频率 f_x 的电压 U_x(均为正弦电压),分别送到示波器的 Y 轴和 X 轴,则由于两个电压的频率、振幅和相位的不同,在荧光屏上将显示各种不同的波形,一般得不到稳定的图形。但当两电压的频率成简单整数比时,将出现稳定的封闭曲线,称为李萨如图形。根据这个图形可以确定两电压的频率比,从而确定待测频率的大小。

$$\frac{\text{加在}Y\text{轴电压的频率}f_y}{\text{加在}X\text{轴电压的频率}f_x}=\frac{\text{水平直线与图形相交的点数}N_x}{\text{垂直直线与图形相交的点数}N_y}$$

即
$$f_y=\frac{N_x}{N_y}f_x$$

图 6－6 列出各种不同的频率比在不同相位差时的李萨如图形，不难得出：水平、垂直直线不应通过图形的交叉点。

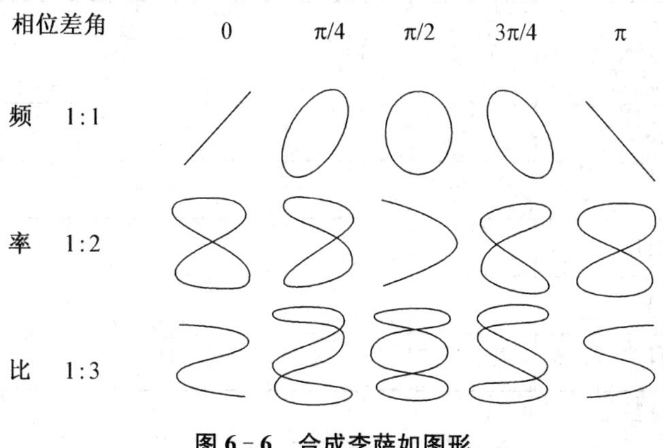

图 6－6　合成李萨如图形

测量方法如下：

(1) 将一台信号发生器的输出端接到示波器 Y 轴输入端上，作为待测信号频率。把另一信号发生器的输出端接到示波器 X 轴输入端上，作为标准信号频率，f_x 为 50 Hz。

(2) 观察各种李萨如图形，微调 f_y 使其图形稳定时，记录 f_y 的确切值，再分别读出水平线和垂直线与图形的交点数。由此求出各频率比及被测频率 f_y，记录于表 6－1 中。

【数据记录及其处理】

1. 观察信号发生器波形

表 6－1　信号波形的观察

信号的种类	正弦波	方波	锯齿波
振幅/V			
信号频率(测量)/kHz			
信号频率(读数)/kHz			
波形 (1～3 个稳定波形)			

2. 测量正弦波电压

正弦波电压峰峰值 U_{p-p}＝(垂直距离 DIV)×(U/DIV)＝____________。

正弦波电压有效值 $U=\frac{0.71\times U_{p-p}}{2}=$____________。

3. 测量正弦波周期和频率

正弦波的周期 $T=$(水平距离 DIV)$\times(t/\text{DIV})=$____________。

正弦波的频率 $f=\frac{1}{T}=$____________。

4. 李萨如图形观察及频率测量

表 6-2 李萨如图形观察与频率测量

频率比 $\left(\text{频率比}=\frac{\text{水平交 } N_x}{\text{垂直交 } N_y}\right)$	1∶1	2∶1	3∶1	3∶2	2∶3	3∶4
李萨如图形(稳定时)						
f_x/Hz						
f_y(测量值)/Hz						
f_y(标准值)/Hz						
偏差 Δf_y/Hz						

思考题

1. 示波器为什么能显示被测信号的波形?
2. 荧光屏上无光点出现,有几种可能的原因?怎样调节才能使光点出现?
3. 荧光屏上的波形移动,可能是什么原因引起的?

实验 7　声速的测量

声波是一种在弹性媒质中传播的纵波。对超声波(频率超过 2×10^4 Hz 的声波)传播速度的测量在超声波测距、测量气体温度瞬间变化等方面具有重大意义。超声波在媒质中传播速度与媒质的特性及状态因素有关。因而通过媒质中声速的测定,可以了解媒质的特性或状态变化。例如,测量氯气(气体)、蔗糖(溶液)的浓度,氯丁橡胶乳液的密度以及输油管中不同油品的分界面等,这些问题都可以通过测定这些物质中的声速来解决。可见,声速测定在工业生产上具有一定的实用意义。同时,通过液体中声速的测量,了解水下声呐技术应用的基本概念。

由波动理论得知,声波的传播速度 v 与声波频率 f 和波长 λ 之间的关系为 $v=f\lambda$。所以只要测出声波的频率和波长,就可以求出声速。其中声波频率可由产生声波的电信号发生器的振荡频率读出,波长则可用共振法和相位比较法进行测量,本次实验主要用共振法来测量声速。时差法可通过测量某一定间隔距离声音传播的时间来测量声波的传播速度。

【实验目的】

1. 用共振干涉法测量声速。
2. 了解压电陶瓷换能器的功能。
3. 初步熟悉示波器的使用。

【实验仪器】

低频信号发生器;声速测定仪;示波器;同轴电缆等。

【实验原理】

1. 压电陶瓷换能器

本实验采用压电陶瓷换能器来实现声压和电压之间的转换。它主要由压电陶瓷环片、轻金属铅(做成喇叭形状,增加辐射面积)和重金属(如铁)组成。在压电陶瓷片的两个底面加上正弦交变电压,它就会按正弦规律发生纵向伸缩,从而发出超声波。同样压电陶瓷可以在声压的作用下把声波信号转化为电信号。压电陶瓷换能器在声—电转化过程中信号频率保持不变。

如图 7-1 所示,S_1 作为声波发射器,它把电信号转化为声波信号向空间发射。S_2 是信号接收器,它把接收到的声波信号转化为电信号供观察。其中 S_1 是固定的,而 S_2 可以左右移动。

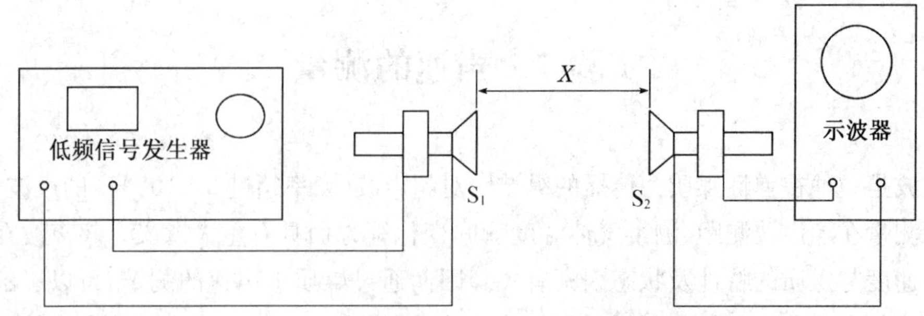

图 7-1　共振法测量声速实验装置图

2. 共振法测量波长 λ

由声源 S_1 发出的声波(频率为 f)，经介质(空气)传播到 S_2，S_2 在接收声波信号的同时反射部分声波信号。如果接收面(S_2)与发射面(S_1)严格平行，入射波即在接收面上垂直反射，从而入射波与反射波相干涉形成驻波。反射面处是位移的波节，声压的波腹。改变接收器与发射源的距离 X，在一系列特定的距离上，空气中就会出现稳定的驻波共振现象。此时 S_1 和 S_2 的距离 X 应是半波长的整数倍率，驻波的幅度也达到极大；同时，在接收面上的声压波腹也相应地达到极大值。通过压电转换，产生的电信号的电压值也最大(示波器显示波形的幅值最大)。因此，若保持频率不变，通过测量相邻两次接收信号达到极大值时接收面之间的距离 ΔX，即可得到该波的波长 λ($\lambda=2\Delta X$)，并用 $v\approx f\lambda$ 计算出声速。

【实验内容】

1. 打开示波器的电源开关。调节示波器的亮度和聚焦，使其屏幕上出现的波形清晰。

2. 使触发源开关置于 INT，触发方式开关置于 AUTO，触发电平右旋至锁定(LOCK)状态。

3. 声速测量时，信号源、声速测试仪、示波器之间的连接方法见图 7-2。

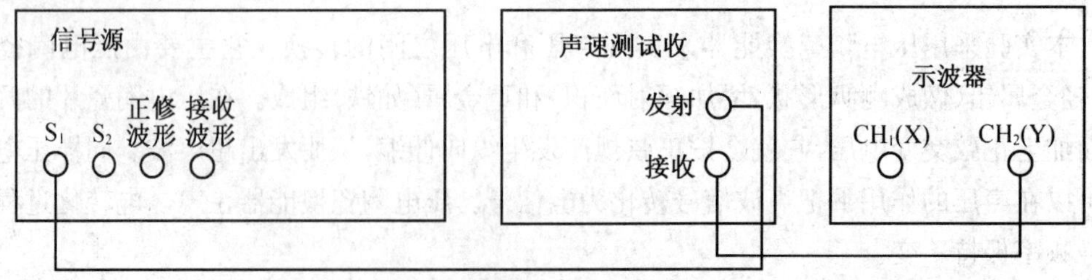

图 7-2　共振干涉法测量连接图

4. 调节专用信号源上的“发射强度”旋钮，使其输出电压在最大，然后将超声波换能器的输出端接至示波器，将两声能转换探头靠近，按下 CH_2 开关，调整信号频率，观察接收波的电压幅度变化，在某一频率点处(37.5 k～43.5 kHz 之间，因不同的换能器或介质而异)电压幅度最大(示波器上信号电压最大),此频率即是压电换能器 S_1、S_2 相匹配的频率点。

5. 改变 S_1、S_2 的距离,使示波器的正弦波振幅最大,再次调节正弦信号频率,直至示波器显示的正弦波振幅达到最大值,记录此频率 f。此频率一旦调整好了后,实验过程中就不要再次调节了,在实验过程中应该多读几次,取平均值。

6. 连续改变接收器 S_1、S_2 的距离(注意其中有一个位置是固定的),测出相继出现 12 个极大值的位置 X_i,用分组逐差法求出波长 λ,并记录室温 t、气压 p 和相对湿度 H。

【数据记录及其处理】

1. 室温 $t=$________。

2. 测量陶瓷换能器系统最佳工作频率(表 7-1)。

表 7-1　陶瓷换能器的频率

次数 i	1	2	3	4	5	平均值 $\bar{f}$
f(kHz)						

3. 测量共振法测量声速,记录波的极大值对应的读数(表 7-2),表格的设计是从便于用逐差法求相应位置的差值和计算 λ 和 λ' 角度出发的。

表 7-2　波的极大值时对应的读数

标尺读数(mm)		相距 6 个 λ 的距离(mm)
$\Delta X_1=$	$X_7=$	$\Delta X_1=$
$\Delta X_2=$	$X_8=$	$\Delta X_2=$
$\Delta X_3=$	$X_9=$	$\Delta X_3=$
$\Delta X_4=$	$X_{10}=$	$\Delta X_4=$
$\Delta X_5=$	$X_{11}=$	$\Delta X_5=$
$\Delta X_6=$	$X_{12}=$	$\Delta X_6=$

$$\Delta\bar{X}=\frac{1}{6}\sum_{i=1}^{6}\Delta X_i=\_\_\_\_\_\_\_\_\_\_\text{mm。}$$

4. 算出共振干涉法测得的波长平均值 $\bar{\lambda}$,计算按公式 $v\approx f\lambda$ 测量的 v。

$$\bar{\lambda}=\frac{1}{6}\Delta\bar{X}=\_\_\_\_\_\_\_\_\_\_\text{mm;}$$

$$\bar{v}=\bar{\lambda}\cdot\bar{f}=\_\_\_\_\_\_\_\_\_\text{m/s。}$$

5. 按理论值公式(空气中):$v_S=v_0\sqrt{\dfrac{T}{T_0}}$ 算出理论值 v_S(式中 $v_0=331.45$ m/s 为 $T_0=273.15$ K 时的声速,$T=t+T_0$)。将 $\bar{v}$ 与 v_S 比较,用百分误差表示,并分析产生误差的原因。

已知声速在标准大气压下与传播介质空气的温度关系为：

$v_S = (331.45 + 0.59t)\,\mathrm{m/s}$

$\Delta\bar{v} = |\bar{v} - v_S| =$ __________ m/s

相对误差：$E = \frac{\Delta\bar{v}}{v_S} \times 100\% =$ __________。

拓展实验

空气柱振动发声特性的研究

器材：智能手机；Phyphox 软件；大口径水管（最好长度 1 m 以上）；水龙头。

(1) 打开水龙头，慢慢向水管中注水。

(2) 打开手机 Phyphox 软件，找到“历史频率”，点击三角按钮让其运行（图 7-3），记录单个音调随时间的频率变化。

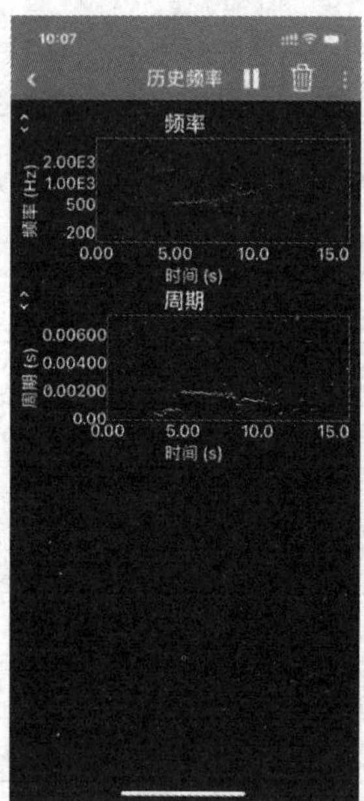

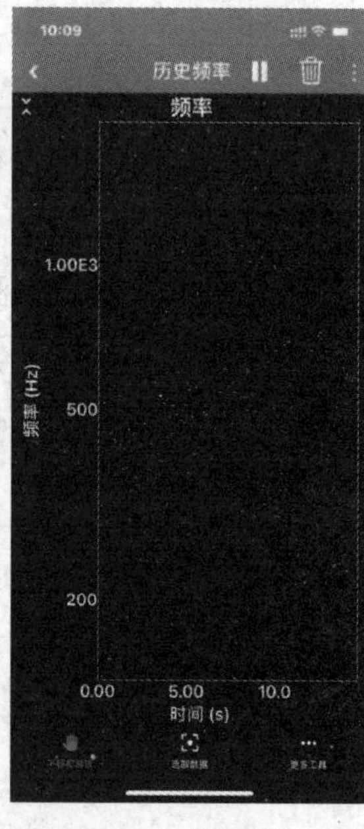

图 7-3 Phyphox“历史频率”及运行界面

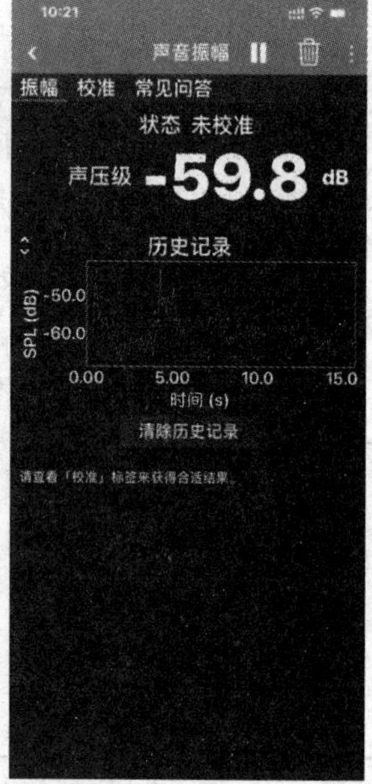

图 7-4 Phyphox“声音振幅”及运行界面

(3) 打开手机 Phyphox 软件，找到“声音振幅”，点击三角按钮让其运行（图 7-4），记录声音振幅大小随时间的变化特点。

(4) 打开手机 Phyphox 软件，找到“声音频谱”，点击三角按钮让其运行（图 7-5），利用“加速度频谱”记录声音峰值频率及傅立叶变换频谱；利用“历史记录”观察频率随时间变化图谱；利用“原始数据”观察录制的声音（振幅）随时间变化曲线。

(5) 导出 Excel 格式数据文件，用 Origin 或 MATLAB 软件等进行多参数非线性拟合，并根据拟合结果分析发声的特性。

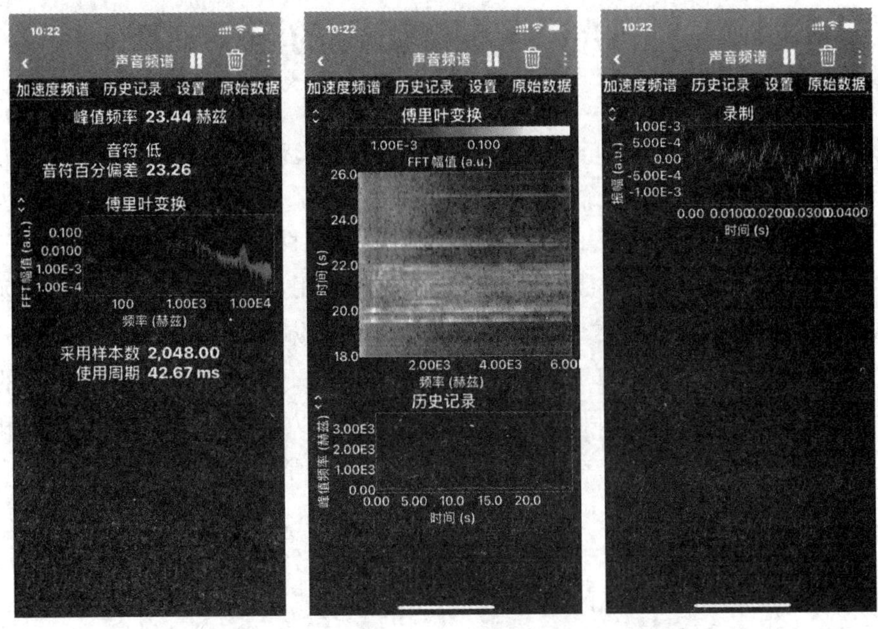

图 7－5　Phyphox“声音频谱”及运行界面

思考题

1. 本实验为什么要在谐振频率条件下进行声速测量？如何调节和判断测量系统是否处于谐振状态？

2. 两列波在空间相遇时产生驻波的条件是什么？如果发射面 S_1 和接收面 S_2 不平行，结果会怎样？

3. 用逐差法处理数据的优点是什么？还有没有别的合适的方法可处理数据并且计算 λ 的确定值？

4. 如果测量波节位置时不是沿同方向连续测量，会有什么结果？原因是什么？

5. 实验中为何对每个波节位置进行多次测量？

实验8　薄透镜焦距的测定

透镜是光学仪器中最基本的元件，是由透明物质（如玻璃、水晶等）制成的一种光学元件。焦距是反映透镜特性的一个重要参量，对整个光学系统的设计和应用会产生极其重要的影响。透镜的研究与应用有着悠久的历史，在战国时期的《墨子》一书，叙述了透镜成像规律。透镜在生产实际和日常生活中也有广泛的应用，如照相机、显微镜、望远镜等。随着市场不断的发展，透镜技术也越来越广泛应用于安防、车载、数码相机、激光、光学仪器等各个领域。测定透镜焦距的方法不仅能够加深对几何光学规律及成像原理的理解，通过对不同实验测量方法所得到的焦距结果进行分析，以及学会对光路进行分析和调节，培养分析问题和解决问题的科学严谨态度和活学活用所学知识的能力。

【实验目的】

1. 掌握光学系统同轴等高的调节。
2. 掌握测量薄透镜焦距的几种方法，加深对透镜成像规律的认识。

【实验仪器】

凸透镜；凹透镜；平面镜；光源；物屏；像屏；光具座。

【实验原理】

无论是凸透镜还是凹透镜，其中心均有一定的厚度。如果此厚度相比其焦距足够小，则该透镜被称为薄透镜。薄透镜的概念是相对的，在一定的近似范围内，许多透镜均可当作薄透镜来处理，可以使问题简化。对于薄透镜来说，透镜的焦距是指从透镜光心到焦点的距离。

1. 凸透镜焦距的测量原理

(1) 自准直法（平面镜法）

如图 8-1 所示，当光源 P 发出的光经透镜 L 折射成为平行光线时，则光源 P 所在位置即为透镜的物方焦点 F，光心 O 与光源 P 之间的距离即为焦距 f'。利用光的可逆原理，在透镜的后面放置一块与透镜主光轴垂直的平面镜 M，平行光线射到 M 后沿原路返回，仍将会聚于 $P'(P)$ 上，即光源和光源的像都在透镜的焦点处；如果不是点光源，而是有一定形状的发光物屏，则当该物屏位于透镜焦平面上时，其倒立的像也必然在该焦平面上。此时，物屏至透镜光心 O 的距离就是透镜焦距 f'。

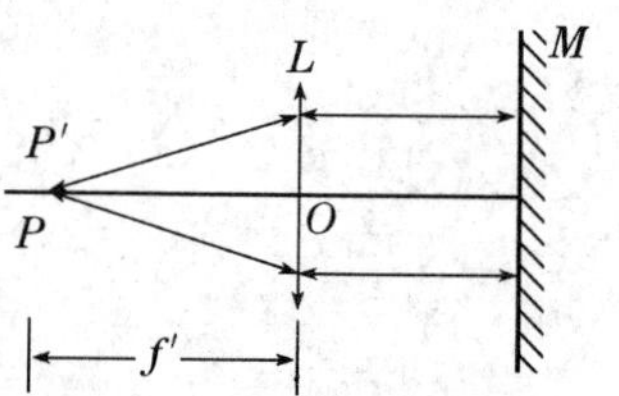

图 8-1　自准直法测凸透镜焦距示意图

(2) 物距像距法(一次成像法)

如图 8 - 2 所示,物体 P 发出的光线经凸透镜 L 折射后将成像在 L 的另一侧。只要测出物距 s 和像距 s',代入近轴光线条件下的薄透镜成像公式(物距 s、像距 s' 和焦距 f' 都是有正负的,凡是在透镜左侧的量为负,凡是在透镜右侧的量为正;具体计算时需要带入符号):

$$\frac{1}{s'}-\frac{1}{s}=\frac{1}{f'} \tag{8-1}$$

即可算出透镜焦距 f'。

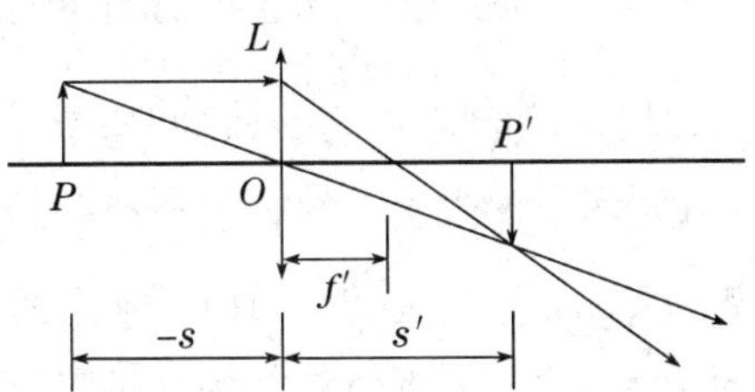

图 8 - 2　物距像距法测凸透镜焦距示意图

(3) 共轭法(二次成像法)

如图 8 - 3 所示,保持物 P 和像屏间的距离 $D(D>4f')$ 不变,移动凸透镜 L 至 O 时,像屏上会得到一个倒立、放大、清晰的实像 P',再移动 L 至 O' 处,像屏上又会出现一个清晰、倒立缩小的实像 P''。按透镜成像公式可以得到(具体请同学们自己证明):

$$f'=\frac{D^2-d^2}{4D} \tag{8-2}$$

从式(8 - 2)中可知,只要测出 D 和 d,就能算出凸透镜焦距 f'。这种方法不需要知道透镜光心 O 的精确位置,只需保证在两次成像过程中,固定透镜的底座标线与透镜的光心偏差值不变即可。因此,用这种方法来测焦距,较好地解决了物距像距法和自准直法测焦距中因透镜底座上标线与透镜光心的不共面给测量带来的系统误差。

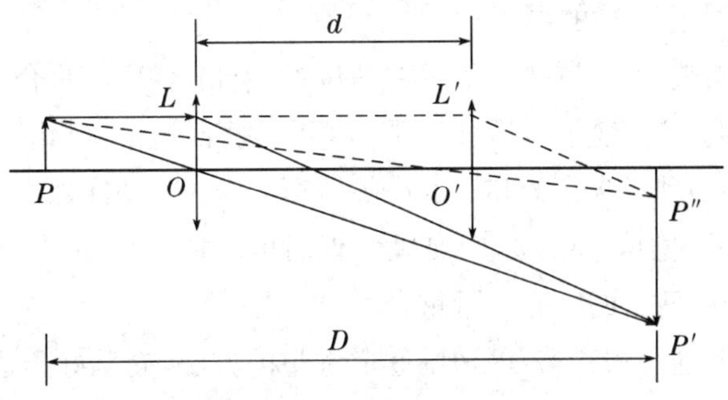

图 8 - 3　共轭法测凸透镜焦距示意图

2. 凹透镜焦距的测量原理

凹透镜焦距的测量最基本的方法也是物距像距法,其他测量方法有自准直法、视差法等(如有兴趣,可参见其他教材)。将物 P 经凸透镜 L_1 成的实像作为凹透镜 L_2 的虚物 P',再经凹透镜成实像 P'',分别测出 L_2 到 P' 和 P'' 的距离作为物距和像距,根据物像公式(8-1)可以求出 f'。

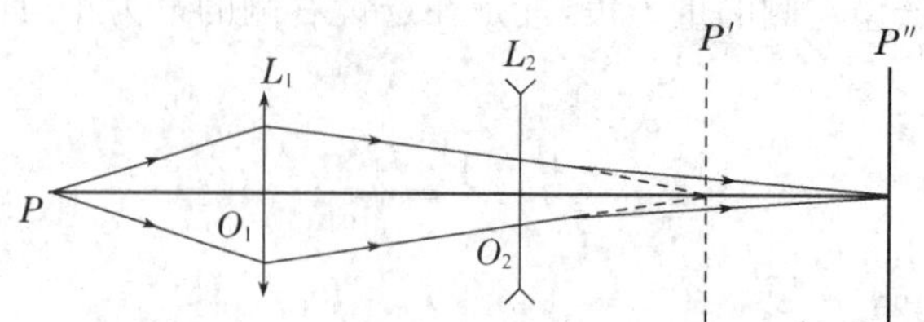

图 8-4　物距像距法测凹透镜焦距示意图

先用凸透镜 L_1 使物体 P 成缩小、倒立的实像,将凹透镜 L_2 插放在 L_1 与 P' 之间,若 $O_1O_2<|f'_{凹}|$,则 P' 相当于凹透镜 L_2 的虚物,这虚物 P' 经凹透镜 L_2 成一实像 P''。所以物距 $s=\overline{O_2P'}$,像距 $s'=\overline{O_2P''}$,代入成像公式(8-1)即可求出凹透镜焦距 $f'_{凹}$。图 8-4 中的像 P'' 是 P 经凸透镜 L_1 和凹透镜 L_2 组成的复合透镜作用的结果。若改变 L_2 的位置,则像 P'' 的位置也随之变化,可知复合透镜焦距的大小也在变化。

【实验内容】

1. 同轴等高调整

薄透镜成像公式仅在近轴光线的条件下才能成立。因此,要让各光学元件的主光轴重合,且该光轴与光具座导轨平行,这就是“同轴等高”的调整。它是光学实验中必不可少的步骤,应熟练地掌握这一方法。

(1) 粗调

先把光具座上所有的光学元件靠拢,调节各光学元件上下左右,使它的中心大致在一条与导轨平行的直线上,物平面与像平面互相平行,且与导轨垂直。这些靠目视判断完成的工作,称为粗调过程。

(2) 细调(依据成像规律的调整)

利用自准直法调整:调节透镜上下及左右位置,使物、像中心重合。

利用共轭法调整:调节物屏与像屏间距 $D>4f'$,将凸透镜从物屏缓慢移向像屏,在这个过程中,像屏上会出现一次大的和一次小的清晰实像。当两次像的中心重合时,则说明此光学系统已达到了同轴等高的要求(如调大像时可调物屏,而调小像时可调透镜的高度及左右,反复多次调节两者的中心便可重合)。

两个或两个以上透镜的调整:可采用逐个调整的方法,先调好凸透镜,记下像中心在屏上的位置,再加上凹透镜调节,使凹透镜的像的中心与前者重合就可以了。

2. 用自准直法测凸透镜焦距

如图 8-1 所示,慢慢地改变透镜 L 至物屏的距离,直至在物屏上看到与物等大清晰的像为止。记下此时物屏 P 和透镜 L 在光具座上的位置,则两者之间的距离即为焦距:

$f'=|\overline{PL}|$。测量时，为克服对成像清晰程度的判断误差，常采用左右逼近法读数。即将透镜 L 自左向右移动，当像刚清晰时，记下透镜 L 的位置；再将透镜 L 自右向左移动，当像刚清晰时，记下透镜 L 的位置；最后取两次读数的平均值作为透镜 L 的位置值。重复上述测量 5 次，把结果用 $f'=\bar{f}'\pm\Delta f'$ 表示。

3. 用物距像距法测凸透镜焦距

开启光源，使其光照亮物屏（“1”字屏），此物屏上的缝即作为物。物距取不同的值，测出相应的像距，利用公式（8-1）求出 f'。重复上述测量 5 次，把结果用 $f'=\bar{f}'\pm\Delta f'$ 表示。

4. 用共轭法测量凸透镜焦距

按图 8-3 所示放置物屏及像屏，使它们间距 $D>4f'$。移动透镜 L，分别读出成清晰大像和小像时，透镜 L 在光具座上的位置 O 和 O'，算出 $d=|O-O'|$。重复测量 5 次取平均值，并将结果用 $f'=\bar{f}'\pm\Delta f'$ 表示。

注意：若 D 取得太大，会使一个像缩得过小，以致难确定成像最清晰时凸透镜所在的位置。

5. 用物距像距法测凹透镜焦距

(1) 如图 8-4 中，将凸透镜上 L_1 置于 O_1 处，移动像屏，出现缩小清晰的像后，记下像 P' 的位置。

(2) 在 L_1 与像 P' 之间插入凹透镜 L_2，记下 L_2 的位置 O_2，移动像屏直至屏上出现清晰的像 P''，记下像屏的位置。由此得到：$s=|O_2-P'|$ 和 $s'=|O_2-P''|$ 代入成像公式（8-1）中，便可算出 $f'_{凹}$。

(3) 保持凸透镜 L_1 位置不变，按上述步骤重复测量 5 次，把结果用 $f'=\bar{f}'\pm\Delta f'$ 表示。或保持物屏不变，改变凸透镜 L_1 的位置，重复测量 5 次，把结果用 $f'=\bar{f}'\pm\Delta f'$ 表示。

【数据记录及其处理】

表 8-1　自准直法测凸透镜的焦距　　（单位：cm）

次序	透镜位置	物位置	焦距（f'）
1			
2			
3			
4			
5			
平　均　值			

$$f'=\bar{f}'\pm\Delta f'=\_\_\_\_\_\_\_\_\_\_(\text{cm})$$

表 8-2　物距像距法测凸透镜的焦距　(单位:cm)

次序	物位置	透镜位置	像位置	物距($-s$)	像距(s')	焦距(f')
1						
2						
3						
4						
5						
平均值						

$$f'=\bar{f}'\pm\Delta f'=\_\_\_\_\_\_\_\_\text{(cm)}$$

表 8-3　共轭法测凸透镜的焦距　(单位:cm)

次序	物位置	透镜 L 位置	透镜 L' 位置	像位置	D	d	焦距(f')
1							
2							
3							
4							
5							
平均值							

$$f'=\bar{f}'\pm\Delta f'=\_\_\_\_\_\_\_\_\text{(cm)}$$

表 8-4　物距像距法测凹透镜的焦距　(单位:cm)

次序	P 位置	L_1 位置	L_2 位置	P' 位置	P'' 位置	s	s'	$-f'$
1								
2								
3								
4								
5								
平均值								

$$f'=\bar{f}'\pm\Delta f'=\_\_\_\_\_\_\_\_\text{(cm)}$$

【注意事项】

1. 光学元件易破碎,使用时要轻拿轻放,不能用手触摸光学元件表面。
2. 清洁光学元件表面时,应使用擦镜纸或专用工具来进行。

拓展实验

用身边的器材组装显微镜和望远镜

器材：放大镜；光源；自制带尖物体；平面镜；接收屏；米尺。

(1) 自制透镜或用放大镜代替。自制小焦距的水透镜，在塑料膜或透明片上滴上水滴即可。

(2) 用自准直法或两次成像法（为什么用这两种方法）测定自制透镜的焦距。

(3) 用自制的透镜或放大镜组装成显微镜，并测量放大本领。测定显微镜放大本领的最简便方法如图 8－5 所示，设长为 L_0 的目的物 PQ 直接置于观察者的明视距离处，其视角为 φ_0，从显微镜中最后看到的虚像 $P''Q''$ 也在明视距离处，其长度为 $-L$，视角为 $-\varphi$。于是

$$M=\frac{\tan\varphi}{\tan\varphi_0}=\frac{L}{L_0} \qquad (8-3)$$

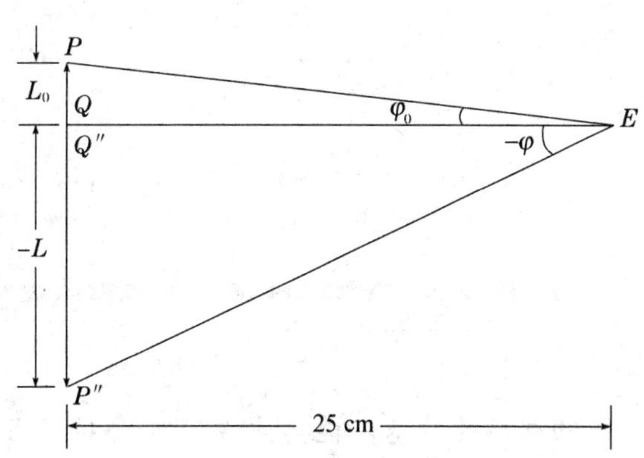

图 8－5　测定显微镜放大本领示意图

同样的，用理论公式(8－4)可以计算其放大本领为

$$M=-\frac{l}{f'_1}\frac{25}{f'_2} \quad (\text{各量以 cm 为单位}) \qquad (8-4)$$

式中：负号表示像是倒的；f'_1 和 f'_2 分别为物镜和目镜的焦距；l 为物镜与目镜之间的距离即镜筒长度。最后，确定其相对误差。

(4) 采用上述类似的方法组装成望远镜，用图 8－5 的方法测量其放大本领，并与公式(8－5)计算的理论值比较，确定其相对误差。

$$M=-\frac{f'_1}{f'_2} \qquad (8-5)$$

式中：f'_1 为物镜焦距；f'_2 为目镜焦距。开普勒望远镜的物镜和目镜的像方焦距均为正，放大本领 M 为负值，即形成的是倒立的像；如果是伽利略望远镜，物镜的像方焦距为正，目镜的像方焦距为负，放大本领为正值，即形成正立的像。

思考题

1. 实际测量时，成像清晰程度的判断不免有一定的误差，试问如何减小这一误差给焦距测量所带来的影响？

2. 在自准直法测凸透镜焦距的实验中，移动凸透镜位置时为什么在物屏上先后出现两次成像现象？

3. 为什么要对光学元件进行同轴等高调节？如何调节？

第4章 基本训练实验

物理实验的基本能力主要有学会校零、懂得原理、处理数据、撰写报告等,对这些基本技能的训练是物理实验的主要目的之一。本章安排了15个实验项目,着重训练学生测量或验证常见物理量、物理规律,如杨氏模量、转动惯量、液体黏度、线胀系数、表面张力系数、电源电动势、折射率、光波波长、普朗克常量、牛顿第二定律等基本物理量和物理规律的测量或验证方法,熟练掌握实验报告的书写规范和具有娴熟的处理实验数据能力。

实验 9　用气垫导轨研究牛顿第二定律

牛顿运动定律是由艾萨克·牛顿在 1687 年于《自然哲学的数学原理》一书中提出的，分别由第一、第二和第三定律组成，阐述了经典力学中基本的运动规律。牛顿第二运动定律实验是物理中的一个很基础、必要的验证性实验，涉及检验一个物理定律或规律的基本途径和方法，因此对于其实验精度往往有特殊的要求。伽利略曾用斜坡滚球实验，说明了物质运动的惯性，为牛顿力学三大定律奠定了重要的基础，但是生活中摩擦力是无处不在的，今天可以通过气垫导轨将摩擦力大大减小，从而来进行验证牛顿第二运动定律。

【实验目的】

1. 熟悉气垫导轨的结构和调整使用方法。
2. 研究加速度与外力和质量的关系，验证牛顿第二定律。

【实验仪器】

气垫导轨及其附件箱；物理天平；智能数字测时器(CS－Z)。

【仪器描述】

1. 气垫导轨

气垫导轨结构如图 9－1 所示。气源喷出的空气进入气垫导轨内腔，并通过导轨表面的小孔向外喷射。将滑块放置在导轨上，在滑块与导轨之间便形成一定厚度的气膜，这是因为导轨内腔的压力使空气通过导轨面上的小孔作用于滑块下部，在滑块的上下形成了一定的压力差，这个压力差超过滑块本身的自重时，滑块便会浮起。随着滑块在导轨面上的浮起，它们之间就形成了气膜，气膜内的气体向四周流出使其气压降低。当滑块上下部的压力差等于自重时，气膜厚度就保持在一定的数值。一般气膜厚度大约在 10～200 μm 之间，气膜厚度取决于气垫导轨的制造精度、滑块的重量和气源流量的大小。气膜厚度过大时，滑块在运动时会产生左右摇摆现象，会使测量的数据不够准确。

2. 滑块

滑块是用铝材制成，其两侧内表面和导轨面精密吻合；滑块的两端装有缓冲器，上面可安置挡光片或附加重物。

3. 智能数字测时器

采用数字测时器作为计时方式时，滑块上的遮光片在经过光电门的过程中，便在数码管上显示出滑块运动的遮光片宽度 ΔS，所用的时间 Δt。由于 ΔS、Δt 都是相当小的数值，则可认为 $\Delta S/\Delta t$ 是滑块在通过光电门时的瞬时速度，加上气垫导轨的一些已知参量，如滑块的质量、两光电门之间的距离、外力等，即可求出实验所需的各种数据。在实验过程中要根据所测量的是速度还是时间来考虑选取合适的数字档。本实验中是选取测量遮光片通过两个光电门的瞬时速度，所以开机后选择 4 档，遮光片的宽度自己选择。

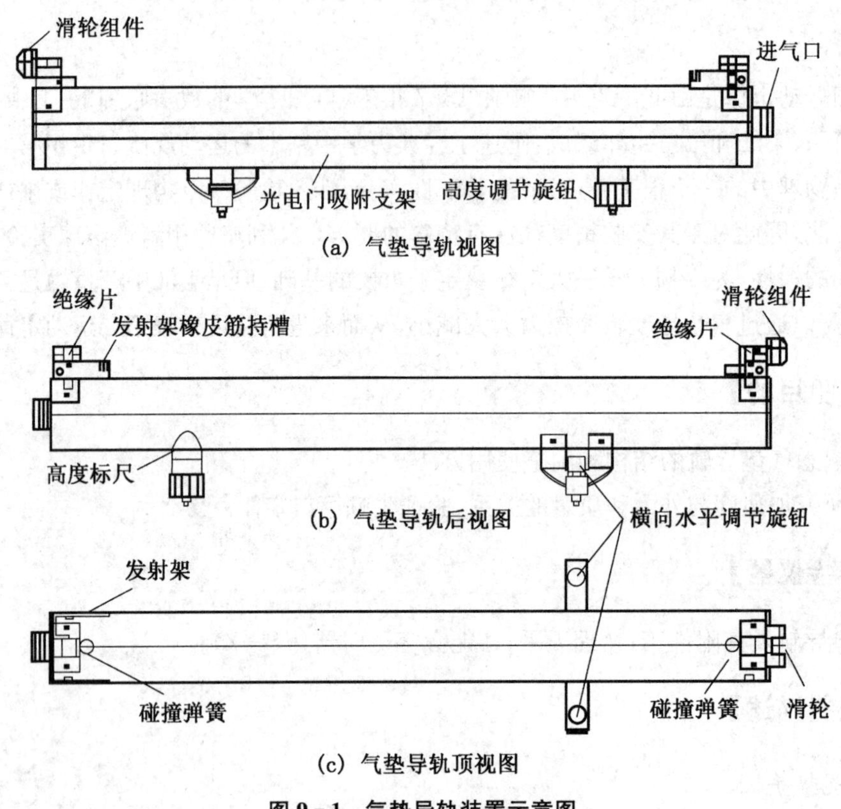

图 9-1　气垫导轨装置示意图

4. 遮光片

遮光片是由金属片制成，如图 9-2 所示。它的形状是 U 字形，d 是遮光片第一前沿到第二前沿的距离。使用 d 越小的挡光片可以知道测出的平均速度越接近瞬时速度，这样就可以减小系统误差，但是 d 太小时，相应的 t 也将变小，这时 t 的相对误差将变大，所以测量速度时，不宜于用 d 很小的遮光片。至于平均速度和瞬时速度的差异可以另行设法补正。

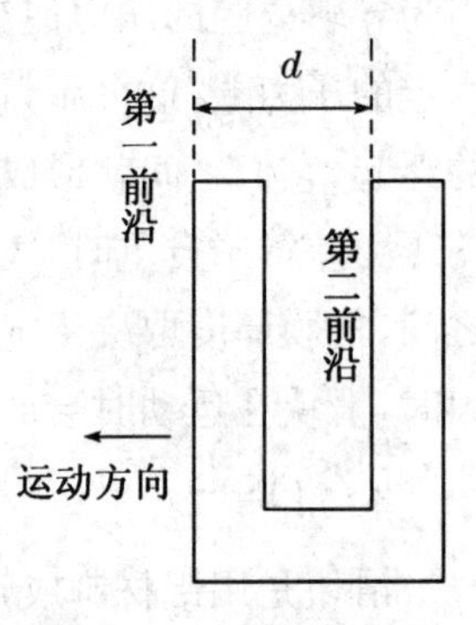

图 9-2　遮光片示意图

5. 使用气垫导轨注意事项

(1) 防止碰伤导轨表面和滑块。滑块与导轨表面之间只有不到 0.2 mm 的间隙，如果导轨表面和滑块内表面被碰伤或变形，则可能出现接触摩擦使阻力显著增大。

(2) 检查导轨表面喷气孔是否堵塞。气垫导轨供气后，用薄的小纸条逐一检查气孔，发现堵塞要用细钢丝通一下。

(3) 用纱布沾少许酒精擦拭导轨表面及滑块内表面。

(4) 气垫导轨未供气时，不要在导轨上推动滑块。

(5) 实验结束后取下滑块，盖上布罩。

【实验原理】

1. 测量黏滞阻尼常数

根据牛顿第二定律，对于一定质量 m 的物体，其所受的合外力 F 和物体所得的加速度 a 之间存在如下关系：

$$F=ma \tag{9-1}$$

实验装置如图 9-3，将滑块、滑轮和砝码作为运动系统，系统所受合外力

$$F=m_0 g-b\bar{v}-m_0(g-a)c \tag{9-2}$$

式中：$m_0 g$ 为砝码所受重力；$b\bar{v}$ 为滑块与导轨间的黏滞阻力（b 为黏滞阻力系数）；$m_0(g-a)c$ 为滑轮的摩擦阻力，由实验测得 $c=0.0212$。

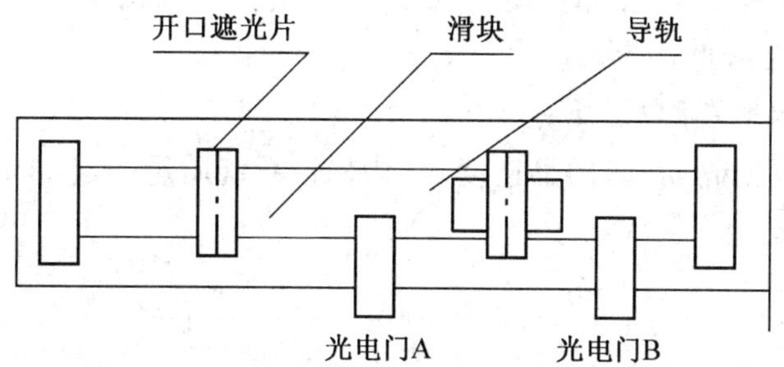

图 9-3　物体在气垫导轨上运动示意图

对于 b 的测量采用以下方法：

调平气垫导轨后，使滑块从 A 门滑动到 B 门，则有

$$b\frac{(v_A+v_B)}{2}=m\frac{v_A^2-v_B^2}{2s}$$

整理后可得速度损失　　$\Delta v=v_A-v_B=\frac{bs}{m}$

所以有　　$b=\frac{m\Delta v}{s}$

2. 验证牛顿第二定律

系统质量为

$$m=m_1+m_\Sigma+\frac{J}{r^2} \tag{9-3}$$

式中：m_1 为滑块质量；m_Σ 为全部砝码质量；$\frac{J}{r^2}$ 为滑轮折合质量（气垫导轨 QG02-20 型、QG02-15 型和 QG02-12 型经实验测得约 0.37 g），本实验要测量在不同的力 F 作用下，运动系统的加速度 a，检验两者是否是线性关系。

【实验内容】

1. 做好气垫导轨的实验前准备。

2. 检查计时系统，使智能数字测时器功能键置于测量速度，可以同时测量出滑块通过两个光电门的瞬时速度。

3. 调平气垫导轨，气垫导轨调平后应达到以下要求：

(1) 将气垫导轨放置在实验桌上，首先用纱布沾少许酒精擦拭导轨表面(在供气时)和滑块内表面；接通并开启气源，用薄纸片小条检查气孔是否堵塞；将一滑块放置在导轨的中点；调节气垫导轨的旋钮，调整气垫导轨的高度，使滑块在导轨的中部基本处于静止状态。注意在调节横向水平调节旋钮时，尽量使导轨横向水平，一般实验中可通过目测，使导轨横向水平。

(2) 测量滑块从 A 向 B 运动时 $v_A > v_B$，$a_{AB} < 0$；相反时 $v_B > v_A$，$a_{BA} < 0$，且 $a_{AB} \approx a_{BA}$。

(3) 滑块从 A 向 B 运动时的速度损失 $\Delta v_{AB} = v_A - v_B$ 和相反方向运动时的速度损失 $\Delta v_{BA} = v_B - v_A$ 非常接近。

4. 测出黏滞阻尼常量 b。

5. 测量加不同砝码 m_0 时的加速度 a（为保证系统质量一定，未加砝码应放在滑块上）。注意加速度的两个公式：

$$a = \frac{d^2}{2s}\left(\frac{1}{t_B^2} - \frac{1}{t_A^2}\right) \text{ 和 } a = \frac{d}{t_{AB} - \frac{t_A}{2} - \frac{t_B}{2}}\left(\frac{1}{t_B} - \frac{1}{t_A}\right)$$

后面一个公式是对前面的一个公式的修正，前一公式是用瞬时速度代替了平均速度，有系统误差，而实验中往往为了方便实验，所以是常常用前面公式来计算加速度。

6. 验证 F 与 a 的关系。

【数据记录及其处理】

滑块质量 $m_1 =$ ________；A、B 两光电门的距离 $s =$ ________；遮光板的宽度 $d =$ ________。

1. 测黏滞阻尼常量 b

表 9－1　测黏滞阻尼常量数据(A 向 B 运动)

v_A(cm/s)				
v_B(cm/s)				
Δv_{AB}				

$\overline{\Delta v_{AB}} =$ ____________。

表 9－2　测黏滞阻尼常量数据(B 向 A 运动)

v_B(cm/s)				
v_A(cm/s)				
Δv_{BA}				

$$\overline{\Delta v_{BA}}=\underline{\qquad\qquad}。$$

$$b=\frac{m}{s}\cdot\left(\frac{\overline{\Delta v_{AB}}+\overline{\Delta v_{BA}}}{2}\right)=\underline{\qquad\qquad}。$$

2. 验证牛顿第二定律

总质量一定，托盘上加不同砝码 m_0 时的加速度。

表 9－3　验证牛顿第二定律数据

m_0(g)	v_A(cm/s)			v_B(cm/s)			a (cm/s^2)			$F(N)$
	1	2	平均	1	2	平均	1	2	平均	

思考题

1. 如果在测量误差范围内，实验结果可认为 $F=\partial+a\beta$ 线性关系中的 $a=0$，其物理意义如何？如果不能认为 $a=0$ 又如何解释？

2. 能否提出验证牛顿第二定律的其他方案？简述其方案。

实验 10　用拉伸法测定杨氏模量

杨氏模量是沿纵向的弹性模量，1807 年因英国医生兼物理学家托马斯·杨(Thomas Young，1773—1829)所得到的结果而命名。杨氏模量是表征材料性质的一个物理量，仅取决于材料本身的物理性质。杨氏模量的大小标志材料的刚性，杨氏模量越大越不容易发生形变，因此杨氏模量是选定机械零件材料的依据之一，也是工程技术设计中常用的参数。测量杨氏模量的方法一般有拉伸法、梁弯曲法、振动法、内耗法等，光纤位移传感器、莫尔条纹、电涡流传感器和波动传递技术(微波或超声波)等实验技术和方法也被用于测量杨氏模量。本实验采用最常见的拉伸法测量金属材料的杨氏模量。

【实验目的】

1. 学会用拉伸法测量杨氏弹性模量的方法。
2. 掌握用光杠杆法测量微小伸长量的原理。
3. 学会用逐差法处理数据。

【实验仪器】

金属丝杨氏模量测定仪(一套)；钢卷尺；螺旋测微计；游标卡尺；水准仪。

【实验原理】

1. 杨氏弹性模量

设金属丝的原长为 L，横截面积为 S，沿长度方向施力 F 后，其长度改变为 ΔL，则金属丝单位面积上受到的垂直作用力 F/S 称为正应力，金属丝的相对伸长量 $\Delta L/L$ 称为线应变。实验结果指出：在弹性范围内，由胡克定律可知物体的正应力与线应变成正比，即

$$\frac{F}{S}=E\cdot\frac{\Delta L}{L} \tag{10-1}$$

则

$$E=\frac{F\cdot L}{S\cdot\Delta L} \tag{10-2}$$

比例系数 E 即为杨氏弹性模量，它表征材料本身的性质。E 越大的材料，要使它发生一定的相对形变所需要的单位横截面积上的作用力也越大。E 的国际单位制单位为帕斯卡，记为 Pa($1\ \text{Pa}=1\ \text{N/m}^2$；$1\ \text{GPa}=10^9\ \text{Pa}$)。

本实验测量的是钢丝的杨氏弹性模量，利用光杠杆的光学放大作用实现对钢丝微小伸长量 ΔL 的间接测量。实验仪器如图 10-1 所示，三角底座上装有两根立柱和调整螺丝。可调整螺丝使立柱铅直，并由立柱下端的水准仪来判断。金属丝的上端夹紧在横梁

上的夹头中。立柱的中部有一个可以沿立柱上下移动的平台，用来承托光杠杆。平台上有一个圆孔，孔中有一个可以上下滑动的夹头，金属丝的下端夹紧在夹头中。夹头下面有一个挂钩，挂有砝码托，用来放置拉伸金属丝的砝码。放置在平台上的光杠杆是用来测量微小长度变化的实验装置。

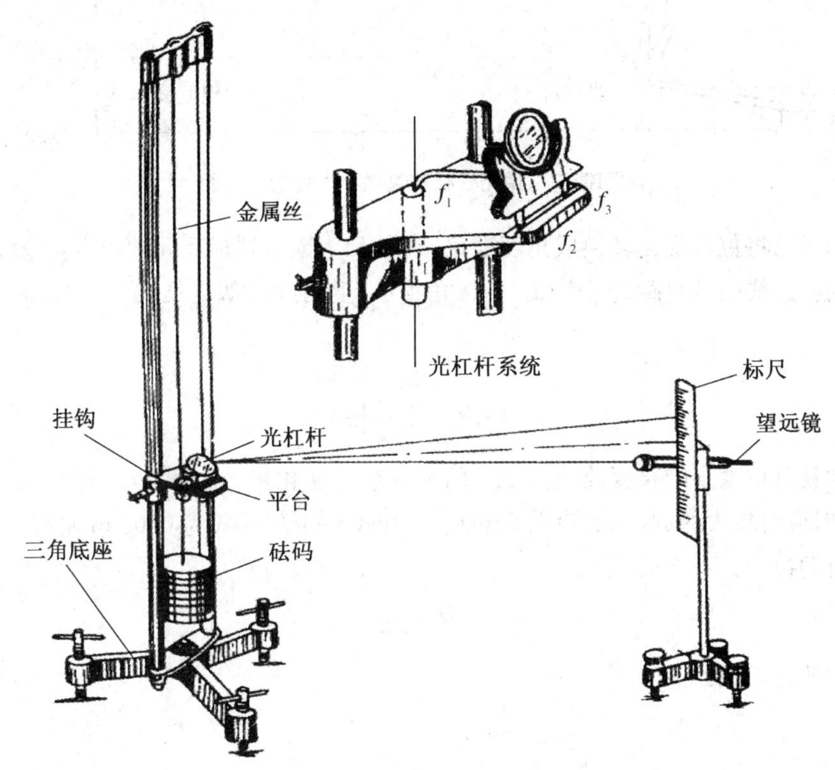

图 10-1　杨氏模量测定仪示意图

2. 光杠杆测微小长度变化

尺读望远镜和光杠杆组成测量系统。光杠杆系统是由光杠杆镜架与尺读望远镜组成的，光杠杆实际上是附有三个尖足的平面镜。三个足尖 f_1、f_2 和 f_3 的连线为一个等腰三角形。前两足刀口与平面镜在同一平面内(平面镜俯仰方位可调)，后足在前两足刀口的中垂线上。尺读望远镜是由一把竖立的厘米刻度尺和在尺旁的一个望远镜组成。

将光杠杆和望远镜按图 10-2 所示放置好，按仪器调节顺序调好全部装置后，就会在望远镜中看到经由光杠杆平面镜反射的标尺像。设开始时光杠杆的平面镜竖直，即镜面法线在水平位置，在望远镜中恰好能看到望远镜处标尺刻度 S_1 的像。设起始状态标尺上的测量读数为 n_1，当待测钢丝受力作用而伸长时，光杠杆后脚随之下降，杠杆架和镜面偏转 θ 角，反射线转过 2θ 角，此时标尺读数为 n_2，则有

$$\tan\theta=\frac{\Delta L}{b} \tag{10-3}$$

$$\tan 2\theta=\frac{n_2-n_1}{R}=\frac{\Delta n}{R} \tag{10-4}$$

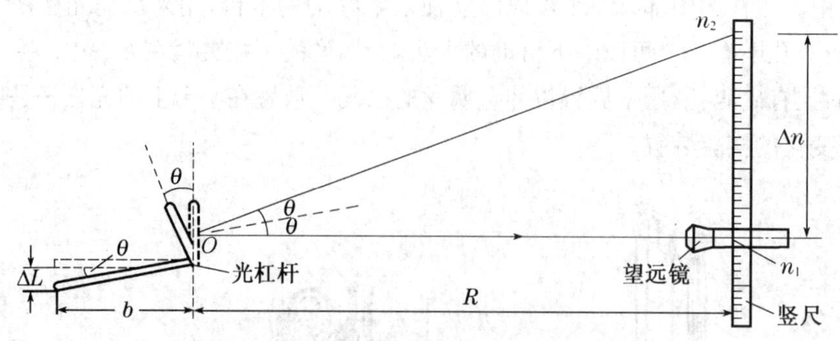

图 10－2　用光杠杆测量微小长度的示意图

上两式已将位移变化转换成角度变化，式中 R 为镜面到标尺间的距离，b 为光杠杆后脚到两前脚连线的垂直距离，因 $\Delta L \ll b$，θ 角很小，上两式近似为 $\Delta L = b \cdot \theta$、$\Delta n = R \cdot 2\theta$，所以有

$$\Delta n = \frac{2R}{b}\Delta L \tag{10-5}$$

这样就可把微小的长度改变量 ΔL 用可观察的变化量 Δn 表示，为保证大的放大倍数，实验时应有较大的 R（一般为 1.5 m 左右）和较小的 b（一般为 0.08 m 左右）。

砝码的拉力：

$$F = mg \tag{10-6}$$

钢丝的截面积：

$$S = \frac{1}{4}\pi d^2 \tag{10-7}$$

将式(10－5)、式(10－6)和式(10－7)代入式(10－2)得：

$$E = \frac{8mgLR}{\pi d^2 b \Delta n} \tag{10-8}$$

通过式(10－8)便可算出杨氏模量 E。

【实验内容】

1. 调节杨氏模量测定仪三角底座上的调整螺钉，使支架、细钢丝铅直，使平台水平。

2. 将光杠杆放在平台上，两前脚放在平台前面的横槽中，后脚放在钢丝下端的夹头上适当位置，不能与钢丝接触，不要靠着圆孔边，也不要放在夹缝中。

3. 光杠杆及望远镜尺组的调节。

(1) 外观对准——调节光杠杆与望远镜、标尺的中部处于同一高度上。

(2) 镜外找像——缺口、准星、平面镜中的标尺像三者在一条水平线上（从望远镜上方能够看到标尺的中部成像在光杠杆平面镜的中部）。

(3) 镜内找像——把物镜和目镜距离旋至最远，调整望远镜的上下位置，使得从目镜中能够看到光杠杆整个镜面（注意先可找到镜面边上的绿色）。

（4）细调对零——找准标尺像零刻线附近的任一刻度线作为原始基准线，并记录读数 n_0。

4. 测量：采用等增量测量法。

（1）加减砝码。先逐个加砝码，不少于 8 个。每增加一个砝码（360 g），记录一次标尺的位置；然后依次减砝码，每减去 1 个砝码，也记下相应的标尺位置。

（2）测钢丝原长 L。用钢卷尺或米尺测出钢丝原长（两夹头之间部分）L。

（3）测钢丝直径 d。在钢丝上选不同部位及方向，用螺旋测微计测出其直径 d。在加重物前后各重复测量三次，取其平均值。

（4）用钢卷尺测量标尺到平面镜之间的距离 R。

（5）测量光杠杆常数 b。取下光杠杆在展开的白纸上，同时按下三个尖脚的位置，用直尺作光杠杆后脚尖到两前脚尖连线的垂线，再用米尺测出 b。

【数据记录及其处理】

1. 金属丝的原长 $L=$________，光杠杆常数 $b=$________，$R=$________。L、b、R 可以多次测量，求平均值。

2. 测钢丝直径数据

表 10-1　钢丝直径数据表

测量次数	1	2	3	4	5	平均值
直径 d/mm						

3. 记录加外力后标尺的读数

表 10-2　标尺的读数

次数	拉力(g)	标尺读数(mm)				逐差(mm)	
			加砝码	减砝码	$\bar{n}_i$	$\bar{n}_{i+4}-\bar{n}_i=$	$\frac{\bar{n}_{i+4}-\bar{n}_i}{4}$
1	360	n_1				$\bar{n}_5-\bar{n}_1=$	
2	720	n_2				$\bar{n}_6-\bar{n}_2=$	
3	1 080	n_3				$\bar{n}_7-\bar{n}_3=$	
4	1 440	n_4				$\bar{n}_8-\bar{n}_4=$	
5	1 880	n_5					
6	2 160	n_6					
7	2 520	n_7					
8	2 880	n_8					

其中 n_i 是每次加 1 个砝码（360 g）后标尺的读数，$\bar{n}_i=\frac{1}{2}(n_i+n_i')$（两者的平均）。

4. 用逐差法处理数据

本实验的直接测量量是等间距变化的多次测量，故采用逐差法处理数据。计算出每增加一个 360 g 的变化量，计算公式为 $E=\dfrac{8LRF}{\pi d^2 b \bar{c}}\text{N/m}^2$，其中 $\bar{c}$ 为标尺的前后两次的读数之差或逐差的平均值。

同学们也可以算出 $u(E)$，其公式请根据前面实验误差理论部分自己推导。

【注意事项】

1. 实验系统调好后，一旦开始测量，在实验过程中绝对不能对系统的任一部分进行任何调整。否则，所有数据将重新测量。
2. 加减砝码时，要轻拿轻放，并使系统稳定后才能读取刻度尺刻度。
3. 注意保护平面镜和望远镜，不能用手触摸镜面。
4. 待测钢丝不能扭折，如果严重生锈和不直，必须更换。
5. 实验完成后，应将砝码取下，防止钢丝疲劳。
6. 光杠杆 f_1 脚不能接触钢丝，不要靠着圆孔边，也不要放在夹缝中。
7. 光杠杆前后足尖要永保尖锐，用完后需揩防锈油或加保护套管。
8. 平面镜须防潮及注意清洁，不能用硬纸揩拭。

思考题

1. 材料相同、粗细长度不同的两根钢丝，它们的杨氏弹性模量是否相同？
2. 光杠杆镜有何优点？怎样提高测量微小长度变化的灵敏度？
3. 在拉伸法测杨氏模量实验中，关键是测哪几个量？
4. 本实验中必须满足哪些实验条件？
5. 在有、无初始负载时，测量钢丝原长 L 有何区别？
6. 实验中，不同的长度参量为什么要选用不同的量具仪器（或方法）来测量？
7. 为什么要使钢丝处于伸直状态？如何保证？

实验 11　用三线摆测定转动惯量

转动惯量是刚体绕轴转动时惯性(回转物体保持其匀速圆周运动或静止的特性)的量度,可理解为一个物体对于旋转运动的惯性。转动惯量是描述刚体转动中惯性大小的物理量,它与刚体的质量分布及转轴位置有关。刚体的转动惯量有着重要的物理意义,在科学实验、工程技术、航天、电力、机械、仪表等工业领域也是一个重要参量,在日常生活中也有广泛的应用。测定刚体转动惯量的方法很多,常用的有三线摆、扭摆、复摆等。三线摆是通过扭转运动测定物体的转动惯量,其特点是物理图像清楚、操作简便易行、适合各种形状的物体,如机械零件、电机转子、枪炮弹丸、电风扇的风叶等的转动惯量都可用三线摆测定,这种实验方法在理论和技术上有一定的实际意义。

【实验目的】

1. 掌握用三线摆法测刚体转动惯量的原理和方法。
2. 验证转动惯量的平行轴定理。

【实验仪器】

三线摆实验仪;气泡水准仪;游标卡尺;电子秒表;待测刚体(圆环、圆柱)。

【实验原理】

图 11 - 1 是三线摆实验装置示意图。三线摆是由上、下两个匀质圆盘,用三条等长的摆线(摆线为不易拉伸的细线)连接而成。上、下圆盘的系线点构成等边三角形。下盘处于悬挂状态,并可绕 OO' 轴线作扭转摆动,称为摆盘。由于三线摆的摆动周期与摆盘的转动惯量有一定关系,所以把待测样品放在摆盘上后,整个系统的摆动周期就要相应地随之改变。这样,根据摆动周期、摆动质量以及有关的参量,就能求出摆盘系统的转动惯量。

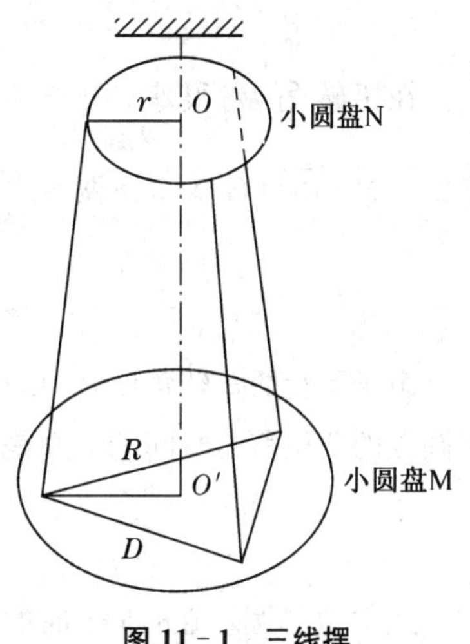

图 11 - 1　三线摆

设下圆盘质量为 m_0,当它绕 OO' 轴扭转的最大角位移为 θ_0 时,圆盘的中心位置升高 h,这时圆盘的动能全部转变为重力势能,即有

$$E_P = m_0 gh \quad (g\ 为重力加速度)$$

当下盘重新回到平衡位置时,重心降到最低点,这时最大角速度为 ω_0,重力势能被全部转变为动能,即有

$$E_X=\frac{1}{2}J_0\omega_0^2$$

式中：J_0 是下圆盘对于通过其重心且垂直于盘面的 OO' 轴的转动惯量。

如果忽略摩擦力，根据机械能守恒定律可得：

$$m_0gh=\frac{1}{2}J_0\omega_0^2 \tag{11-1}$$

设悬线长度为 l，下圆盘的悬线与圆心距离为 R_0，当下圆盘转过一定角度 θ_0 时，从上圆盘B点作下圆盘垂线，与升高 h 前、后下圆盘分别交于 C 和 C_1，如图 11－2 所示，则有

$$h=BC-BC_1=\frac{(BC)^2-(BC_1)^2}{BC+BC_1}$$

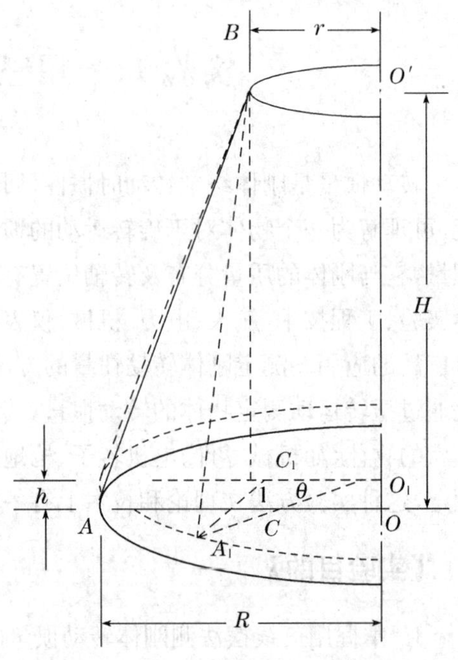

图 11－2 三线摆几何示意图

因为

$$(BC)^2=(AB)^2-(AC)^2=l^2-(R-r)^2$$

$$(BC_1)^2=(A_1B)^2-(A_1C_1)^2=l^2-(R^2+r^2-2Rr\cos\theta_0)$$

所以有

$$h=\frac{2Rr(1-\cos\theta_0)}{BC+BC_1}=\frac{4Rr\sin^2\frac{\theta_0}{2}}{BC+BC_1}$$

在扭转角 θ_0 很小，摆长 l 很长时，$\sin\frac{\theta_0}{2}\approx\frac{\theta_0}{2}$，而 $BC+BC_1\approx 2H$，其中 $H=\sqrt{l^2-(R-r)^2}$（H 为上下两盘之间的垂直距离）。则有

$$h=\frac{Rr\theta_0}{2H} \tag{11-2}$$

由于下盘的扭转角度 θ_0 很小（一般在 5°以内），下圆盘的摆动就可看作是简谐振动，则圆盘的角位移与时间的关系是

$$\theta=\theta_0\sin\frac{2\pi}{T_0}t$$

式中：θ 是圆盘在时间 t 时的角位移；θ_0 是角振幅；T_0 是振动周期。若认为振动初相位是零，则角速度为

$$\omega=\frac{d\theta}{dt}=\frac{2\pi\theta_0}{T_0}\cos\frac{2\pi}{T_0}t$$

经过平衡位置时 $t=0,\frac{1}{2}T_0,T_0,\frac{3}{2}T_0,\cdots$的最大角速度为

$$\omega_0=\frac{2\pi}{T_0}\theta_0 \tag{11-3}$$

将式(11－2)和式(11－3)代入式(11－1)可得

$$J_0=\frac{m_0gRr}{4\pi^2H}T_0^2 \tag{11-4}$$

实验时，测出 m_0、R、r、H 及 T_0，由式(11－4)求出圆盘的转动惯量 J_0。在下盘上放上另一个质量为 m，转动惯量为 J(对 OO' 轴)的物体时，测出周期为 T，则有

$$J+J_0=\frac{(m+m_0)gRr}{4\pi^2H}T^2 \tag{11-5}$$

式(11－5)减去式(11－4)得到被测物体的转动惯量 J 为

$$J=\frac{gRr}{4\pi^2H}[(m+m_0)T^2-m_0T_0^2] \tag{11-6}$$

在理论上，对于质量为 m，内、外直径分别为 d、D 的均匀圆环，通过其中心垂直轴线的转动惯量为

$$J_{圆环}=\frac{1}{2}m\left[\left(\frac{d}{2}\right)^2+\left(\frac{D}{2}\right)^2\right]=\frac{1}{8}m(d^2+D^2) \tag{11-7}$$

对于质量为 m_0、直径为 D_0 的圆盘，相对于中心轴的转动惯量为

$$J_{圆盘}=\frac{1}{8}m_0D_0^2 \tag{11-8}$$

【实验内容】

测量下盘和圆环对中心轴的转动惯量。

1. 调节上盘绕线螺丝，使三根线等长(50 cm 左右)；调节底脚螺丝，使上、下盘处于水平状态(水平仪放于下圆盘中心)。

2. 等三线摆静止后，用手轻轻扭转上盘 5°左右随即退回原处(时间要短，动作要快)，使下盘绕仪器中心轴 OO' 作小角度扭转摆动(不应伴有晃动)。用秒表测出 50 次完全振动的时间 t_0，重复测量 5 次，求平均值，计算出下盘空载时的振动周期 T_0。

3. 将待测圆环放在下盘上，使它们的中心轴重合。再用秒表测出 50 次完全振动的时间 t，重复测量 5 次，求平均值，算出此时的振动周期 T。

4. 测出圆环质量(m)、内外直径(d、D)及仪器有关参量(m_0、R、r 和 H 等)。

5. 因下盘对称悬挂，使三悬点正好联成一正三角形(图 11－3)。若测得两悬点间的距离为 L，则圆盘的有效半径 R(圆心到悬点的距离)等于$\frac{L}{\sqrt{3}}$。

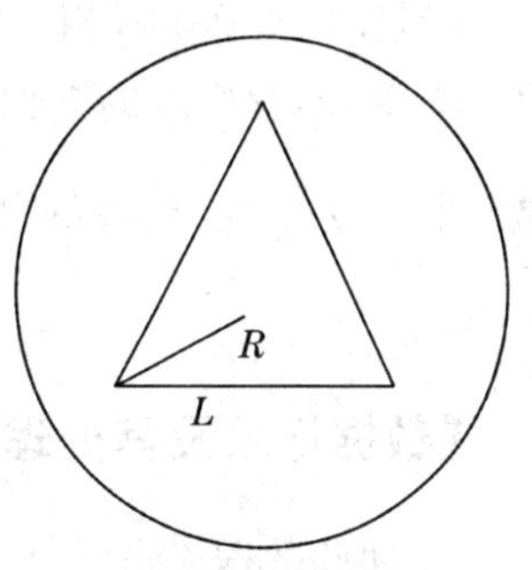

图 11－3　下盘悬点示意图

6. 将实验数据填入表 11-1 中。先由式(11-4)推出 J_0 的相对不确定度公式,算出 J_0 的相对不确定度、绝对不确定度,并写出 J_0 的测量结果。再由式(11-6)算出圆环对中心轴的转动惯量 J,并与理论值比较,计算出绝对不确定度、相对不确定度,写出 J 的测量结果。

7. 平行轴定理的验证有两种方法。

(1) 将质量均为 m',形状和质量分布完全相同的两个圆柱体对称地放置在下圆盘上(位置对称)。按同样的方法,测出两小圆柱体和下盘绕中心轴 OO' 的转动周期 T_x,则可求出每个柱体对中心转轴 OO' 的转动惯量为

$$J_x=\frac{(m_0+2m')gRr}{4\pi^2 H}T_x^2-J_0 \tag{11-9}$$

如果测出小圆柱中心与下圆盘中心之间的距离 x 以及小圆柱体的半径 R_x,则由平行轴定理可求得

$$J'_x=m'x^2+\frac{1}{2}m'R_x^2 \tag{11-10}$$

比较 J_x 与 J'_x 的大小,可验证平行轴定理。

(2) 将两个相同的圆柱体对称地置于下圆盘上(如图 11-4,其中 $2x=2d$),圆柱体中心到下圆盘中心的距离为 d,圆柱体的质量 m' 对圆柱轴线的转动惯量为 J_1,则根据平行轴定理,下圆盘加圆柱体后的转动惯量为 $J_0+2(J_1+m'd^2)$,其总质量为 m_0+2m',参照公式(11-4),可得

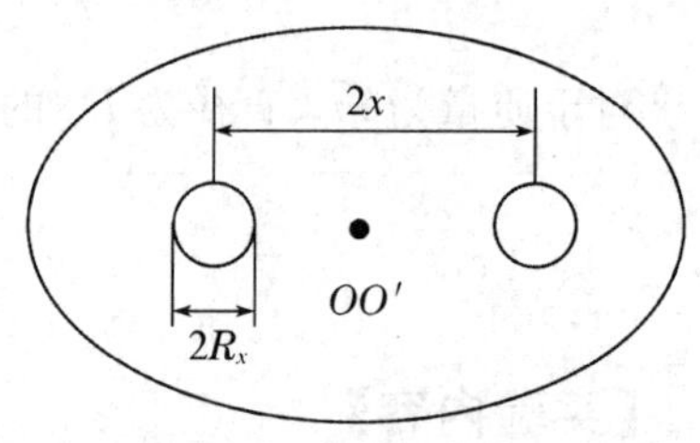

图 11-4 验证平行轴定理

$$T^2=\frac{4\pi^2 H}{(m_0+2m')gRr}[J_0+2(J_1+m'd^2)] \tag{11-11}$$

改变上式,写成为

$$T^2=\left[\frac{4\pi^2 H}{(m_0+2m')gRr}(J_0+2J_1)\right]+\left[\frac{4\pi^2 H\cdot 2m'}{(m_0+2m')gRr}\right]d^2 \tag{11-12}$$

测量时,从 $d=0$(相当于 $x=0$)开始改变圆柱体的位置,测出各 d 值的周期 T,作 T^2-d^2 直线,该直线的纵轴截距将等于式(11-12)左侧第一个括号的值,直线斜率等于第二个括号的值,直线的截距和斜率的比值等于 $\frac{J_0+2J_1}{2m'}$,这样就可以验证了平行轴定理。

【数据记录及其处理】

1. 实验数据表格

下盘质量 $m_0=$__________g,圆环质量 $m=$__________g。

表 11-1　测量转动惯量的数据

待测物体	待测的量	测量次数					平均值
		1	2	3	4	5	
上盘	半径 $R=\frac{L'}{\sqrt{3}}$(cm)						
下盘	有效半径 $R=\frac{L}{\sqrt{3}}$(cm)						
	周期 $T_0=t_0/50$(s)						
上、下盘	垂直距离 H(cm)						
圆环	内径 d(cm)						
	外径 D(cm)						
加圆环后	周期 $T=t/50$(s)						

2. 根据表 11-1 中数据计算出相应量，并将测量结果表达为：

下盘：$J_0=$__________ $g\cdot cm^2$；$\Delta J_0=$__________ $g\cdot cm^2$；$J_0=\overline{J_0}+\Delta\overline{J_0}=$________ ± ________ $(g\cdot cm^2)$；$J_{圆盘}=$________ $g\cdot cm^2$。

圆环：$\bar{J}=$__________ $g\cdot cm^2$；$\overline{\Delta J}=$__________ $g\cdot cm^2$；$J=\bar{J}+\Delta\bar{J}=$________ ± ________ $g\cdot cm^2$；$J_{圆环}=$________ $g\cdot cm^2$。

3. 记录验证平行轴定理实验数据，表格自行设计。

【注意事项】

1. 圆盘应尽可能消除摆动之外的震动。
2. 防止游标卡尺的刀口割坏悬线。

拓展实验

自制三线摆进行转动惯量的测量

器材：智能手机；Phyphox 软件；硬纸板（上圆盘）；蒸盘（下圆盘）；细线；米尺；电子秤，待测物体（如圆环胶带）。

(1) 用电子秤测出下圆盘的质量 m_0，将简易的器材按照图 11-1 组装成测量装置。

(2) 打开 Phyphox 软件中“斜面”（图 11-5），将智能手机放在下圆盘（蒸盘）上，调节细线长度使下盘面水平。

(3) 测量上圆盘的半径 r（或直径 d）、下圆盘的半径 R（或直径 D）以及它们之间的垂直距离 H。

(4) 打开 Phyphox 软件中“陀螺仪”界面（图 11-6），点击屏幕上三角标志开始测量，让下盘摆动一段时间，得到“角速度-时间”图像，根据图像确定周期 T。

(5) 多次测量，取周期的平均值。

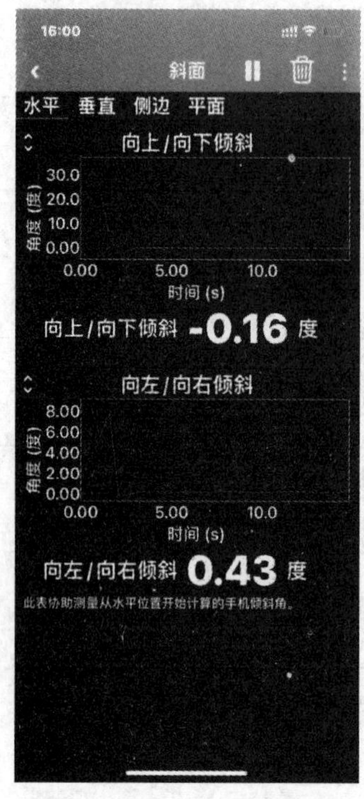

图 11－5　Phyphox“斜面”界面

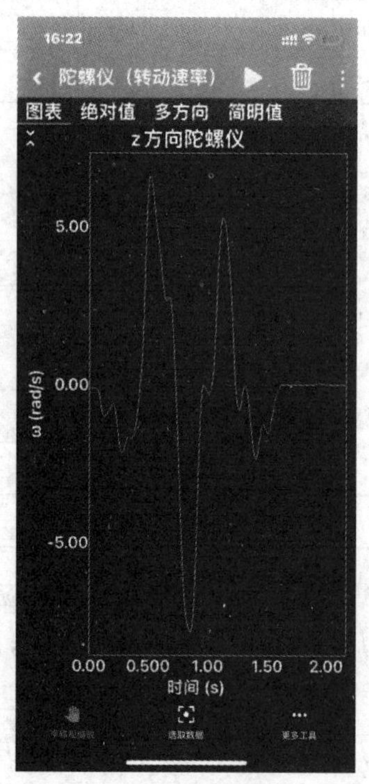

图 11－6　Phyphox“陀螺仪”界面

(6) 利用公式(11－4)求出下圆盘绕中心轴线转动的转动惯量。

思考题

1. 式(11－12)在什么情况下成立？
2. 对下圆盘的摆动有何要求？
3. 为了减小误差，本实验是怎样进行周期测量的？有没有更好的实验方法？

实验 12　金属线胀系数的测定

一般物质都有热胀冷缩的特性。在温度变化相同的条件下，不同金属的膨胀程度是不同的。通常用温度变化一个单位时，固体的伸长量与原长之比来描述其线膨胀特性。线膨胀系数的测定，关键是测量金属受热后长度的微小变化，一般用光杠杆法、螺旋测微法或测量显微镜法等进行测定。本实验用光杠杆法测定金属线膨胀系数。

【实验目的】

1. 学习用光杠杆放大测量微小长度变化的方法。
2. 学习利用光杠杆测量金属棒的线胀系数。

【实验仪器】

线胀系数测定装置；光杠杆；尺度望远镜；温度计；钢卷尺；待测金属棒。

【实验原理】

1. 光杠杆的基本原理

将一圆形平面镜固定在 T 形横架上，在支架的下部安置三个尖角就构成一个光杠杆。

用光杠杆测量微小长度的原理如图 12-1 所示，假定开始时平面镜 M 的法线 On_1 在水平位置，则标尺 H 上的刻度线 n_1 发出的光线通过平面镜 M 反射后进入望远镜，在望远镜中可观察到 n_1 的像。当金属杆因为温度降低而缩短后光杠杆的主杠尖脚随金属杆下降 δ，平面镜转过一个角度 γ，根据光的反射定律，镜面旋转过 γ 角，反射光线将转过 2γ 角，此时在望远镜中将会观察到 n_2 的像。从图 12-1 可知：

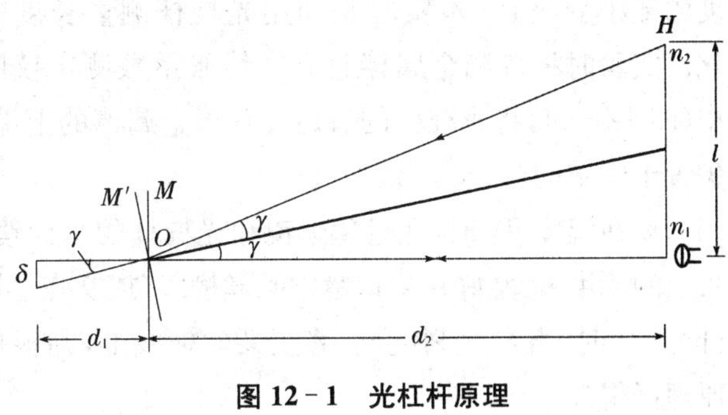

图 12-1　光杠杆原理

$$\tan\gamma=\frac{\delta}{d_1} \tag{12-1}$$

$$\tan 2\gamma=\frac{l}{d_2}=\frac{n_2-n_1}{d_2} \tag{12-2}$$

式中：d_1 为光杠杆主杆尖脚到前面两脚连线的距离；d_2 为标尺平面到平面镜的距离；n_2-n_1 为从望远镜中观测到的两次标尺读数之差。

当 $\delta \ll d_1$ 时，γ 很小，取 $\tan\gamma \approx \gamma$，则以上两式可写为

$$\gamma=\frac{\delta}{d_1},2\gamma=\frac{n_2-n_1}{d_2}$$

以上两式中消去 γ，得

$$\delta=\frac{d_1(n_2-n_1)}{2d_2} \tag{12-3}$$

上式表明，光杠杆的作用就是将微小变化量 δ 放大为标尺上的位移 n_2-n_1，即 δ 放大了 $2d_2/d_1$ 倍。通过测量 d_1、n_2-n_1 和 d_2 这些容易测量准确的量，间接地测量 δ。

2. 线胀系数测量方法

固体的长度一般随温度的升高而增加，其长度 l 和温度 T 之间的关系为

$$l=l_0(1+\alpha T+\beta T^2+\cdots) \tag{12-4}$$

式中：l_0 为温度 $T=0$ ℃时的长度；α、$\beta\cdots$是和被测物质有关的，常温下 $\beta\cdots$可以忽略，则式(12-4)可写成

$$l=l_0(1+\alpha T) \tag{12-5}$$

此处 α 就是通常所称的线胀系数，单位是$℃^{-1}$。

设物体在温度 T_1℃时的长度为 l，温度升到 T_2℃时，其长度增加 δ，根据式(12-5)，可得 $l=l_0(1+\alpha T_1)$，$l+\delta=l_0(1+\alpha T_2)$，由此两式相比消去 l_0，整理后得出

$$\alpha=\frac{\delta}{l(T_2-T_1)-\delta T_1} \tag{12-6}$$

由于 δ 和 l 相比甚小，$l(T_2-T_1)\gg\delta T_1$，所以式(12-6)可近似写成

$$\alpha=\frac{\delta}{l(T_2-T_1)} \tag{12-7}$$

测量线胀系数的主要问题是，怎样测准温度变化引起长度的微小变化 δ。本实验是利用光杠杆测量长度的微小变化。实验时将待测金属棒直立在线胀系数测定仪的金属筒中(图 12-2)，将光杠杆的后足尖置于金属棒的上端，两前足尖置于固定的台上。

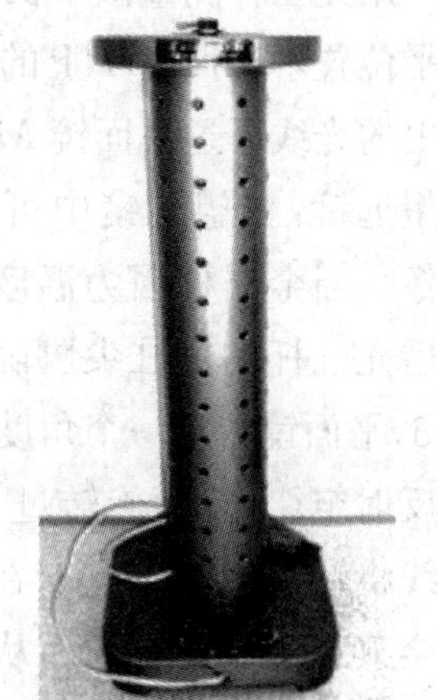

图 12-2　线胀系数测定仪

设在温度 T_1 时，通过望远镜和光杠杆的平面镜，看见直尺上的刻度 n_1 刚好在望远镜中叉丝横线(或交点)处，当温度升至 T_2 时，直尺上刻度 n_2 移至叉丝横线上，则根据光杠杆原理可得

$$\delta=\frac{(n_2-n_1)d_1}{2d_2} \tag{12-8}$$

将式(12-8)代入式(12-7)可得

$$\alpha=\frac{(n_2-n_1)d_1}{2d_2l(T_2-T_1)} \tag{12-9}$$

【实验内容】

1. 用米尺测量金属棒长 l 之后，将其插入线胀系数测定仪的金属筒中，棒的下端要

和基座紧密相接，上端露出筒外。

2. 安装温度计（插温度计时要小心，切勿碰撞，以防损坏）。

3. 将光杠杆放在仪器平台上，其后足尖放在金属棒的顶端上，光杠杆的镜面在铅直方向。在光杠杆前 1.2～2.0 m 处放置望远镜及直尺（尺在竖直方向），调节望远镜，看到平面镜中直尺的像（仔细聚焦以消除叉丝与直尺的像之间的视差）。读出叉丝横线（或交点）在直尺上的位置 n_1。

4. 接通电源，对金属棒加热，金属棒伸长。当温度为 20 ℃或 30 ℃时，记下初温 T_1，读出叉丝横线所对直尺的数值 n_1，当温度计的读数升高 10 ℃时，再读出叉丝横线所对直尺的数值 n_2 并记下对应的温度 T_2。重复前面过程，温度每升高 10 ℃，记下一次叉丝横线所对直尺的数值 n_i^+ 和对应的温度 T_i^+，到温度升至 90 ℃为止。

5. 停止加热，在金属杆降温的过程中，记下与升温过程中对应温度的叉丝横线所对直尺的数值 n_i^-，直至温度降至 T_1 为止。

6. 停止加热。测出直尺到平面镜镜面间距离 d_2。取下光杠杆及温度计。

7. 将光杠杆在白纸上轻轻压出三个足尖痕，用游标卡尺测其后足尖到两前足尖连线的垂直距离 d_1。测五次取平均值。

8. 求得各温度点叉丝横线所对应直尺的数值的平均值 $\bar{n}_i=\dfrac{n_i^-+n_i^+}{2}$，用逐差法求得温度每升高 30 ℃的$\bar{n}_i-\bar{n}_{i-3}$值。

9. 按式(12 - 9)求出金属的线胀系数，并求出测量结果的标准偏差。

【数据记录及其处理】

自拟表格记录实验数据，按要求处理实验数据，求得有关结果。

【注意事项】

1. 线胀系数测定装置上的金属筒不要固定紧，否则金属筒受热膨胀将引起整个仪器变形，产生较大的误差。

2. 在测量过程中，要注意保持光杠杆及望远镜位置的稳定。

3. 温度计的 T'为测量读数，T_1、T_2 要在进行系统误差修正后，方可代入公式(12 - 9)去计算 α，修正公式为 $T=(T'-T_0)a$，T_0 为温度计在冰点时读数，a 为温度计刻度的实际值，T 为温度计读数 T'时的实际温度值。各温度计的 T_0 和 a 值已由实验指导教师测出标在仪器卡片上。

思考题

1. 设计另一种测量 δ 的方案。

2. 分析本实验各个测量中哪个量的不确定度对结果的不确定度影响最大？

3. 将一线胀系数为 α 重 w(g)的金属块，悬在某液体中称量时，液温为 T_1℃时视重为 w_1(g)，液温为 T_2℃时视重为 w_2(g)，求液体的膨胀系数（固体的体积膨胀系数是其线胀系数的 3 倍）。

实验 13　气体比热容比的测定

理想气体的定压比热容 C_p 和定容比热容 C_v 之关系为：$C_p - C_v = R$，式中 R 为普适气体常量；气体的比热容比 γ 为：$\gamma = C_p/C_v$，又称为气体的绝热系数，它是一个重要的物理量，γ 值经常出现在热力学方程中。在热力学理论及工程技术应用等方面有着重要作用，比如天然气运输过程中的安全阀计算及喷管的设计，经常需要知道气体比热容比；计算热机的效率时也涉及比热容比。本实验用绝热膨胀法测定空气的比热容比 γ。

【实验目的】

1. 观测热力学过程中状态变化及基本物理规律。
2. 学习气体压力传感器和电流型集成温度传感器的原理及使用方法。
3. 学会用绝热膨胀法测定空气的比热容比。

【实验仪器】

FD - NCD 型空气比热容比测量仪。

【仪器描述】

FD - NCD 型空气比热容比测量仪（图 13 - 1）主要由三部分组成：① 贮气瓶：它由玻璃瓶、进气活塞、橡皮塞组成；② 传感器：扩散硅压力传感器和电流型集成温度传感器 AD590 各一只；③ 数字电压表两只：三位半数字电压表作硅压力传感器的二次仪表（测空气压强）、四位半数字电压表作集成温度传感器二次仪表（测空气温度）。

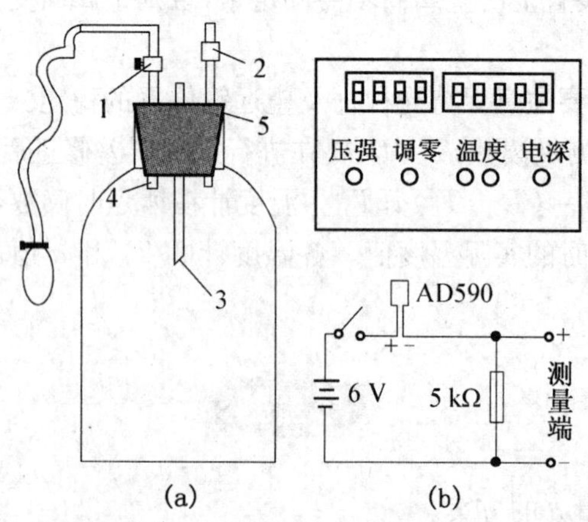

图 13 - 1　空气比热容比测量仪结构

1—进气活塞 C_1　2—放气活塞 C_2　3—AD590　4—气体压力传感器　5—704 胶黏剂

扩散硅压力传感器配三位半数字电压表，它的测量范围大于环境气压 0～10 kPa，灵敏度为 20 mV/kPa。实验时，贮气瓶内空气压强变化范围约 6 kPa。空气温度测量采用电流型集成温度传感器 AD590，该半导体温度传感器灵敏度高、线性好，它（右表头）的灵敏度为 1 μA/℃。

图 13－1 实验装置中的 1 为进气活塞 C_1；2 为放气活塞 C_2；3 为电流型集成温度传感器 AD590，它是新型半导体温度传感器，温度测量灵敏度高，线性好，测温范围为－50 ℃至 150 ℃。AD590 接 6 V 直流电源后组成一个稳流源，如图 13－1(b)所示。它的测温灵敏度为 1 μA/℃，若串接 5 kΩ 电阻后，可产生 5 mV/℃的信号电压，接 0～2 V 量程四位半数字电压表，可检测到最小 0.02 ℃温度变化；4 为气体压力传感器探头，由同轴电缆线输出信号，与仪器内的放大器及三位半数字电压表相接。当待测气体压强为 $p_0+10.00$ kPa 时，数字电压表显示为 200 mV，仪器测量气体压强灵敏度为 20 mV/kPa，测量精度为 5 Pa。

【实验原理】

实验时先打开测量 γ 值的仪器（图 13－1）中的活塞 C_2，使瓶内气体与大气相通，然后关闭 C_2，将原来处于室温 T_0 的空气从活塞 C_1 处把空气送入贮气瓶内，这时瓶内空气压强增大，温度升高。关闭活塞 C_1，待稳定后瓶内空气达到状态 Ⅰ′(p_1, T_0, V_0)，V_0 为贮气瓶容积。

然后突然打开活塞 C_2，使瓶内空气与大气相通，到达状态 Ⅱ(p_0, T_1, V_2)后，迅速关闭活塞 C_2（此过程中有体积为 ΔV 的气体喷泻出贮气瓶）。由于放气过程很短，瓶内保留的气体来不及与外界交换热量，可认为是一个绝热膨胀过程。此过程后，保留瓶中的气体由初态 $I(p_1, T_0, V_1)$（V_1 为保留在瓶中这部分气体在状态 Ⅰ′(p_1, V_0, T_0)时的体积）转变为状态 Ⅱ(p_0, V_0, T_1)（$V_1 < V_0$）。瓶内气体压强减小，温度降低。在关闭活塞 C_2 之后，贮气瓶内气体温度将升高，当升高到温度 T_0 时，初态为 Ⅰ(p_1, T_0, V_1)的空气变为状态 Ⅲ(p_2, T_0, V_2)，整个过程如图 13－2 所示。

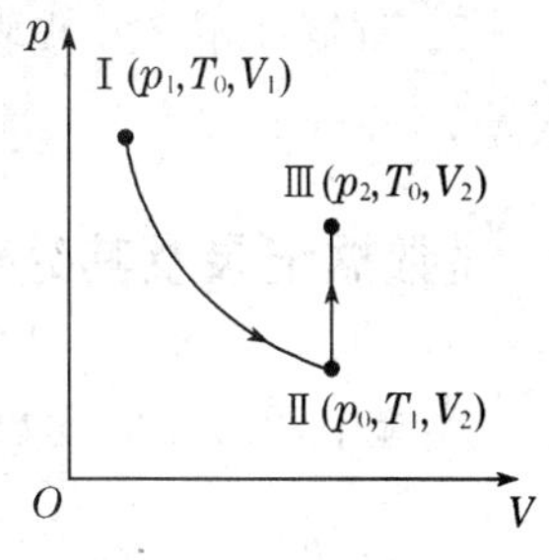

图 13－2 气体状态变化过程

绝热膨胀过程应满足方程

$$p_1 V_1^{\gamma} = p_0 V_2^{\gamma} \tag{13-1}$$

原状态为 $I(p_1, T_0, V_1)$的气体改变为状态 Ⅲ(p_2, T_0, V_2)，应满足

$$p_1 V_1 = p_2 V_2 \tag{13-2}$$

由式(13－1)和式(13－2)可得到

$$\gamma = \frac{-(\lg p_0 - \lg p_1)}{-(\lg p_2 - \lg p_1)} = \frac{(\lg p_1 - \lg p_0)}{(\lg p_1 - \lg p_2)} = \frac{\lg\left(\dfrac{p_1}{p_0}\right)}{\lg\left(\dfrac{p_1}{p_2}\right)} \tag{13-3}$$

利用式(13-3)可以通过测量 p_0、p_1 和 p_2 值,求得空气的比热容比 γ 值。

【实验内容】

1. 熟悉实验装置。装置使用注意事项:

(1) 实验时硅压力传感器请勿用手压,以免影响测量的准确性。

(2) 玻璃活塞如有漏气,可用乙醚将油脂擦干净,重新涂真空油脂。

(3) 橡皮塞与玻璃瓶或玻璃管接触部位等处有漏气只需涂 704 硅化橡胶,即可防止漏气。

(4) 由于硅压力传感器各只灵敏度不完全相同,一台仪器配一只专用传感器,请勿将显示器与压力传感器互换。

2. 按图 13-1 接好仪器的电路,AD590 的正、负极请勿接错。用 Forton 式气压计测定大气压强 p_0,用水银温度计测出环境温度 T_0。开启电源,将电子仪器部分预热20 min,然后用调零电位器调节零点,把三位半数字电压表示值调到 0。

3. 把活塞 C_2 关闭,活塞 C_1 打开,用打气球把空气稳定地徐徐打入贮气瓶 B 内,用压力传感器和 AD590 温度传感器测量空气的压强和温度,记录瓶内压强均匀稳定时的压强 p_1'和温度 T 值(室温为 T_0)。

4. 突然打开活塞 C_2,当贮气瓶的空气压强降低到环境大气压强 p_0 时(这时放气声消失),迅速关闭活塞 C_2。

5. 当贮气瓶内空气的温度上升至室温 T_0 时,记下贮气瓶内气体的压强 p_2'。

6. 用式(13-3)进行计算,求得空气比热容比值。

7. 重复 3、4、5、6 步骤,再测三次,最后求得 γ 的平均值,并与公认值比较,求得相对误差。

【数据记录及其处理】

实验中,200 mV 读数相当于 1.000×10^4 Pa。压强之间的关系为:$p_1=p_0+\dfrac{p_1'}{2\,000}$;$p_2=p_0+\dfrac{p_2'}{2\,000}$,其中 $p_0=10^5$ Pa。γ 由式(13-3)计算得到。

表 13-1 实验数据记录表

测量次数	p_1'(mV)	T_1'(mV)	p_2'(mV)	T_2'(mV)	p_1(10^5 Pa)	p_2(10^5 Pa)	γ
1							
2							
3							
4							

γ 的平均值 $\bar{\gamma}=$________,理论值 $\gamma_0=1.402$,则相对误差$=\left|\dfrac{\bar{\gamma}-\gamma_0}{\gamma_0}\right|=$________。

【注意事项】

1. 实验内容 4 打开活塞 C_2 放气时，当听到放气声结束应迅速关闭活塞，提早或推迟关闭活塞 C_2，都将影响实验要求，会引入误差。

2. 实验要求环境温度基本不变，如发生环境温度不断下降情况，可在远离实验仪器处适当加温，以保证实验正常进行。

4. 实验中时间一定要足够长，要不然最后测量出来 T_1，T_2 不可能和室温相等，这样给实验结果也会带来较大的误差。

5. 实验所用仪器在出厂时是配套的，使用过程中，各套仪器的配件不能相互交换。

6. 实验中环境温度的稳定是非常重要的，而事实上由于实验室人数的原因使得实验室温度都有所变化，实验过程中窗户不能打开，人员尽量不要走动。

思考题

1. 本实验研究的热力学系统，是指哪部分气体？

2. 实验内容 3 中的 T 值一定与初始时室温 T_0 相等吗？为什么？若不相等，对 γ 有何影响？

3. 实验时若放气不充分，则所得 γ 值是偏大还是偏小？为什么？简述正确的放气方法。

实验 14　液体表面张力系数的测定

液体的表面犹如紧张的弹性薄膜，都有收缩的趋势，所以液滴总是趋于球形，这说明液体表面内存在一种张力，这种力沿着表面切线方向，因而称为表面张力。表面张力是液体表面的主要性质，它存在于极薄的表面层内，是液体表面层内分子力作用的结果，表面张力系数是描述表面张力大小的重要参数。单位长度的受力称为液体表面张力系数(α)。影响液体表面张力系数的因素有液体的成分、温度、纯度、界面气体等，所以测量 α 时要记下当时温度和所用液体的种类及纯度。液体表面张力对建筑、船舶制造、化学化工、水利等行业都有较大的影响。本实验采用基于力敏传感器的拉脱法测量液体表面张力系数。

【实验目的】

1. 学习传感器的定标方法，用砝码对硅压阻力敏传感器进行定标，计算该传感器的灵敏度。

2. 理解液体表面的性质，测定纯水和其他液体的表面张力系数。

【实验仪器】

硅压阻力敏传感器；显示仪器；力敏传感器固定支架；升降台；底板及水平调节装置；吊环；玻璃器皿一套；砝码盘及 0.5 g 砝码 7 只；待测液体(纯水、酒精)。

【仪器描述】

液体表面张力系数的测定装置如图 14－1 所示，用本仪器测量水等液体的表面张力系数的误差 5%。使用时需要：开机预热 15 min，清洗玻璃器皿和吊环，在玻璃器皿内放入被测液体并安放在升降台上(玻璃器皿底部可用双面胶与升降台面贴紧固定)，将砝码盘挂在力敏传感器的钩上。主要的仪器和器具包括：

1. 硅压阻力敏传感器

(1) 受力量程：0～0.098 N；

(2) 灵敏度：约 3.00 V/N(用砝码质量作单位定标)。

2. 显示仪器

(1) 读数显示：200 mV 三位半数字电压表；

(2) 调零：手动多圈电位器；

(3) 连接方式：5 芯航空插头。

3. 吊环：外径 ϕ3.496 cm、内径 ϕ3.310 cm、高 0.85 cm 的铝合金吊环。

4. 玻璃器皿：直径 ϕ12.00 cm。

5. 砝码盘及 0.5 g 砝码 7 只。

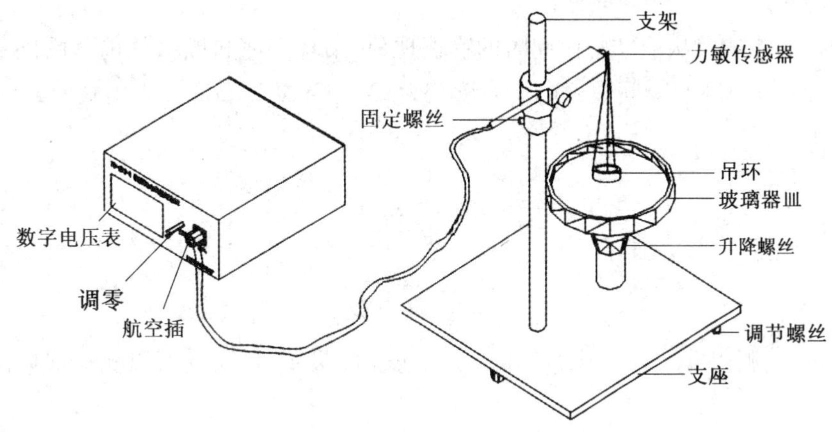

图 14-1　实验仪器结构图

【实验原理】

设想在液面上作一长为 L 的线段，则张力的作用表现为：在线段两侧液面以一定的力 f 相互作用，而且力的方向恒与线段垂直，其大小与线段长 L 成正比，即

$$f=\alpha L \tag{14-1}$$

比例系数 α 称为液体的表面张力系数，它表示单位长线段两侧液体的相互作用力。表面张力系数的单位为 $\mathrm{N\cdot m^{-1}}$。

一个外径和内径分别为 D_1、D_2 的金属环固定在传感器上，将该环浸没于表面张力系数为 α 的液体中，并渐渐拉起圆环，当它从分别为液面拉脱瞬间传感器受到的拉力差值 f 为

$$f=\pi(D_1+D_2)\alpha \tag{14-2}$$

所以液体表面张力系数为

$$\alpha=\frac{f}{\pi(D_1+D_2)} \tag{14-3}$$

力敏传感器的定标：力敏传感器 AD590 是由多个参数相同的三极管和电阻组成。当该器件的两引出端受一定力作用时（用力不宜大于 0.098 N，过大的拉力传感器容易损坏），如果该力敏传感器所受的作用力每增加 1 N，其输出电压就增加 1 V，那么传感器的输出电压增加（或减少）1 V，它的输出电压的变化与作用力变化满足如下关系：

$$U=Bf+U_0 \tag{14-4}$$

式中：U 为力敏传感器的输出电压，单位为 V；f 为作用力，单位为 N；B 为斜率（即灵敏度）。

若加砝码前先对仪器调零，则 U_0 为 0。本实验中 $f=mg$（m 为所加砝码的质量），则有 $U=Bmg$，盐城地区重力加速度 $g=9.784\ \mathrm{m/s^2}$。

灵敏度
$$B=\frac{U}{mg} \tag{14-5}$$

单位为 V/N。

环浸入液体中及从液体中拉起时的物理现象：吊环即将拉断液柱前一瞬间数字电压表读数值为 U_1，拉断时瞬间数字电压表读数为 U_2。令 $\Delta U = U_1 - U_2$，由式(14-1)得液体表面张力为

$$f = \frac{\Delta U}{B} = \alpha L = \alpha\pi(D_1 + D_2) \tag{14-6}$$

$$\alpha = \frac{\Delta U}{B\pi(D_1 + D_2)} \tag{14-7}$$

所以，只要测得 U_1、U_2、D_1、D_2 和力敏传感器的灵敏度 B，就可以测得液体的表面张力系数 α。

【实验内容】

1. 对力敏传感器的定标

(1) 在加砝码前对仪器调零。

(2) 安放砝码，记下砝码的质量 m 及输出电压 U，改变砝码质量 6 次，分别测出相应的输出电压，安放砝码时应尽量轻。

(3) 作 $U-mg$ 曲线，并求其斜率 B。

2. 测水的表面张力系数

(1) 用游标卡尺测量金属圆环的内、外直径，测量 5 次取平均值。

(2) 然后挂上吊环，观察到液体产生的浮力与张力的情况与现象，以顺时针转动升降台大螺帽时液体液面上升，当环下沿部分均浸入液体中时，改为逆时针转动该螺帽，这时液面下降(或者说相对吊环往上提拉)，观察环浸入液体中及从液体中拉起时的物理过程和现象。特别应注意：吊环即将拉断液柱前一瞬间数字电压表读数值为 U_1，拉断时瞬间数字电压表读数为 U_2，记下这两个数值，多次测量取平均值。

3. 测乙醇的表面张力系数

将水换成乙醇，采用上述同样的方法测量乙醇的表面张力系数。

【数据记录及其处理】

1. 硅压阻力敏传感器定标

力敏传感器上分别加各种质量砝码，测出相应的电压输出值，结果填入表 14-1。

表 14-1　力敏传感器定标

物体质量 m/g							
输出电压 V/mV							

经最小二乘法拟合得仪器的灵敏度 B=________mV/N。

拟合的线性相关系数 r=________。

2. 水的表面张力系数的测量

表 14－2　金属圆环的内外直径

测量次数	1	2	3	4	5	平均值
外径 D_1/cm						
内径 D_2/cm						

表 14－3　纯水表面张力系数的测量　　　（水的温度:________℃）

测量次数	U_1/mV	U_2/mV	ΔU/mV	$f/\times10^{-3}$ N	$\alpha/\times10^{-3}$ N/m
1					
2					
3					
4					
5					
平均值					

平均值 $\bar{\alpha}$＝________。

相对误差 $e=\left|\frac{\bar{\alpha}-\alpha}{\alpha}\right|$＝________。

α 为同温度下水表面张力系数公认值。

3. 乙醇表面张力系数的测量

乙醇的温度 T＝________ ℃

自拟表格进行实验数据的处理。

相对误差 $e=\left|\frac{\bar{\alpha}-\alpha}{\alpha}\right|$＝________。

α 为同温度下乙醇表面张力系数公认值。

【注意事项】

1. 吊环须严格处理干净。可用 NaOH 溶液洗净油污或杂质后，用清水冲洗干净，并用热吹风烘干。

2. 吊环水平须调节好。偏差 1°，测量结果引入误差为 0.5%；偏差 2°，则引入误差为 1.6%。

3. 在旋转升降台时，尽量使液体的波动要小。

4. 实验室风力不宜较大，以免吊环摆动致使零点波动，所测结果不正确。

5. 若液体为纯净水，在使用过程中防止灰尘和油污及其他杂质污染。特别注意手指不要接触被测液体。

6. 力敏传感器使用时,用力不大于 0.098 N。过大的拉力传感器容易损坏。
7. 实验结束须将吊环用清洁纸擦干,用清洁纸包好,放入干燥缸内。

思考题

1. 本实验中为什么要保证液体的纯净和吊环的清洁?
2. 环境温度对液体的张力系数测量结果有无影响?
3. 仪器预加热时间为什么要足够长?
4. 如何判断调节好的吊环是否水平?
5. 为什么取吊环即将拉断液柱前一瞬间数字电压表读数值为 U_1?

实验 15　液体黏度的测量

液体黏度(又称黏滞系数)是由于流动着的液体不同液层之间存在速度梯度$\left(\frac{\mathrm{d}v}{\mathrm{d}x}\right)$,使流动较慢的液层阻滞较快液层的流动,因此液体产生运动阻力。黏度的大小取决于液体的性质与温度,温度升高,黏度将迅速减小。因此,要测定黏度,必须准确地控制温度的变化才有意义。黏度的测定在医药、石油、汽车等诸多行业有着重要的意义,如测量血黏度的大小是检查人体血液健康的重要标志之一。实验室测定黏度的原理一般是由斯托克斯公式和泊肃叶公式导出的黏滞系数表达式,求得黏滞系数。黏度的测定有许多方法,如转桶法、落球法、毛细管法等,对于黏度较小的流体如水、乙醇等常用毛细管法;而对黏度较大流体如蓖麻油、变压器油、甘油等常用落球法测定。本实验采用落球法测定液体的黏度。

【实验目的】

1. 了解斯托克斯定律。
2. 掌握用落球法测定液体的黏度。

【实验仪器】

实验架;量筒;待测液体;小钢珠;米尺;螺旋测微计;游标卡尺;秒表;电子天平。

【实验原理】

各种实际液体具有不同程度的黏滞性,液体黏滞性的测量是非常重要的。当液体流动时,平行于流动方向的各层流体速度都不相同,即存在着相对滑动,于是在各层之间就有摩擦力产生,这一摩擦力称为黏滞力。黏滞力的方向平行于接触面,其大小与速度梯度及接触面积成正比,比例系数 η 称为黏度,它是表征液体黏滞性强弱的重要参数。

测量液体黏度有多种方法,本实验采用落球法。落球法是一种绝对法测量液体的黏度。如果一个小球在黏滞液体中铅直下落,由于附着于球面的液层与周围其他液层之间存在着相对运动,因此小球受到黏滞阻力,它的大小与小球下落的速度有关。当小球作匀速运动时,测出小球下落的速度,就可以计算出液体的黏度。

(1) 当金属小球在黏性液体中下落时,它受到三个竖直方向的力:小球的重力 mg(m 为小球质量)、液体作用于小球的浮力 $f=\rho gV$(V 是小球体积,ρ 是液体密度)和黏滞阻力 F(其方向与小球运动方向相反),如图 15－1 所示。如果液体无限深广,在小球下落速度 v 较小情况下,有

$$F=6\pi\eta rv \tag{15-1}$$

式(15－1)称为斯托克斯公式,其中 r 是小球的半径;η 称为液体的黏度,其单位是 Pa・s。

小球开始下落时，由于速度尚小，所受阻力也不大，小球加速下降；但随着下落速度的增大，阻力也随之增大。最后，三个力达到平衡，即

$$mg=\rho gV+6\pi\eta vr$$

于是，小球作匀速直线运动，由上式可得

$$\eta=\frac{(m-V\rho)g}{6\pi vr}$$

令小球的直径为 d，并用 $m=\frac{\pi}{6}d^3\rho'$，$v=\frac{l}{t}$，$r=\frac{d}{2}$ 代入上式得

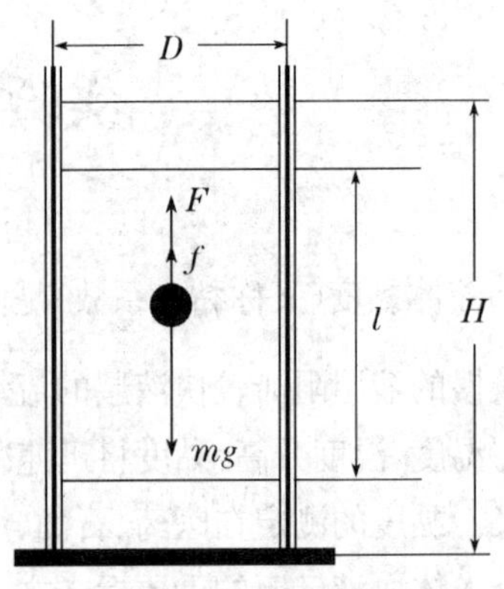

图 15-1　液体黏度测量装置示意图

$$\eta=\frac{(\rho'-\rho)gd^2t}{18l} \tag{15-2}$$

式中：ρ' 为小球材料的密度；l 为小球匀速下落的距离；t 为小球下落 l 距离所用的时间。

(2) 实验时，待测液体必须盛于容器中(图 15-1)，故不能满足无限深广的条件，实验证明，若小球沿筒的中心轴线下降，式(15-2)须做如下修正方能符合实际情况：

$$\eta=\frac{(\rho'-\rho)gd^2t}{18l}\cdot\frac{1}{\left(1+2.4\frac{d}{D}\right)\left(1+1.6\frac{d}{H}\right)} \tag{15-3}$$

式中：D 为容器内径；H 为液柱高度。

(3) 实验时小球下落速度如果较大，或油温较高，钢珠从油中下落时，可能出现湍流情况，使式(15-1)不再成立，此时要做另一个修正。为了判断是否出现湍流，可利用流体力学中一个重要参数雷诺数 $R_e=\frac{\rho dv}{\eta}$ 来判断。当 R_e 不是很小时，式(15-1)应予修正。但在实际采用落球法时，小球的运动不会处于高雷诺数状态，一般 R_e 值小于 10，因此黏滞阻力 F 可以近似用下式来表示：

$$F=6\pi\eta' vr\left(1+\frac{3}{16}R_e-\frac{19}{1\,080}R_e^2\right) \tag{15-4}$$

式中：η' 为考虑到此种修正后的黏度。因此，在各力平衡时，并顾及液体边界影响，可得

$$\begin{aligned}\eta'&=\frac{(\rho'-\rho)gd^2t}{18l}\frac{1}{\left(1+2.4\frac{d}{D}\right)\left(1+3.3\frac{d}{2H}\right)}\frac{1}{\left(1+\frac{3}{16}R_e-\frac{19}{1\,080}R_e^2\right)}\\&=\eta\left(1+\frac{3}{16}R_e-\frac{19}{1\,080}R_e^2\right)^{-1}\end{aligned}$$

式中：η 即为式(15-3)求得的值，上式又可写为

$$\eta'=\eta\left[1+\frac{A}{\eta}-\frac{1}{2}\left(\frac{A}{\eta}\right)^2\right]^{-1} \tag{15-5}$$

式中 $A=\frac{3}{16}\rho dv$。式(15－5)的实际算法如下：先将式(15－3)算出的 η 值作为方括弧中第二、三项的 η' 代入，于是求出 η_1；再将 η_1 代入上述的第二、三项中，求得 η_2，因为此两项为修正项，所以用这种方法逐步逼近可得到最后结果 η'（如果使用具有存储代数公式功能的计算器，很快可得到结果）。一般在测得数据后，可先算出 A 和 η，然后根据 $\frac{A}{\eta}$ 的大小来分析。如 $\frac{A}{\eta}$ 在 0.5%以下（即 R_e 很小），就不再求 η'；如 $\frac{A}{\eta}$ 在 0.5%～10%，可以只作一级修正，即不考虑 $\frac{1}{2}\left(\frac{A}{\eta'}\right)^2$ 项；而 $\frac{A}{\eta}$ 在 10%以上，则应该完整地用计算公式(15－5)。

【实验内容】

1. 蓖麻油温度的测量。在放入小球前用温度计测量油的温度，小球全部下落完后再测量一次油的温度，取其平均值作为实际的温度；也可以直接测量时的室温代替。

2. 小钢球密度测量。用电子天平测量 10～20 颗小钢球的质量 m，用螺旋测微计测其直径并求出体积，计算小钢球的密度 ρ'。

3. 用液体密度计测量蓖麻油的密度 ρ（正常室温下为 0.96 kg/m^3）。

4. 用游标卡尺测量筒的内径 D，用钢尺测量油的深度 H。

5. 用秒表测量下落小球的匀速运动速度。

(1) 测量上、下两个标记之间的距离 L。

(2) 用螺旋测微计测量小球直径，将小球放入量筒，当小球落下通过第一个标记时用秒表开始计时，到小球下落到最后的标记时停止计时，读出下落时间。重复测量 5 次以上，取平均值。

6. 计算蓖麻油的黏度。

7. 利用图 15－2 推出当时温度下的黏度作为标准值，并将测量结果与标准值进行比较。

【数据记录及其处理】

待测液体是蓖麻油，油温 $T=$________℃；油的密度 $\rho=$0.96kg/m^3。

量筒直径 $\phi=$________cm；全程距离 $S_2=$________cm；半程距离 $\frac{1}{2}S_2=$________cm。

小钢球的质量 $m=$________。

由表 15－1 中 v_1 和 v_2 的对比可知，两者差距很小。因此，可以认为小球整个下落过程中为匀速运动。

表 15－1　小球下落平均速度数据

序号	第 1 次	第 2 次	第 3 次	第 4 次	第 5 次	平均值
小球半径 d(mm)						
半程时间 t_2(s)						$\bar{v}_1=\frac{\sum_{i=1}^{5}v_{1i}}{5}=$
半程速度 v_1(cm·s^{-1})						

(续表)

序号	第1次	第2次	第3次	第4次	第5次	平均值
全程时间 t_2(s)						$\bar{v}_2=\frac{\sum_{i=1}^{5}v_{2i}}{5}=$
全程速度 v_2(cm·s^{-1})						

小球密度 $\rho'=$________kg/m^3；蓖麻油密度 $\rho=$________kg/m^3。

$v=\frac{1}{2}(\bar{v}_1+\bar{v}_2)=$__________cm·s^{-1}。

考虑到实验并不是在无限深广的情况下进行，须对测量结果进行修正。

本实验中的 $H=$________cm，将 v,d,D,H 代入公式(15－3)，计算得 $\eta=$________Pa·s。

由于液体黏度与温度关系密切，图15－2是蓖麻油的黏度 η(P)与温度 T(℃)的关系曲线。准确测量蓖麻油的温度 $T=$________℃时，由图15－2查得 $\eta_{标准值}=$________Pa·s。

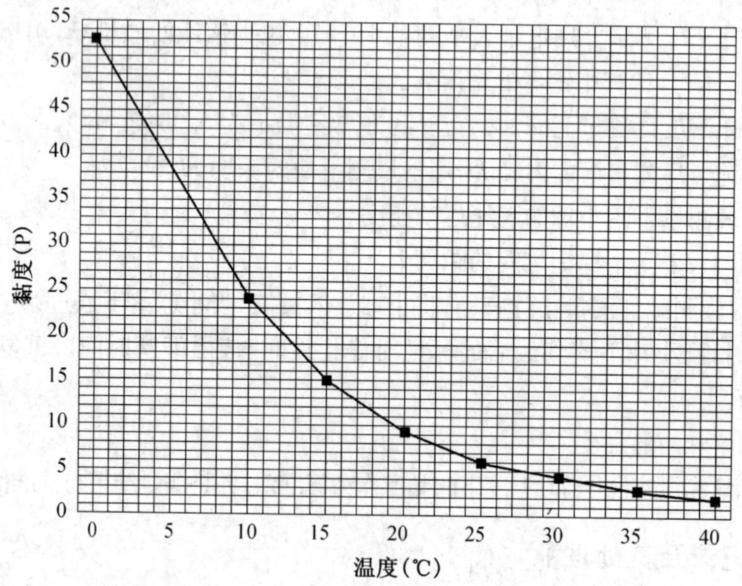

图15－2　蓖麻油的黏度 η(P)与温度 T(℃)的关系曲线

(1 P(Poise)＝1(dgn·s)/cm^2＝0.1 Pa·s)

相对误差$=\frac{|\eta-\eta_{标准值}|}{\eta_{标准值}}\times100\%=$________%。

思考题

1. 如何判断小球在作匀速运动？
2. 为了做好本实验，应特别注意哪几点？
3. 如果遇到待测液体的 η 值较小，而钢珠直径较大，这时为何需用公式(15－5)计算？
4. 若将筒内油温升高一些，对测定结果有何影响？
5. 在测量下落时间 t 时，如何避免在判断小球通过上标志线和下标志线时的视差？

实验 16　静电场的描绘

用实验方法直接测量静电场时，不仅需要复杂的设备，而且深入静电场中探针上的感应电荷会影响原电场的分布。为了解决这个困难常采用模拟法，建立一个与静电场有相似的数学表达式的模拟场，通过对模拟场的测定，可以间接地获得原静电场的分布。模拟法是一种重要的科学研究方法。

【实验目的】

1. 学会用模拟法描绘静电场。
2. 测定给定的电极模型等位线的分布，绘制出该模型代表的静电场的电场分布曲线。

【实验仪器】

FB407 型静电场描绘仪 1 套(含 5 个电极模型)。

【仪器描述】

FB407 型静电场描绘仪如图 16 - 1 所示，该仪器包含 5 个电极模型，可以模拟长直导线与平板平行电极、电聚焦电极、平行平板电极、同轴电缆电极和平行长直导线的电场分布特点。

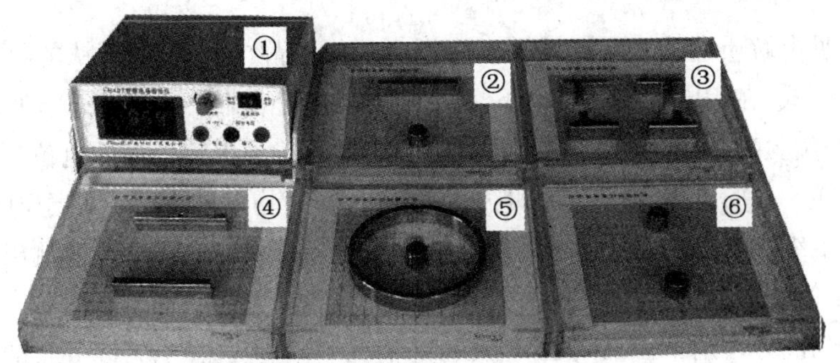

图 16 - 1　FB407 型静电场描绘仪实物图

1—FB407 型静电场描绘仪　2—长直导线与平板平行电极模型　3—电聚焦电极模型
4—平行平板电极模型　5—同轴电缆电极模型　6—平行长直导线模型

【实验原理】

电场强度 $\boldsymbol{E}$ 是一个矢量。因此，在电场的计算或测试中往往是先研究电位的分布情况，因为电位是标量。我们可以先测得等位面，再根据电力线与等位面处处正交的特点，

作出电场线，整个电场的分布就可以用几何图形清楚地表示出来了。当我们得到了电位 U 值的分布，由

$$\boldsymbol{E}=-\nabla \boldsymbol{U} \tag{16-1}$$

便可以求出 E 的大小和方向，整个电场也就确定了。

但实验上想利用磁电式电压表直接测定静电场的电位是不可能的，因为任何磁电式电表都需要有电流通过才能偏转，而静电场是不存在电流的。再则任何磁电式电表的内阻都远小于空气或真空的电阻，如果在静电场中引入电表，势必使电场发生严重畸变；同时，电表或其他探测器置于电场中，要引起静电感应，使原场源电荷的分布发生变化。人们在实践中发现，有些测量在实际情况下难于进行时，可以通过一定的方法，模拟实际情况而进行测量，这种方法称为"模拟法"。

模拟法要求两个类比的物理现象遵从的物理规律具有相同的数学表达式。从电磁学理论知道，电解质中的稳恒电流场与介质（或真空）中的静电场之间就具有这种相似性。因为对于导电媒质中的稳恒电流场，电荷在导电媒质内的分布与时间无关，其电荷守恒定律的积分形式为

$$\begin{cases}\oint_L \vec{j}\cdot d\vec{l}=0\\ \oiint_S \vec{j}\cdot d\vec{S}=0\end{cases} \quad \text{（在电源以外区域）}$$

而对于电介质内的静电场，在无源区域内，下列方程式同时成立：

$$\begin{cases}\oint_L \vec{E}\cdot d\vec{l}=0\\ \oiint_S \vec{E}\cdot d\vec{S}=0\end{cases}$$

由此可见电解质中稳恒电流场的 $\vec{j}$ 与电介质中的静电场的 $\vec{E}$ 遵从的物理规律具有相同的数学公式，在相同的边界条件下，两者的解亦具有相同的数学形式，所以这两种场具有相似性，实验时就用稳恒电流场来模拟静电场，用稳恒电流场中的电位分布模拟静电场的电位分布。实验中，将被模拟的电极系统放入填满均匀的电导远小于电极电导的电解液中或导电纸上，电极系统加上稳定电压，再用检流计或高内阻电压表测出电位相等的各点，描绘出等位面，再由若干等位面确定电场的分布。

通常电场的分布是个三维问题，但在特殊情况下，适当选择电力线分布的对称面可以使三维问题简化为二维问题。实验中，通过分析电场分布的对称性，合理选择电极系统的剖面模型，置放在电解液中或导电纸上，用电表测定该平面上的电位分布，据此推得空间电场的分布。

1. 同轴圆柱形电缆电场的模拟

如图 16-2 是一圆柱形电场，内圆筒半径 r_1，外圆筒半径 r_2，所带电量的电荷线密度为 $\pm\lambda$。

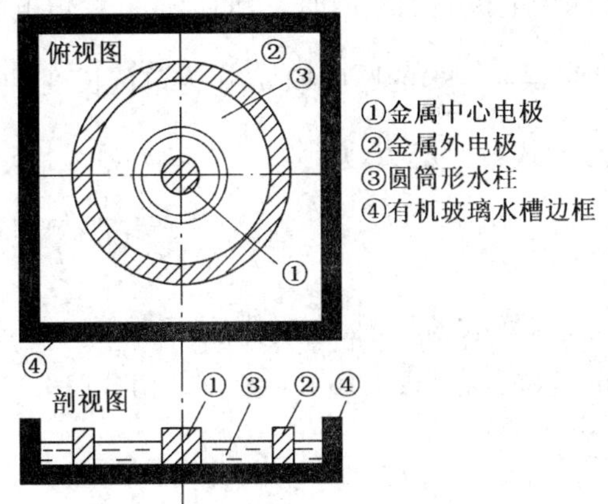

图 16－2　同轴圆柱形电缆电场模拟图

根据高斯定理，圆柱形电场的电位移矢量为

$$D=\frac{\lambda}{2\pi r}$$

电场强度为

$$E=\frac{\lambda}{2\pi\varepsilon r}$$

式中：r 为场中任一点到轴的垂直距离。两极之间的电位差为

$$U_1-U_2=\int_{r_1}^{r_2}\frac{\lambda}{2\pi\varepsilon r}\mathrm{d}r=\frac{\lambda}{2\pi\varepsilon}\ln\frac{r_2}{r_1}$$

设 $U_2=0$ V，则

$$U_1=\frac{\lambda}{2\pi\varepsilon}\ln\frac{r_2}{r_1} \tag{16-2}$$

任一半径 r 处的电位为

$$U=\int_{r}^{r_2}\frac{\lambda}{2\pi\varepsilon r}\mathrm{d}r=\frac{\lambda}{2\pi\varepsilon}\ln\frac{r_2}{r} \tag{16-3}$$

把式(16－2)代入式(16－3)消去 λ，得

$$U=\frac{U_1}{\ln\frac{r_2}{r_1}}\ln\frac{r_2}{r} \tag{16-4}$$

现在要设计一稳恒电流场来模拟同轴电缆的圆柱形电场，使它们具有电位分布相同的数学形式，其要求为：

(1) 设计的电极与圆柱形带电导体相似，尺寸与实际场有一定比例，保证边界条件相同。

(2) 电极用良导体制作，而导电介质用电阻率比电极电阻率大得多的材料(本实验用水)，而且要求各向同性均匀分布，相似于电场中的各向同性均匀分布的电介质。

如图 16－1 所示，当两个电极间加电压时，中间形成一稳恒电流场。设径向电流为 I_0 则电流密度为 $j=\frac{I_0}{2\pi r}$，这里媒质（水）的厚度取 m 作为单位长度。

根据欧姆定律的微分形式：$j=\sigma\cdot E$，则

$$E=\frac{I_0}{2\pi\sigma r}$$

显然，该电流场的形式与静电场相同，电场强度 E 都是与 r 成反比。因此两极间电位差与式（16－2）亦相同，电位分布与式（16－4）相同。由式（16－4）可得

$$r=r_2\left(\frac{r_2}{r_1}\right)^{-\frac{U}{U_1}} \tag{16-5}$$

在本实验中（同轴电缆模型），$r_1=10$ mm，$r_2=50$ mm，$U_1=10$ V，$U_2=0$ V。

2. 静电场的测绘方法

在实际测量中，由于测定电位（标量）比测定场强（矢量）容易实现，所以实验时总是先测定出等位线，然后根据电场线和等位线的正交关系，绘制出电场线分布，从而把电场形象地反映出来。本实验用电压表法（数字式万用表的直流电压档）测绘电场，电路原理图如图 16－3 所示。为了测量准确，要求测量电位的仪表中基本无电流流过，一般采用高输入阻抗的晶体管（或电子管）电压表。用测笔 C 测量场中不同点，电压表显示不同数值，找出电位相同点，使之能画出等位线。

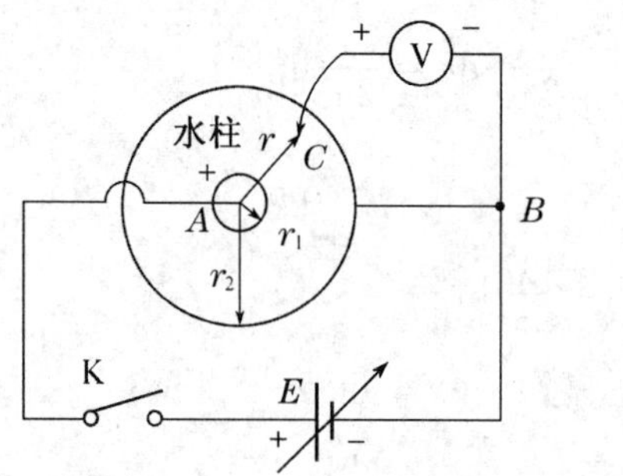

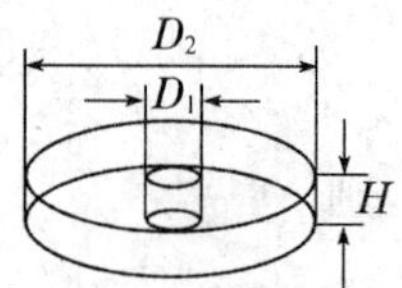

D_1：圆筒形水柱的内径

D_2：圆筒形水柱的外径

H：圆筒形水柱的高度

图 16－3　同轴圆柱形电缆电场测量原理图

【实验内容】

1. 测绘同轴电缆电场的分布

（1）如图 16－4 所示，将电极模型水槽放置在水平的实验桌面上，在水槽中加水，使水的深度约为 5～10 mm。

（2）连接好实验线路。用专用连接线将模拟装置的中心电极接到测试仪电源的正极接线柱上，负极接到测试仪负极接线柱上。三位半数字式电压表量程 19.99 V，电压表负极接到电源负极，接通工作电源，电压表正极红色测笔先接触中心电极，一边调节电源电压旋钮，使电源输出电压即中心电极电压等于＋10 V。

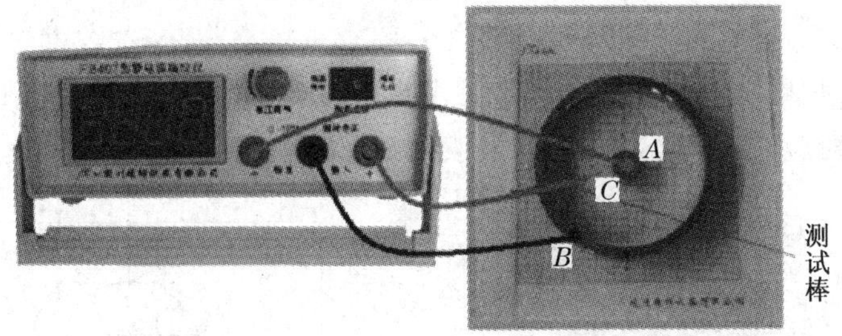

图 16－4　同轴圆柱形电缆电场测量电路示意图

(3) 根据理论推导，在这样的电流场中，来自电源正极的电流是从中心电极外表面沿圆筒形水柱半径方向流向外电极内表面再回到电源负极的，在水柱中形成一个放射状的电流梯度分布，对于电压相同的点的轨迹(称为等位线)应该是在相同半径的圆周上，且一系列的等位线构成一系列对应的同心圆。

(4) 选择恰当的电压测量间距，分别从 10～0 V 每隔 1 V 测量 1 组数据，每条等位线测量 8～10 个点。把各电压值对应的直角坐标值记录到表格 16－1 中。

2. 测绘平行长直导线电极模型的电场分布

将同轴圆柱形电缆模型换成平行长直导线电极模型(图 16－5)，按照上述同样的方法，把各电压值对应的直角坐标值记录到表格 16－2 中。

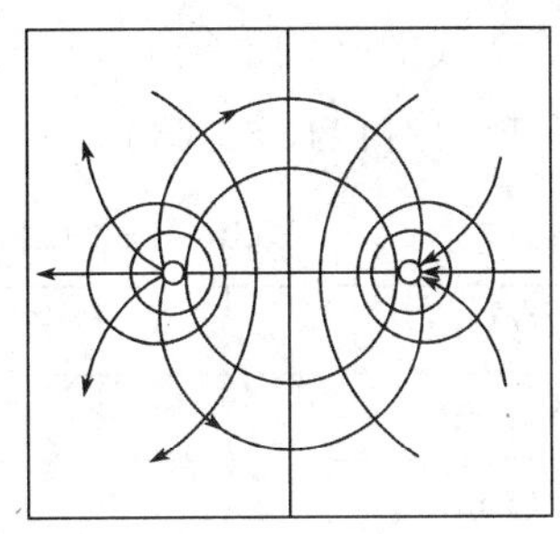

图 16－5　平行长直导线电极模型和电场分布示意图

3. 测绘长直导线与平行平板电极模型的电场分布

将同轴圆柱形电缆模型换成长直导线与平行平板电极模型(图 16－6)，按照上述同样的方法，把各电压值对应的直角坐标值记录到表格 16－3 中。

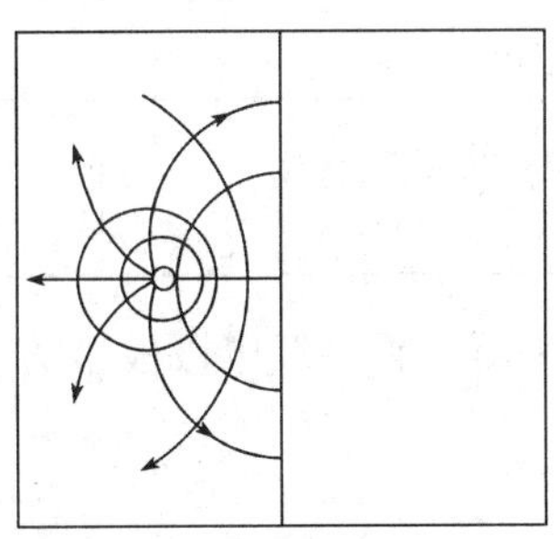

图 16－6　长直导线与平行平板电极模型和电场分布示意图

4. 测绘两个平行平板电极模型的电场分布

将同轴圆柱形电缆模型换成两个平行平板电极模型(图 16-7),按照上述同样的方法,把各电压值对应的直角坐标值记录到表格 16-4 中。

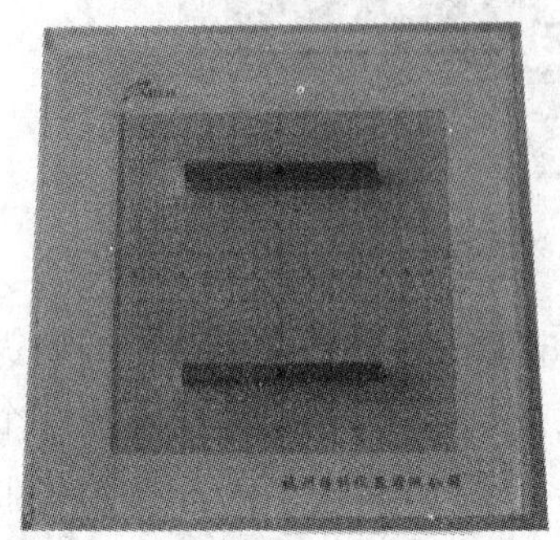

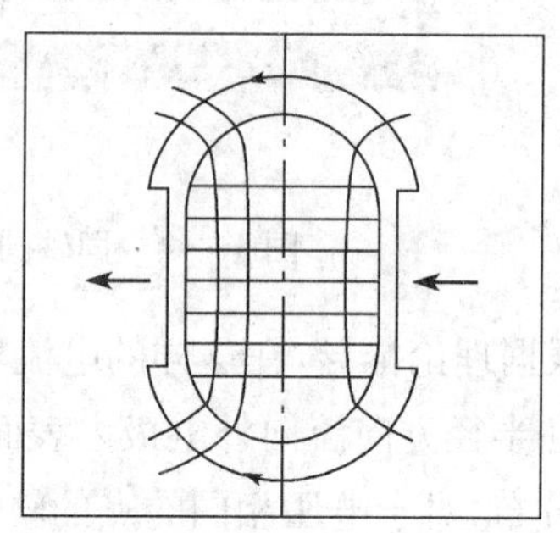

图 16-7　两个平行平板电极模型和电场分布示意图

【数据记录及其处理】

1. 绘出同轴电缆电场分布。将 10 个等位点连成等位线,根据一组等位线的点找出圆心,依次绘出各组电位的等势线,并画出电场线(注意确定有限场电场线的起止位置)。

2. 以坐标原点在中心电极中点,用式(16-5)计算出各等势线的理论值半径 r_0,用直尺量出实验等势线的平均半径 r_m,将 r_m 与 r_0 比较,以 r_0 为约定真值求各等势线半径的相对误差,并进行分析与列表表示。

表 16-1　同轴电缆电极模型的测量数据记录

序号	U(V)	10	9	8	7	6	5	4	3	2	1	0
1	X(mm)											
	Y(mm)											
2	X(mm)											
	Y(mm)											
……	X(mm)											
	Y(mm)											
9	X(mm)											
	Y(mm)											
10	X(mm)											
	Y(mm)											

3. 绘出平行长直导线电极模型的电场的等势线与电场线分布(坐标原点在中心电极中点)。

表 16-2　平行长直导线电极模型的测量数据记录

序号	U(V)	10	9	8	7	6	5	4	3	2	1	0
1	X(mm)											
	Y(mm)											
2	X(mm)											
	Y(mm)											
……	X(mm)											
	Y(mm)											
9	X(mm)											
	Y(mm)											
10	X(mm)											
	Y(mm)											

4. 绘出长直导线与平行平板电极模型的电场的等势线与电场线分布(坐标原点在电极模型几何中心点)。

表 16-3　长直导线与平行平板电极模型测量数据记录

序号	U(V)	10	9	8	6	5	4	2	1	0		
1	X(mm)											
	Y(mm)											
2	X(mm)											
	Y(mm)											
……	X(mm)											
	Y(mm)											
9	X(mm)											
	Y(mm)											
10	X(mm)											
	Y(mm)											

5. 绘出平行平板电极模型电场的等势线与电场线分布(坐标原点在中心电极中点)。

表 16-4　两个平行平板的电极模型测量数据记录

序号	U(V)	10	9	8	7	6	5	4	3	2	1	0
1	X(mm)											
	Y(mm)											
2	X(mm)											
	Y(mm)											

（续表）

序号	U(V)	10	9	8	7	6	5	4	3	2	1	0
……	X(mm)											
	Y(mm)											
9	X(mm)											
	Y(mm)											
10	X(mm)											
	Y(mm)											

拓展实验

模拟静电场的分布

器材：电脑；MATLAB 软件。

(1) 根据静电场分布的特点，编写 MATLAB 模拟静电场分布程序；

(2) 模拟单个点电荷的电场线和等势面；

(3) 模拟两个等量点电荷(同为正电荷、同为负电荷、一个正电荷一个负电荷)的电场线和等势面；

(4) 模拟两个不等量点电荷(同为正电荷、同为负电荷、一个正电荷一个负电荷)的电场线和等势面；

(5) 用静电场分布原理解释上述现象，并与实验结果比较。

思考题

1. 用稳恒电流场来模拟静电场，对实验条件有哪些要求？

2. 通过本实验，你对模拟法有何认识？它的适用条件是什么？

3. 怎样由所测的等位线绘制出电力线？电力线的方向如何确定？

4. 为什么在本实验中要求电极的电导率远大于导电介质的电导率？

5. 试用检流计法测绘电场，画出实验电场原理图，并比较检流计法与电压表法的优劣。

实验 17　用惠斯通电桥测量电阻

测量电阻的方法有很多种，电桥法是常用的电阻测量方法之一。平衡电桥是用比较法进行测量的，即在平衡条件下，将待测电阻与标准电阻进行比较以确定其阻值。它具有测试灵敏、精确和方便等特点，现已广泛应用于自动化仪器、自动控制过程等许多工程技术中。利用桥式电路制成的电桥是一种用比较法进行测量的仪器，其灵敏度和精度较高，常被用来测量电阻、电容、电感、频率、温度及压力等物理量，在自动控制和自动检测中也得到了广泛的应用。桥式电路是一种常见的基本回路，根据用途不同电桥有多种类型，其性能和结构也各有特点，但基本原理相同。惠斯通电桥仅是其中的一种，它可以测量 $10\sim10^6\,\Omega$ 的电阻。

【实验目的】

1. 掌握惠斯通电桥测电阻的原理。
2. 了解提高电桥灵敏度的几种途径。
3. 学会使用自组电桥测量电阻。
4. 学会正确使用箱式电桥测电阻的方法。

【实验仪器】

QJ24 型箱式电桥；电阻箱；检流计；滑线变阻器；直流稳压电源；待测电阻等。

【仪器描述】

箱式惠斯通电桥的基本特征是：在恒定比值 R_1/R_2 下（通常称为比例臂），变动 R_b（通常称为比较臂）的大小，使电桥达到平衡。它的线路结构和滑线式电桥相似，它只是把各个仪表都装在箱内，便于携带，因此叫箱式电桥，其形式多样。现介绍 QJ24 型携带式直流单臂电桥。

图 17 - 1 为 QJ24 箱式电桥面板布置图，右边四个电阻是比较臂 R_b，左上角是比例臂 R_1/R_2，共分七档，选择比例臂的原则是：比较臂的四个电阻都有读数。右下角两只接线柱是接待测电阻。左上角一对接线柱是外接电源用，一般测量只用箱内的电源，需要提高灵敏度时才使用外接电源。左下角两只接线柱是用来外接检流计的，当没连接时两接线柱内的开关使内部检流计连接在电路中，使用内部检流计，当连接时两接线柱内的开关使内部检流计被短路，使用接线柱间的外接检流计。中间下面三个按钮分别是电源开关（B_0）、检流计初调平衡开关（G_1）、检流计精调平衡开关（G_0），使用时要注意，测量时应先按 B 后按 G，断开时要先放开 G 后放开 B。检流计上的旋钮是调节指针零点的，叫作机械调零器。详细使用见 QJ24 箱上盖内的说明书。

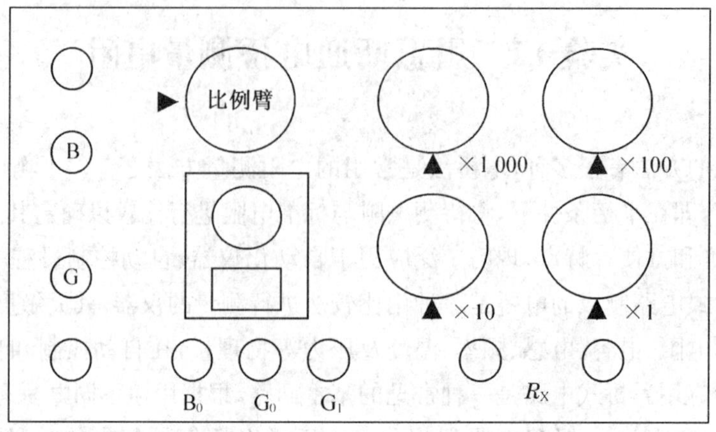

图 17－1　QJ24 箱式电桥面板

【实验原理】

常见的测量电阻方法主要有用万用电表和伏安法测量电阻，但其精度不够高。这一方面是由于测量原理和线路本身存在缺点，另一方面是由于电压表和电流表本身的精度有限。所以，为了精确测量电阻，必须对测量线路加以改进。

惠斯通电桥（也称单臂电桥）的电路如图 17－2 所示，四个电阻 R_1、R_2、R_b、R_X 组成一个四边形的回路，每一边称作电桥的"桥臂"，在一对角 A、D 之间接入电源，而在另一对角 B、C 之间接入检流计，构成所谓"桥路"。所谓"桥"本身的意思就是指这条对角线 BC 而言。它的作用就是把"桥"的两端点联系起来，从而将这两点的电位直接进行比较。B、C 两点的电位相等时称作电桥平衡。反之，称作电桥不平衡。检流计是为了检查电桥是否平衡而设的，平衡时检流计无电流通过。用于指示电桥平衡的仪器，除了检流计外，还有其他仪表，它们称为"示零器"。

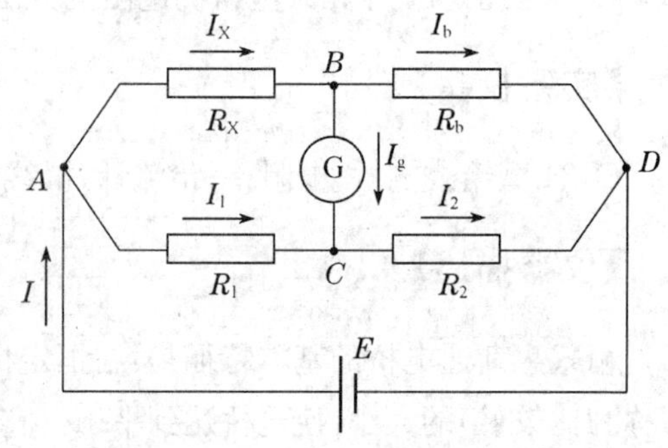

图 17－2　电桥原理

当电桥平衡时，B 和 C 两点的电位相等，故有

$$U_{AB}=U_{AC}\quad U_{BD}=U_{CD} \tag{17-1}$$

由于平衡时 $I_g=0$，所以 B、C 间相当于断路，故有

$$I_1=I_2\quad I_X=I_b \tag{17-2}$$

所以 $I_XR_X=I_1R_1$，$I_bR_b=I_2R_2$，可得

$$R_1R_b=R_2R_X \tag{17-3}$$

或

$$R_X = \frac{R_1}{R_2} R_b \tag{17-4}$$

这个关系式是由“电桥平衡”推出的结论。反之，也可以由这个关系式判断出“电桥平衡”来。因此式(17-3)称为电桥平衡条件。

如果在四个电阻中的三个电阻值是已知的，即可利用(17-4)式求出另一个电阻的阻值。这就是应用惠斯通电桥测量电阻的原理。

上述用惠斯通电桥测量电阻的方法，也体现了一般桥式电路的特点，现在重点说明它的几个主要优点。

(1) 平衡电桥采用了“示零法”——根据示零器的“零”或“非零”的指标，即可判断电桥是否平衡而不涉及数值的大小。因此，只需示零器足够灵敏就可以使电桥达到很高的灵敏度，从而为提高它的测量精度提供了条件。

(2) 用平衡电桥测量电阻的方法实质是拿已知的电阻和未知的电阻进行比较。这种比较测量法简单而精确。如果采用精确电阻作为桥臂，可以使测量的结果达到很高的精确度。

(3) 由于平衡条件与电源电压无关，故可避免因电压不稳定而造成的误差。电桥的灵敏度和电源的电压有关。

由式(17-4)可知：待测电阻 R_X 等于 R_1/R_2 与 R_b 的乘积。通常称 R_1、R_2 为比例臂，与此相应的 R_b 为比较臂，R_X 为测量臂。所以电桥由四臂、检流计和电源三部分组成，与检流计串联的限流电阻 R_h 和开关 K_G 都是为在调节电桥平衡时保护检流计，不使其在长时间内有较大电流通过而设置的。

在用天平称物体质量时，已知测得质量的精密度主要决定于天平的灵敏度，与此相似，使用电桥测量电阻时的精密度也主要取决于电桥的灵敏度。当电桥平衡时，若使测量臂 R_X 改变一微小量 ΔR_X，电桥将偏离平衡。检流计偏转 n 格，则相对灵敏度 S_i 表示电桥灵敏度

$$S_i = \frac{n}{\frac{\Delta R_X}{R_X}} \tag{17-5}$$

由式(17-5)式可知，如果检流计的可分辨偏转量为 Δn(取 0.2～0.5 格)，则由电桥灵敏度引入被测量的相对误差为

$$\frac{\Delta R_X}{R_X} = \frac{\Delta n}{S_i} \tag{17-6}$$

即电桥的灵敏度越高(S_i 越大)，由灵敏度引入的误差越小。

实验和理论证明，电桥的灵敏度与下面的因素有关(同学们可以研究此问题)：

(1) 与检流计的电流灵敏度 S 成正比。但是 S 值大，电桥就不易稳定，平衡调节比较困难；S 值小，测量精确度低。因此，选用适当灵敏度的检流计是很重要的。

(2) 与电源的电动势 E 成正比。

(3) 与电源的内阻 r_E 和串联的限流电阻 R_E 有关。增加 R_E 可以降低电桥的灵敏度，这对寻找电桥调节平衡较为有利。随着平衡逐渐趋近，R_E 值应当减到最小值。

(4) 与检流计和电源所接的位置有关。当 $R_G > r_E + R_E$，又 $R_X > R_2$、$R_b > R_1$ 或者 $R_X < R_2$、$R_b < R_1$，那么检流计接在图 17-2 位置比接在电源位置的电桥灵敏度来得高。当 $R_G < r_E + R_E$ 时，又 $R_X > R_2$、$R_b < R_1$ 或者 $R_X < R_2$、$R_b > R_1$ 的条件，那么电源和检流计的位置互换，电桥的灵敏度可更高些。

(5) 与检流计的内阻有关。R_G 越小，电桥的灵敏度越高，反之则低。

由于电桥的比例臂不等会存在系统误差，因此常常要消除不等臂的误差。消除不等臂误差的原理与方法：

电桥平衡时有 $R_X = \dfrac{R_1}{R_2} R_b$，由于 R_1 和 R_2 存在系统误差，示值和实际值不可能相等，我们采用的方法是交换 R_1 和 R_2 的位置，则

$$R'_X = \frac{R_2}{R_1} R'_b$$

那么 $R_{X0} = \sqrt{R_X \cdot R'_X} = \sqrt{\dfrac{R_1}{R_2} R_b \cdot \dfrac{R_2}{R_1} R'_b} = \sqrt{R_b \cdot R'_b}$。

从上式可知，消除了比例臂不等的系统误差，本方法叫“换臂法”。R_1 和 R_2 存在的系统误差被消除了。在做实验时，只要交换 R_1 和 R_2 的位置就可以。

【实验内容】

1. 用自组电桥测量电阻

用电阻箱连成桥路如图 17-3 所示，电源电压取 6.0 V，接到桥臂的导线应该比较短，与图 17-1 的不同之处在于增加了保护电阻 R_h、开关 K_g（在检流计上）和 K_b（实验时用电源开关代替）。开始操作时，电桥一般处在很不平衡的状态，为了防止过大的电流通过检流计，应将 R_h 拨至 1 000 Ω 以上。随着电桥逐步接近平衡，R_h 也逐渐减小直至为零。

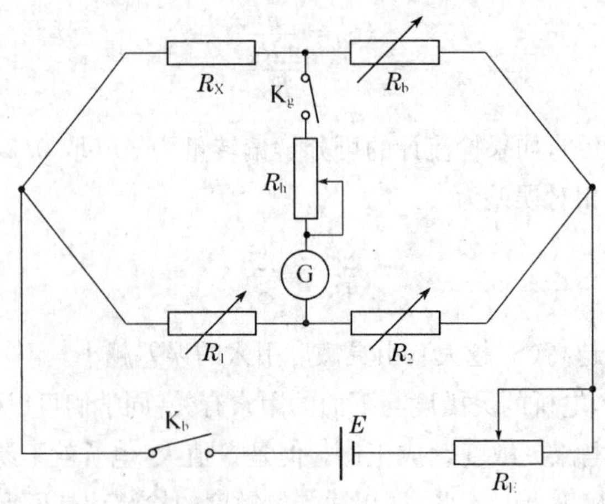

图 17-3　电桥实际电路

为了保护检流计，开关的顺序应注意先合 K_b、后合 K_g，先断开 K_g、后断开 K_b，即电源 K_b 要先合后断。

在电桥接近平衡时，为了更好地判断检流计电流是否为零，应反复开合开关 K_g（跃接法），细心观察检流计指针是否有摆动。

测量几十、几百、几千欧姆的电阻各一个。每次更换 R_X 前均要注意：① 增大 R_b；② 切断 K_g。

测量每个电阻，都要用换臂法消除不等臂系统误差。

2. 测量电桥的灵敏度

公式 $R_X=\frac{R_1R_b}{R_2}$ 是在电桥平衡的条件下推导出来的，而电桥是否平衡，实验上是看检流计有无偏转来判断的。当认为电桥已达到平衡时 $I_g=0$，而 I_g 不可能绝对等于零，而仅是 I_g 小到无法用本检流计检测而已。例如，有一惠斯通电桥上的检流计偏转一格所对应的电流大约为 10^{-6} A，当通过它的电流为 10^{-7} A，指针偏转 1/10 格，是可以察觉出来的；当通过它的电流小于 10^{-7} A 时，指针的偏转小于 1/10 格，就很难察觉出来了。为了定量地表示检流计不够灵敏带来的误差，可引入电桥相对灵敏度 S_i 的概念，它的定义是：

$$S_i=\frac{\Delta n}{\frac{\Delta R_X}{R_X}}$$

ΔR_X 是当电桥平衡后把 R_X 改变一定的数量，而 Δn 是因为 R_X 改变了 ΔR_X 电桥略失平衡引起的检流计偏转格数。

从误差来源看，只要仪器选择合适，用电桥测电阻可以达到很高的精度。在测相对灵敏度时，由于 R_X 是不可变的，故可以用改变 R_b 的办法来代替。计算表明：

$$S_i=\frac{\Delta n}{\frac{\Delta R_1}{R_1}}=\frac{\Delta n}{\frac{\Delta R_X}{R_X}}=\frac{\Delta n}{\frac{\Delta R_b}{R_b}}=\frac{\Delta n}{\frac{\Delta R_2}{R_2}}$$

可见，任意改变一臂测出的灵敏度，都是一样的。R_X 改变的数量 ΔR_X，由 Δn 决定，一般使检流计偏转 3～5 格。

用自组电桥测量三个待测电阻时的电桥灵敏度。

3. 用箱式电桥测量电阻

用内接电源和内接检流计。

（1）将检流计指针调到零。

（2）接上被测电阻 R_X，估计被测电阻的近似值，然后将比例臂旋钮转动到适当倍率。

（3）轻而快地先后按 B 并旋转达到自锁的位置，按 G_1（一触即离），同时观察检流计指针的偏转方向。若指针向右（即正向）表示 R_b 值太小，需增加；若指针向左（即负向）表示 R_b 值太大，需减小。这样几次调节 R_b，直至检流计无偏转为止，再按 G_0 重复上述的步骤，直至检流计无偏转为止。这时

$$R_X=\text{比例臂读数}\times\text{比较臂读数之和}\quad(\Omega)$$

(4) 重复上述步骤测量另外两个电阻。

注意:比例臂旋钮转动到适当倍率的原则是:比较臂的四个电阻都有读数!

【数据记录及其处理】

用惠斯通电桥测量的电阻数据记录在表 17－1 中。

表 17－1　惠斯通电桥测电阻数据记录表　　$R_1/R_2=500\ \Omega/500\ \Omega$

换臂前			换臂后		
R_b/Ω	$\Delta R_b/\Omega$	$\Delta n/\text{div}$	R'_b/Ω	$\Delta R'_b/\Omega$	$\Delta n'/\text{div}$

$R_{X0}=\sqrt{R_b\cdot R'_b}=$________$\Omega$, $S_i=\dfrac{\Delta n}{\dfrac{\Delta R_b}{R_b}}=$________div;

$u_s=C\cdot\dfrac{0.5}{S_i}R_b=\dfrac{R_1}{R_2}\cdot\dfrac{0.5}{S_i}R_b=$________$\Omega$;

$u_r=R_x\sqrt{\left(\dfrac{\Delta R_1}{R_1}\right)^2+\left(\dfrac{\Delta R_2}{R_2}\right)^2+\left(\dfrac{\Delta R_b}{R_b}\right)^2}=$________$\Omega$;

$u_{R_x}=\sqrt{(u_s^2+u_r^2)/3}=$________$\Omega$。

其中,$\Delta R_1=R_1a\%+0.005\ m=$________$\Omega$($a$ 为电阻箱的等级指数,在电阻箱上标出;m 为所使用的步进盘的个数,对于 R_1 和 R_2 而言,$m=4$,对于 R_b 而言,$m=6$)。

用箱式电桥测电阻的数据记录表格自己设计。

思考题

1. 能否用惠斯通电桥测毫安表或伏特表的内阻?测量时要特别注意什么问题?

2. 电桥测电阻时,若比例臂的选择不好,对测量结果有何影响?

3. 如果按图 17－3 连成电路,接通电源后,检流计指针始终向一边偏转、不偏转,试分析这两种情况下电路故障的原因。

实验 18　用电位差计测量电池的电动势和内阻

电位差计是根据被测电压和已知电压相互补偿的原理制成的高精度测量仪表。电位差计分交流、直流两种，用以测量电压、电流和电阻，交流电位差计还可测量磁性。电位差计是一种精密测量电位差（电压）的仪器，属于比较测量仪器，将未知电压与电位差计上的已知电压相比较。电位差计最突出的优点是测量时不改变被测量电路的原有工作状态，其准确度可以达到 0.001%或更高。电位差计不仅可以精密测量电动势、电压、电流和电阻，还可以用来校准精密电表和直流电桥等直读式仪表，在非电学量（温度、压力和速度等）的测量中也有重要的地位。通过学生式电位差计实验，可以了解电位差计的基本原理、结构和使用方法。

【实验目的】

1. 掌握用电位差计测电动势的原理。
2. 测量干电池的电动势和内阻。

【实验仪器】

学生式电位差计（87－1 型）；DHBC－2 电势箱；电阻箱；干电池；R_b 可变电阻箱；被校电表；连接线等。

【仪器描述】

图 18－1 为学生式电位差计实物图。基本误差为±0.2%（以满度值计算）；工作电流为 5.5 mA；有“×1”和“×0.1”两档倍率，“×1”档的测量上限为 1.710 V，最小分度为 0.000 1 V；“×0.1”档的测量上限为 171.0 mV，最小分度为 0.01 mV。该电位差计可以

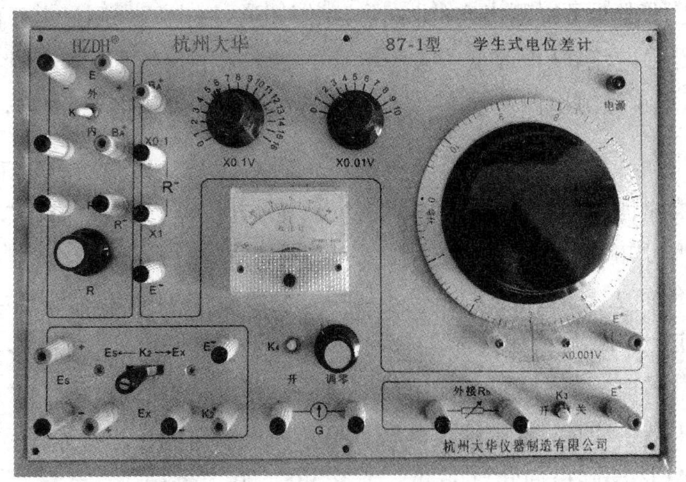

图 18－1　学生式电位差计实物图

在温度 0～+35 ℃，相对湿度不大于 80%的环境中使用。电位差计的工作电源为 2.8～3.2 V，可直接用直流稳压源或干电池。此时电源回路的工作电流调节可采用“内接 R”，当采用 4～6 V 直流稳压源时可采用外接电阻箱作工作电流调节。

【实验原理】

1. 电位补偿原理

电压表可以测量电路各部分的电压，但不能测量具有内阻的电源的电动势。因为电压表并联在电源的两端时(图 18-2)，根据闭合电路欧姆定律可知，电压表的指示是此时电源的端电压，而不是它的电动势。

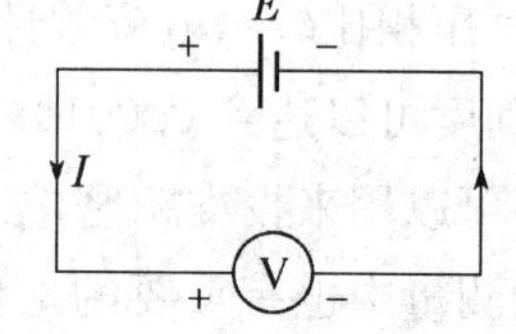

图 18-2　电压表测量电源电动势

在图 18-2 中，可知

$$U = E - Ir \tag{18-1}$$

式中，E 为电源电动势；r 为电源内阻；I 是回路中电流；U 是电压表指示数，表示为电源的端电压；Ir 为电源内阻上的电压降。由于电源内阻是未知的，因此由式(18-1)不能根据 U 的值准确确定电源的电动势。

图 18-3 是将被测电动势的电源 E_x 与一已知电动势的电源 E_o“+”端对“+”端，“−”端对“−”端地联成一回路，在电路中串联检流计“G”，若两电源电动势不相等，即 $E_x \neq E_o$，回路中必有电流，检流计指针偏转；如果电动势 E_o 可调并已知，那么改变 E_o 的大小，使电路满足 $E_x = E_o$，则回路中没有电流，检流计指示为零，这时待测电动势 E_x 得到已知电动势 E_o 的完全补偿。可以根据已知电动势值 E_o 定出 E_x，这种方法叫作补偿法。

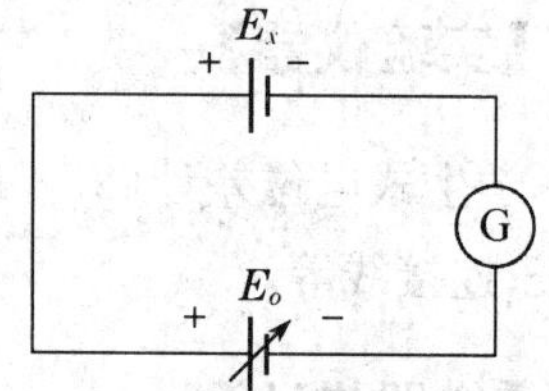

图 18-3　补偿原理示意图

如果要测任一电路中两点之间的电压，只需将待测电压两端点接入上述补偿回路代替 E_x，根据补偿原理就可以测出它的大小。我们知道，用电压表测量电压时，总要从被测电路上分出一部分电流，从而改变了被测电路的状态，用补偿法测电压时，补偿电路中没有电流，所以不影响被测电路的状态。这是补偿测量法最大的优点和特点。

2. 电位差计

按电压补偿原理构成的测量电动势的仪器称为电位差计。由上述补偿原理可知，采用补偿法测量电动势对 E_o 应有两点要求：① 可调：能使 E_o 和 E_x 补偿。② 精确：能方便而准确地读出补偿电压 E_o 大小，数值要稳定。

图 18-4 是实现补偿法测电动势的原理线路，即电位差计的原理图。采用精密电阻 R_{ab} 组成分压器，再用电压稳定的电源 E 和限流电阻 R 串联后向它供电。只要 R_{cd} 和 I_o 数值精确，

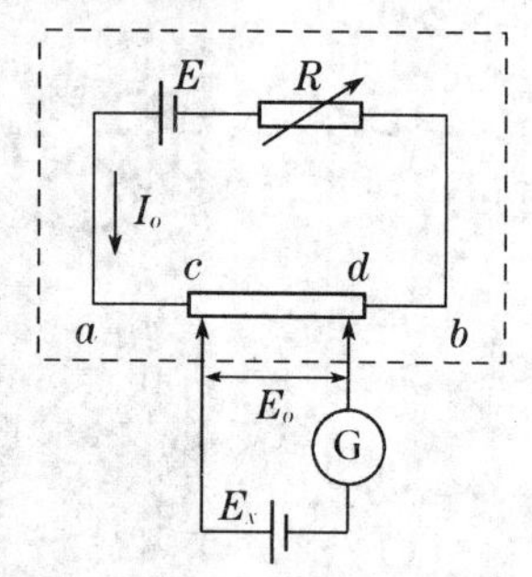

图 18-4　补偿电路图

则图中虚线内 cd 之间的电压即为精确的可调补偿电压 E_o，E_o 和 E_x 组成的回路 $cdGE_x$。

3. 电位差计的校准

要想使回路的工作电流等于设计时规定的标准值 I_o，必须对电位差计进行校准。方法如图 18－5 所示。E_s 是已知的标准电动势，根据它的大小，取 cd 间电阻为 R_{cd}，使 $R_{cd}=\frac{E_s}{I_o}$，将开关 K 倒向 E_s，调节 R 使检流计指针无偏转，电路达到补偿，这时 I_o 满足关系 $I_o=\frac{E_s}{R_{cd}}$，由于已知的 E_s、R_{cd} 都相当准确，所以 I_o 就被精确地校准到标准值，要注意测量时 R 不可再调，否则工作电流不再等于 I_o。

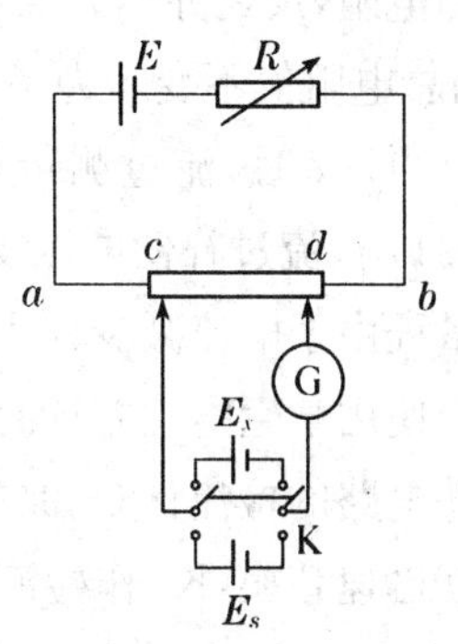

图 18－5 电位差计校准示意图

4. 测量未知电动势 E_x

在图 18－5 中，将开关 K 倒向 E_x，保持 R 不变即 I_o 不变，只要 $E_x \leqslant I_o R_{ab}$，调节 c、d 就一定能找到一个位置，使检流计再次无偏转，这时 c、d 间的电阻为 R_x，电压为 $E_x=I_o R_x$，因为实际的电位差计上都是把电阻的数值转换成电压数值标在电位差计上，所以可由表面刻度直接读出 $E_x=I_o R_x$ 的数值。

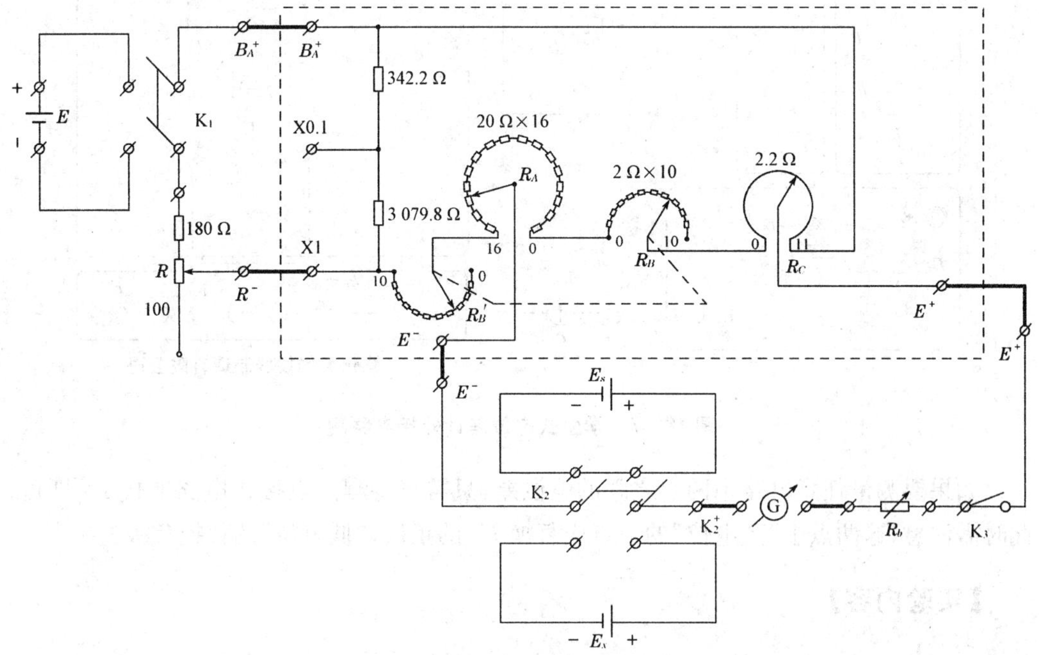

图 18－6 学生式电位差计内部电路图

学生式电位差计内部电路如图 18－6 虚线内所示，电阻 R_A、R_B、R_C 相当于图 18－5 中的电阻 R_{ab}，可见 B_A^+ 和 R^- 两个接头相应于图 18－5 的 b、a 两点，E^+、E^- 两个接头则相应于 c、d 两点。R_A 全电阻是 320 Ω，分 16 档，每档 20 Ω；R_B 全电阻是 20 Ω，分 10 档，每档 2 Ω电阻；R_C 为滑线盘电阻，电阻值为 2.2 Ω。R_B 电阻在测量时，会随测量档的变化而变化，这势必引起如图 18－5 中 a、b 间电阻变化，破坏了工作电流 I_0 的不变的规定。为此，引入 R'_B所谓的替代电阻。R_B 和 R'_B同轴变化。当 R_B 每增加一档电阻时，R'_B则减少一档电阻，反之亦然。保证 R_B 不论处于哪一档，$R_B+R'_B=20\ \Omega$ 不变，确保图 18－5 中 a、b 间总电阻值不变。为了实施量程变换，在产生测量补偿电压支路上并联了一条分流支路。当×1 时，流过测量补偿电压支路的电流为 5 mA，分流支路的电流为 0.5 mA；当×0.1时，流过补偿电压支路的电流为 0.5 mA，流过分流支路的电流为 5 mA。显然，后者量程由于电流减少到十分之一，量程也变小十分之一。

使用学生电位差计时，必须加接外电路，如图 18－7 所示。而 R_A、R_B、R_C（由 c 到 d）和外电路的检流计 G、保护电阻 R_b 等组成补偿回路。K_1 为电源开关，K_2 可保持 E_s 和 E_x 相互迅速替换，K_3 作检流计的开关，R_b 是可变电阻箱，用以保护检流计和标准电池。

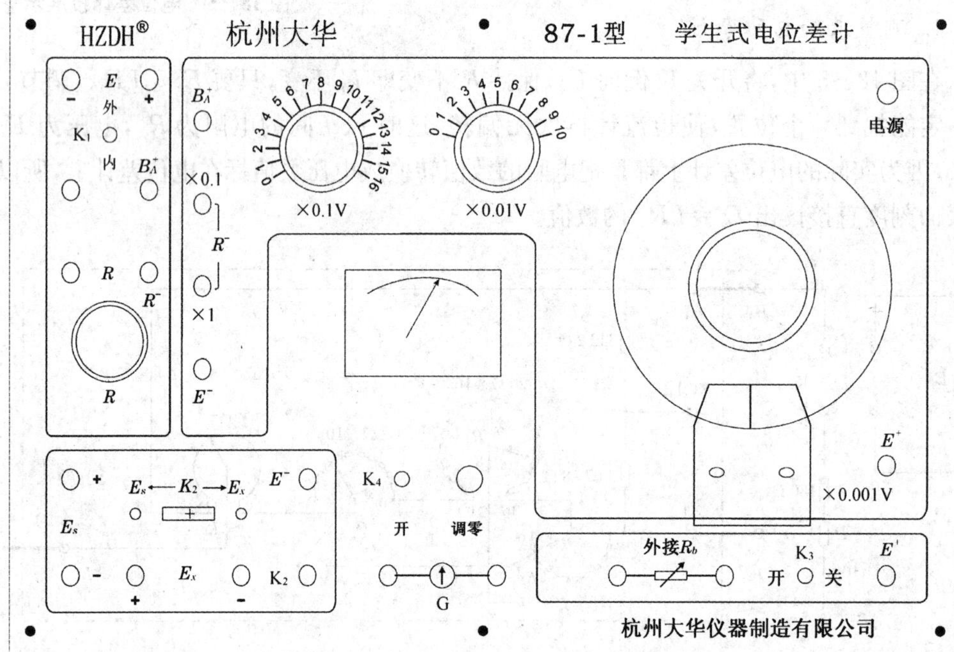

图 18－7　学生式电位差计外接电路图

如果要测量任意电路中两点之间的电位差，只需将待测两点接入电路取代 E_x 即可，此时需注意，这两点中“高电位”的一点应替换 E_x 的正极，“低电位”的替换负极。

【实验内容】

1. 校准学生式电位差计（校准）

使用电位差计之前，先要进行校准，使电流达到规定值。先放好 R_A、R_B 和 R_C，使其电压刻度等于标准电池电动势，取掉检流计上短路线，用所附导线将 K_1、K_2、K_3、G、R、R_b 和电位差计等各相应端钮间按原理线路图进行连接，经反复检查无误后，接入工作电源 E，标准电池 E_s 和待测电动势 E_x，R_b 先取电阻箱的最大值（使用时如果检流计不稳定，可将其值调小，直到检流计稳定为止），合上 K_1、K_3，将 K_2 推向 E_s（间歇使用），并同时调节

R，使检流计无偏转（指零），为了增加检流计灵敏度，应逐步减少 R_b，如此反复开、合 K_2，确认检流计中无电流流过时，则 I_o 已达到规定值。

2. 测量电池电动势（测量）

按待测电动势的近似值放好 R_A、R_B、R_C，R_b 先取最大值，K_2 推向 E_x 并同时调电位差计 R_A、R_B、R_C 和 R_b 使检流计无偏转（在测 E_x 的步骤中 R 不能变动），此时 R_A、R_B 和 R_C 显示的读数值即为 E_x 值，测量结束应打开 K_1、K_2、K_3。

重复“校准”与“测量”两个步骤。共对 E_x 测量三次，取 E_x 的平均值作为测量结果。

3. 测量电池的内阻

(1) 打开 K_2、K_3，将图 18－6 中 E_x 换成图 18－8 所示的线路，其余部分不变，R' 为电阻箱。

(2) 同上述测量步骤，合上 K_4 测得 R'，两端电压 E'。

由 $E'=E_x-Ir=E_x-\dfrac{E_x}{R'+r}r$，化简得

$$r=\left(\frac{E_x}{E'}-1\right)R' \qquad (18-2)$$

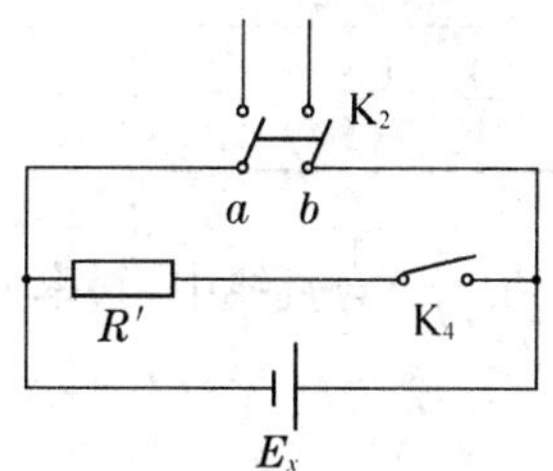

图 18－8　测量电池内阻示意图

式中：r 为电池内阻(Ω)；E_x 为电池电动势(V)；E' 为 K_4 合上时的端电压(V)；R' 为与电池并联的电阻箱阻值(Ω)。

R' 已知，只要分别测出当开关 K_4 打开和合上时 ab 两端的电压 E_x 和 E'，然后代入公式可求得电池内阻。

【注意事项】

1. 连线时标准电池、电源正负极一定要接正确。

2. 实验完毕后电动势箱、电位差计的开关要全部断开，测量选择开关 K_2 放在中间位置的“断”档上。

3. 实验完毕后灵敏电流计应置于“短路”档。

【数据记录及其处理】

1. 测量电池电动势。数据记录在表 18－1 中。

表 18－1　电池电动势测量数据记录表

$E(V)$ \ $E_x(V)$					
1					
2					
3					
$\overline{E_x}$					

2. 测量电池的内阻。数据记录在表 18－2 中,并用作图法作出$\frac{1}{U_R}$-$\frac{1}{R}$曲线,根据曲线的斜率和截距,计算电池的内阻。

表 18－2 电池内阻测量数据记录表

$R(\Omega)$					
$U_R(\mathrm{V})$					
$\frac{1}{U_R}\left(\frac{1}{\mathrm{V}}\right)$					
$\frac{1}{R}\left(\frac{1}{\Omega}\right)$					

在$\frac{1}{U_R}$-$\frac{1}{R}$直线中,斜率 k=________;截距 b=________;电池内阻 $R_{E内}$=________。

思考题

1. 用电位差计和电压表分别测量同一电阻两端的电势差时读数是否相同？哪一个更准确？为什么？

2. 用电位差计进行测量时为什么必须先校正工作电流？

3. 在校正电位差计工作电流时,如果灵敏电流计指针总是向一边偏转,无法调到补偿状态,你认为可能的原因是什么？如果在测量某电势差时,也出现这种情况,可能的原因是什么？

【附录】

DHBC－2 型标准电势和待测电势使用介绍

DHBC－2 型产品选用高精度电压基准源来代替标准电池,克服了标准电池的诸多缺点,不仅能作为标准电池用,还可利用电压调节旋钮提供不同大小的被测电势差。当测量精度要求不高时,可以不对其进行温度修正,输出 1.018 6 V 标准电势作为电位差计的标准电源。

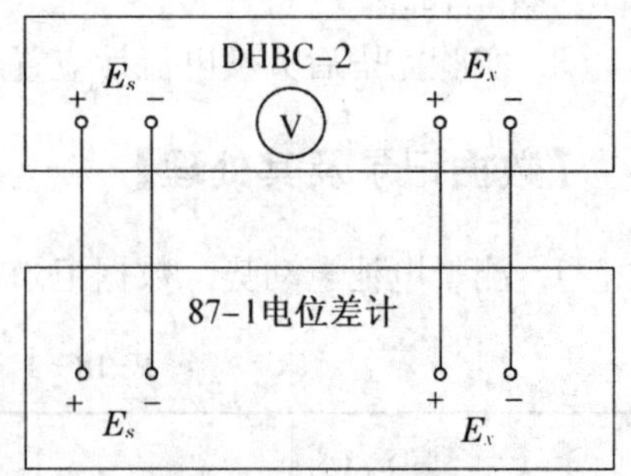

图 18－9 DHBC－2 型标准电势和待测电势与电位差计连接示意图

DHBC－2 型产品为市电型,接通交流 220 V 电源,预热半小时后即可工作。若对测量精度要求不高,也可适当缩短预热时间。

DHBC－2 型标准电势和待测电势与电位差计连接方法图 18－9 所示。

实验19 分光计调节和棱镜玻璃折射率的测定

分光计是一种常用的光学仪器,具有分光和精确测量角度的作用。在几何光学实验中可以用来测量三棱镜的顶角、最小偏向角等,并通过角度来测量其他一些光学参量,如棱镜玻璃的折射率等;在物理光学实验中,加上分光元件(如棱镜、光栅等)可以作为分光仪器,用来观察光谱,测量光栅常量、光波波长等。因此,分光计也是摄谱仪、单色仪等光谱仪器的基础。分光计比较精密,结构比较复杂,使用时必须严格按照一定的步骤进行调整,才能得到较高精度的测量结果。分光计的调整原理、方法和技巧,在光学仪器调整和使用中具有一定的代表性。

【实验目的】

1. 了解分光计的结构及各组成部件的作用,正确掌握调整分光计的要求和方法。
2. 测定三棱镜的顶角。
3. 测定最小偏向角,确定棱镜玻璃的折射率。

【实验仪器】

JJY 1′型分光计;钠灯;平面镜;三棱镜。

【仪器描述】

1. 分光计的结构

分光计的型号很多,结构基本相同,都是由4个部件组成:平行光管、自准直望远镜、载物台和读数装置(图19-1)。分光计的下部有一个竖轴,称为分光计的中心轴。

(1) 自准直望远镜(阿贝式)。阿贝式自准直望远镜与一般望远镜一样具有目镜、分划板及物镜三部分。分划板上刻画的是“╪”准线,而且边上粘有一块45°全反射小棱镜,其表面涂了不透明薄膜,薄膜上刻了一个空心“+”字窗口,小电珠光从管侧射入后,调节目镜前后位置,可以在望远镜目镜视场中看到如图19-2中所示的景象。若在物镜前放一平面镜,前后调节目镜(连同分划板)与物镜的间距,使分划板处于物镜焦平面上时,小电珠发出透过空心“+”字窗口的光经物镜后成平行光射入平面镜,反射光经物镜后在分划板上形成“+”字窗口的像。若平面镜镜面与望远镜光轴垂直,此像将落在准线上方的交叉点上,如图19-3所示。

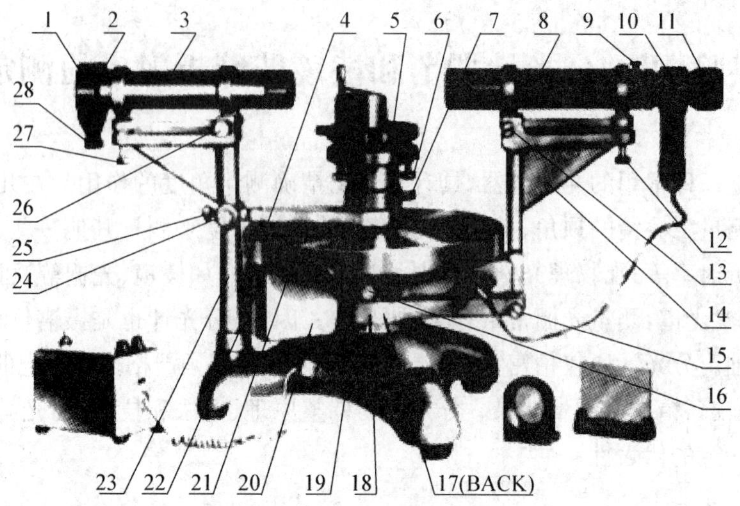

图 19-1　分光计结构示意图

1—狭缝装置　2—狭缝装置锁紧螺钉　3—平行光管部件　4—制动架(2)　5—载物台　6—载物台调平螺钉(3只)　7—载物台锁紧螺钉　8—望远镜部件　9—目镜锁紧螺钉　10—阿贝式自准直目镜　11—目镜视度调节手轮　12—望远镜光轴高低调节螺钉　13—望远镜光轴水平调节螺钉　14—支臂　15—望远镜微调螺钉　16—转座与度盘止动螺钉　17—望远镜止动螺钉　18—制动架(1)　19—底座　20—转座　21—度盘　22—游标盘　23—立柱　24—游标盘微调螺钉　25—游标盘止动螺钉　26—平行光管光轴水平调节螺钉　27—平行光管光轴高低调节螺钉　28—狭缝宽度调节手轮平螺钉(3只)

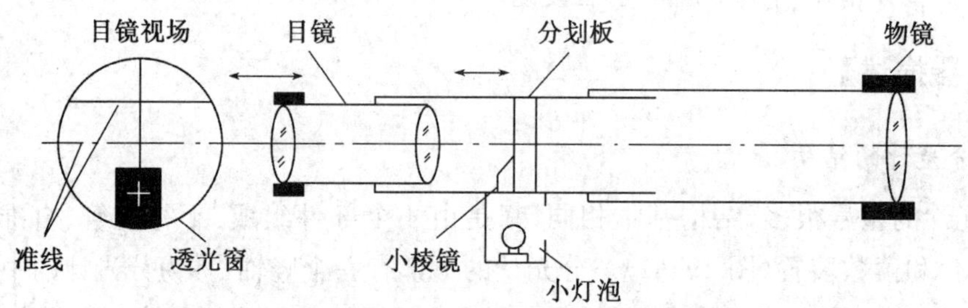

图 19-2　分光计中望远镜的结构示意图

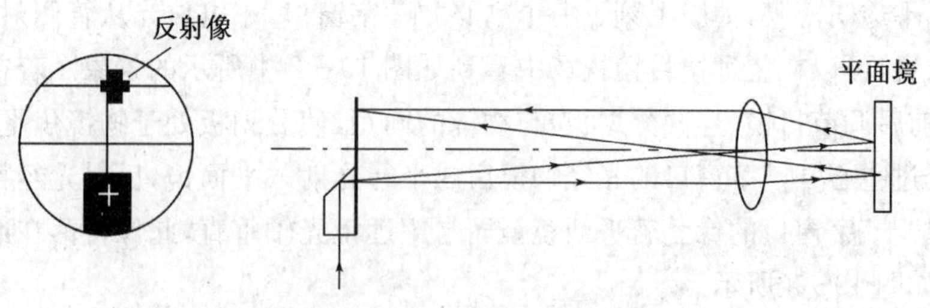

图 19-3　望远镜中的反射像

(2) 平行光管。它是由一个宽度和位置均可调节的狭缝和一个会聚透镜所组成，如图 19 - 4 所示。当狭缝位于透镜的焦平面上时，凡是从狭缝进入平行光管的光线，经过透镜射出后，都成为平行光束。

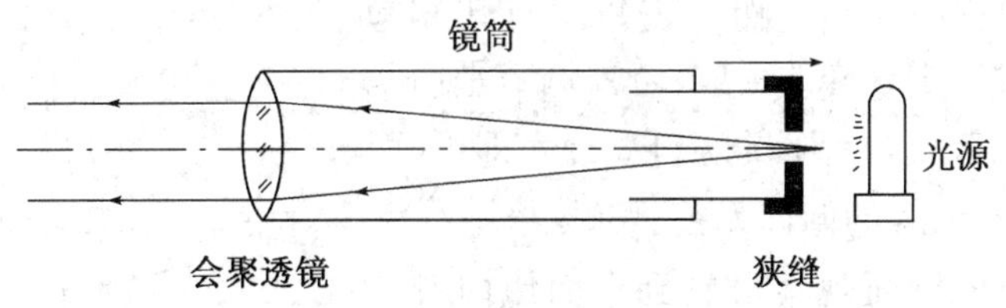

图 19 - 4　平行光管结构示意图

(3) 载物台。载物台套装在游标盘上，可以绕中心轴转动，它是为放置平面镜、棱镜、光栅或其他被测光学元件而设置的。台下有三个螺丝，可调节平台水平。

(4) 读数装置。读数装置由刻度圆盘和沿圆盘边相隔 180°对称的两游标 T 和 T' 组成。

刻度圆盘相差 360°，最小分度为 0.5°(30′)，小于 0.5°的读数利用游标读出。角游标的读法与游标卡尺相同。游标上有 30 格，所以游标上的读数单位为 1′。如图 19 - 5 所示位置，其读数为

$$87°30'+\underline{15'}=87°45'$$

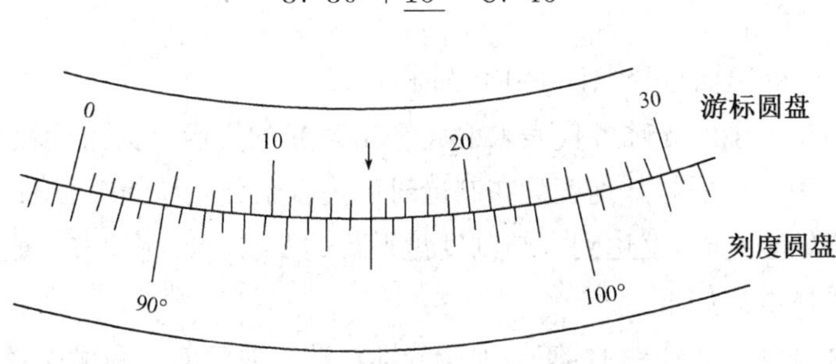

图 19 - 5　分光计中的读数装置

两个游标对称放置是为了消除刻度盘中心与分光计中心轴线之间的偏心差。测量时要同时记下两游标所示的读数。

为了准确测量角度，测量前应了解分光计上每个零件的作用以便调节。一台已调好的分光计必须具备以下三个条件：① 望远镜聚焦于无穷远，或称适合于观察平行光；② 平行光管射出的光是平行光——即狭缝口的位置正好处于平行光管透镜(物镜)的焦平面处；③ 望远镜和平行光管的中心光轴一定要与分光计的中心轴相互垂直。

2. 分光计的调整

(1) 目测粗调：根据眼睛的粗略估计，调节望远镜、平行光管大致成水平状态；调节载物台下的 3 个水平调节螺钉，使载物台大致成水平状态。这一步粗调是以下细调的前提，也是细调成功的保证。

(2) 用自准法调节望远镜聚焦于无穷远。

① 调节目镜调焦手轮，直到能够清楚地看到分划板“准线”为止。

② 接上照明小灯电源，打开开关，可在目镜视场中看到如图 19－2 所示的“准线”和带有绿色的小“＋”字窗口。

③ 将平面镜按图 19－6 所示方位放置在载物台上，这样放置是出于这样的考虑：若要调节平面镜的俯仰，只需要调节载物台下的螺钉 a 或 c 即可，而螺钉 b 的调节与平面镜的俯仰无关。

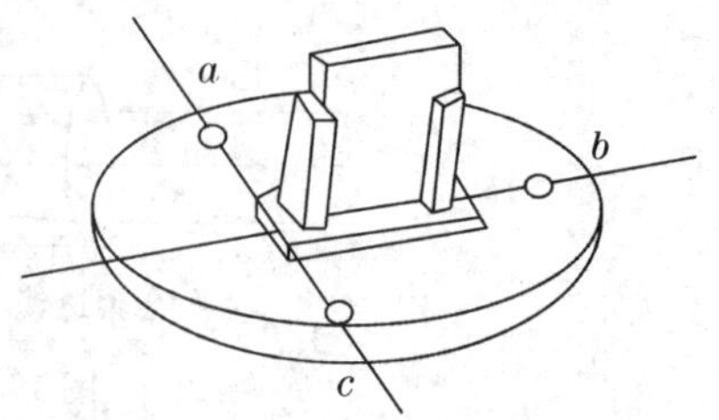

图 19－6　平面镜在载物台上的放置方法

④ 沿望远镜外侧面观察可看到平面镜内有一亮“＋”字，轻缓地转动载物台，亮“＋”字也随之转动。但若用望远镜对着平面镜看，往往看不到此亮“＋”字，这说明从望远镜射出的光没有被平面镜反射到望远镜中。我们仍将望远镜对准载物台上的平面镜面，调节镜面的俯仰，并转动载物台让反射光返回望远镜中，使由透明十字发出的光经过物镜后（此时从物镜出来的光还不一定是平行光）再经平面镜面反射，由物镜再次聚焦，于是在分划板上形成模糊的像斑（注意：调节是否顺利，以上步骤是关键）。然后先调物镜与分划板间的距离，再调分划板与目镜的距离，使从目镜中既能看清准线，又能看清亮“＋”字的反射像。注意准线与亮“＋”字的反射像之间有无视差，如有视差，则需反复调节，予以消除。如无视差，则望远镜已聚焦于无穷远。

(3) 调整望远镜光轴与分光计的中心轴相垂直。

平行光管与望远镜的光轴各代表入射光和出射光的方向。为了测准角度，必须分别使它们的光轴与刻度盘平行。刻度盘在制造时已垂直于分光计的中心轴，因此，当望远镜与分光计的中心轴垂直时，就达到了与刻度盘平行的要求。具体调整一般采用“减半逐步逼近”调节法，具体方法如下：

平面镜仍竖直置于载物台上，使望远镜分别对准平面镜前后两镜面，利用自准法可以分别观察到两个亮“＋”字的反射像，如图 19－7(a)所示。如果望远镜光轴与分光计的中心轴相垂直，而且平面镜反射面又与中心轴平行，则转动载物台时，从望远镜中可以两次观察到由平面镜前后两个面反射回来的亮“＋”字像与分划板准线的上部“＋”字线完全重合，如图 19－7(d)所示。若望远镜光轴与分光计中心轴不垂直，平面镜反射面也不与中心轴相平行，则转动载物台时，从望远镜观察到的两个亮“＋”字反射像必然不会同时与分划板准线的上部十字线重合，而是一个偏低，一个偏高，甚至只能看到一个。这时需要认真分析，确定调节措施，切不可盲目乱调。重要的是必须先粗调，即先从望远镜外面目测，调节到从望远镜外侧能观察到两个亮“＋”字像；然后再细调，从望远镜视场中观察，当无论以平面镜的哪一个反射面对准望远镜，均能观察到亮“＋”字像。若从望远镜中看到准线与亮十字像不重合，它们的交点在高低方向相差一段距离 h，如图 19－7(b)所示。此时调节望远镜光轴高低调节螺钉使差距减小为 $h/2$，如图 19－7(c)所示；再调节载物台下的水平调节螺钉，消除另一半距离，使准线的上部十字线与亮十字线重合，如图 19－7(d)所示。再将载物台旋转 180°，使望远镜对着平面镜的另一面，采用同样方法调节，如此重复调整，直至转动载物台时，从平面镜前后两表面反射回来的亮“＋”字像都能与分划板准线的上部“＋”字线重合为止。这时望远镜光轴和分光计的中心轴相垂直，常称这种方法为逐次逼近各半调整法。

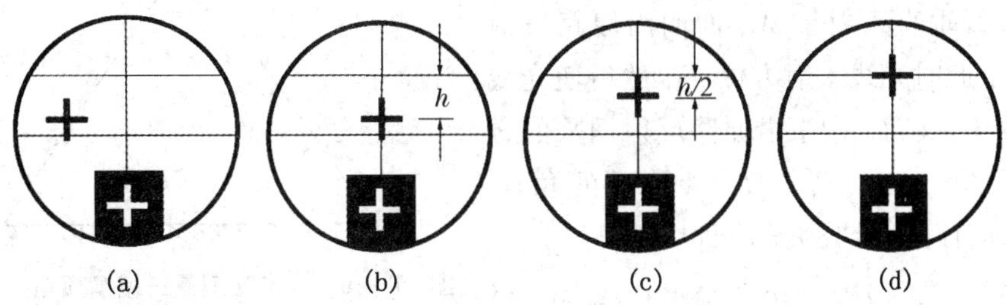

图 19－7　“逐次逼近各半”调节法示意图

(4) 调整平行光管。

用前面已调节好的望远镜调节平行光管。当平行光管射出平行光时，则狭缝成像于望远镜物镜的焦平面上，在望远镜中就能清楚地看到狭缝像，并与准线无视差。

① 调整平行光管产生平行光

取下载物台上的平面镜，关掉望远镜中照明小灯，用钠灯照亮狭缝，从望远镜中观察来自平行光管的狭缝像，同时调节平行光管狭缝与其透镜间距离，直到看见清晰的狭缝像为止，然后调节缝宽使望远镜视场中的缝宽约 1 mm。

② 调整平行光管的光轴与分光计中心轴相垂直

看到清晰的狭缝像后，转动狭缝(但前后不能移动)成水平状态，调节平行光管光轴高低调节螺钉，使狭缝水平像被分划板上中央“＋”字线(即下准线)的水平线上、下平分，如图 19－8(a)所示，这时平行光管的光轴已与分光计中心轴相垂直。再把狭缝转至铅直位置并需保持狭缝像最清晰而且无视差，如图 19－8(b) 所示。

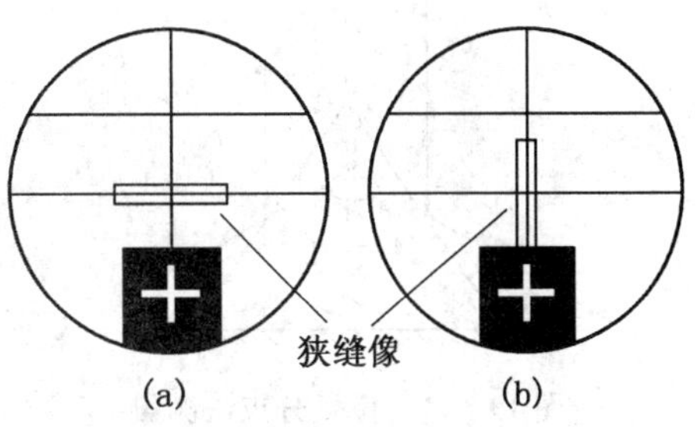

图 19－8　平行光管调整示意图

至此，分光计已全部调节好，使用时必须注意分光计上除刻度盘止动螺钉及其微调螺钉外，其他螺钉不能任意转动，否则将破坏分光计的工作条件，须重新调节。

【实验原理】

三棱镜如图 19－9 所示，AB 和 AC 是两个透光的光学表面，称为折射面，其夹角 α 称为三棱镜的顶角；BC 为毛玻璃面，称为三棱镜的底面。

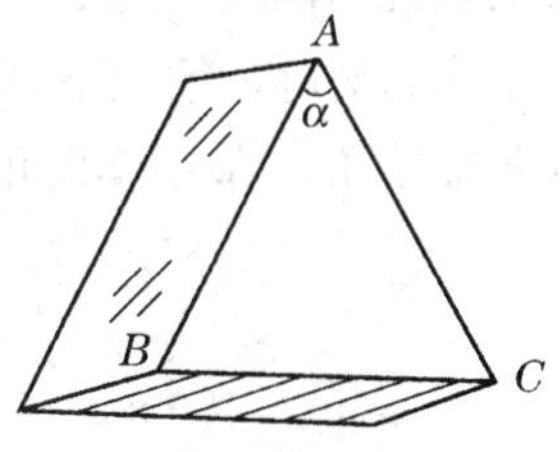

图 19－9　三棱镜

1. 测量三棱镜的顶角

(1) 自准法

图 19－10 为自准法测量三棱镜顶角的示意图。光线垂直入射于 AB 面而沿原路反射回来，记下此时光线入射方位 T_1，然后使光线垂直入射于 AC 面，记下沿原路反射回来的方位 T_2。则角 $\varphi=|T_1-T_2|$（转过的角度 $<180°$），而顶角 $\alpha=180°-\varphi$，即

$$\alpha=180°-|T_1-T_2| \tag{19-1}$$

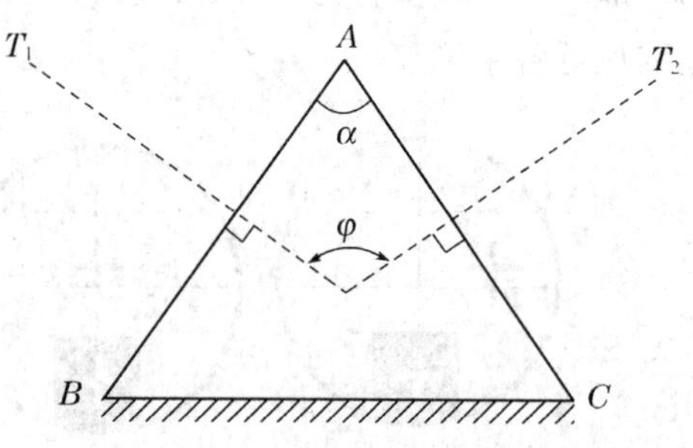

图 19－10　自准法测量三棱镜顶角的示意图

(2) 棱脊分束法

图 19－11 为棱脊分束法测量三棱镜顶角的示意图。平行光束被棱镜的两个折射面分成两部分。固定分光计上其余可动部分，转动望远镜至 T_1 位置，观察由棱镜的一折射面所反射的光线，使之与竖直叉丝重合；将望远镜再转至 T_2 位置（转过的角度 $<180°$），观察由棱镜的另一折射面所反射的光线，再使之与竖直叉丝重合，望远镜的两位置所对应的游标读数之差 φ 为棱镜角 α 的两倍，即

$$\alpha=\frac{1}{2}|T_1-T_2| \tag{19-2}$$

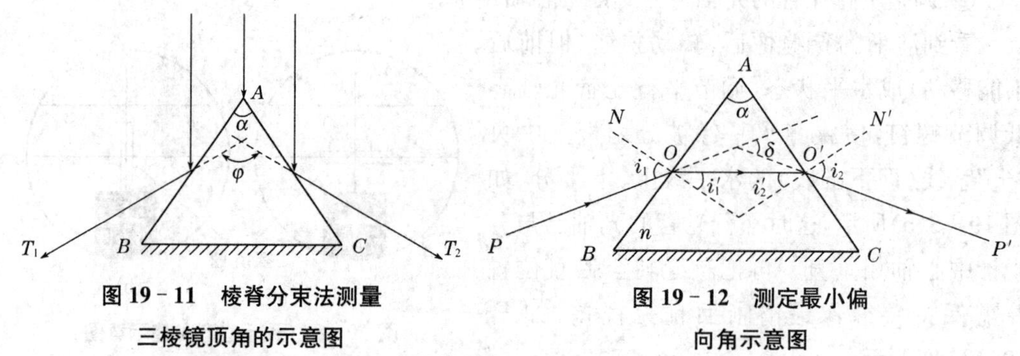

图 19－11　棱脊分束法测量三棱镜顶角的示意图

图 19－12　测定最小偏向角示意图

2. 用最小偏向角法测定三棱镜的折射率

棱镜玻璃的折射率，可用测定最小偏向角的方法求得。如图 19－12 所示，光线 PO 经待测棱镜的两次折射后，沿 $O'P'$ 方向射出时产生的偏向角为 δ。在入射光线和出射光线处于光路对称的情况下，即 $i_1=i_2$，偏向角为最小，记为 δ_m。可以证明：棱镜玻璃的折射率 n 与棱镜角 α、最小偏向角 δ_m 有如下关系：

$$n=\frac{\sin\frac{\alpha+\delta_m}{2}}{\sin\frac{\alpha}{2}} \tag{19-3}$$

因此，只要测出 α 与 δ_m 就可由式(19－3)求得折射率 n。

由于透明材料的折射率是光波波长的函数，同一棱镜对不同波长的光具有不同的折

射率，所以当复色光(例如汞灯发出的光)经棱镜折射后，不同波长的光将产生不同的偏向而被分散开来。通常所说的某种透明媒质的折射率，是指对波长为 589.3 nm 的钠黄光而言的，记作 n_D。

【实验内容】

1. 分光计的调节

在正式测量之前，请先弄清所使用的分光计中下列各螺钉的位置：① 控制望远镜(连同刻度盘)转动的止动螺钉；② 控制望远镜微调螺钉；③ 控制游标盘(连同载物台)转动的止动螺钉和微调螺钉。

2. 测三棱镜顶角 α

(1) 三棱镜的调整

三棱镜的两个折射面的法线应与分光计中心轴相垂直。调整方法：根据自准原理，用已调好的望远镜来进行。为了便于调整，三棱镜应按图 19－13 所示的位置放置在载物台上，使平台下 3 个螺钉 a、b、c 中每两个的连线与三棱镜的镜面正交。调节载物台使三棱镜的一个折射面 AC 对准望远镜，调节 AC 面下方载物台下的水平调节螺钉 a，使准线上部的水平线与亮"＋"字像重合(注意此时望远镜已调好，不可再调)。再旋转载物台，使棱镜另一折射面 AB 对准望远镜，以同样方法调节成重合。经反复调整，直到 AC、AB 面反射回来的亮"＋"字像均能和分划板准线的上部"＋"字线重合为止。此时三棱镜的两个折射面的法线均与分光计中心轴相垂直。

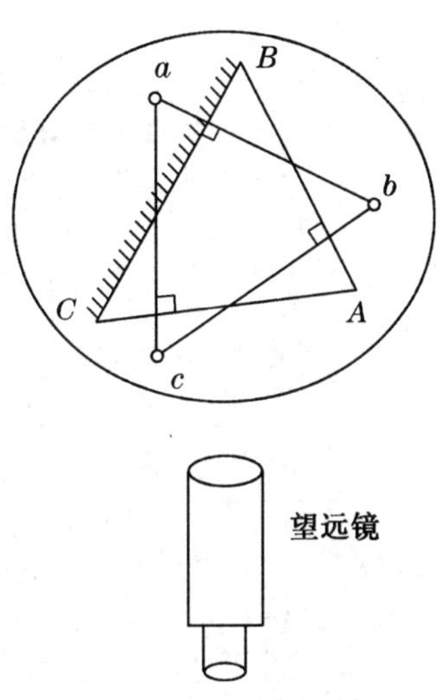

图 19－13　三棱镜放置在载物台上的位置

(2) 自准法测量顶角

按图 19－10 将望远镜的光轴垂直于 AB 面，由两个游标读出望远镜的位置值 T_1 和 T_1'；再将望远镜的光轴垂直于 AC 面，从两个游标读出望远镜的位置值 T_2 和 T_2'，则三棱镜的顶角为

$$\alpha=180°-\frac{1}{2}(|T_1-T_2|+|T_1'-T_2'|) \tag{19-4}$$

重复测量 5 次，列表记录数据，计算顶角 α 的平均值及其不确定度 $u(\alpha)$，注 $\Delta_{仪}=1'$。

(3) 棱脊分束法测量顶角

按图 19－11 将三棱镜、光源放置好，用望远镜在左右两侧找到反射光线。固定分光计上其余可动部分，转动望远镜使反射光线与竖直叉丝重合，由两个游标读出望远镜的位置值 T_1 和 T_1'；再将望远镜转至另一侧反射光线，使之与竖直叉丝重合，从两个游标读出望远镜的位置值 T_2 和 T_2'，则望远镜的两位置所对应的游标读数之差 φ 为

$$\varphi=\frac{1}{2}(|T_1-T_2|+|T_1'-T_2'|)$$

棱镜角 α 为

$$\alpha=\frac{1}{2}\varphi \tag{19-5}$$

重复测量 5 次，列表记录数据，计算顶角 α 的平均值及其不确定度 $u(\alpha)$，注 $\Delta_{仪}=1'$。

3. 用最小偏向角法测定三棱镜的折射率

将平行光管狭缝对准钠灯，并使三棱镜、望远镜和平行光管处于如图19－14所示的相对位置，即可在望远镜中看到钠黄谱线(即狭缝的像)。调节缝宽，使光谱线细而清晰地成像在望远镜分划板平面上。

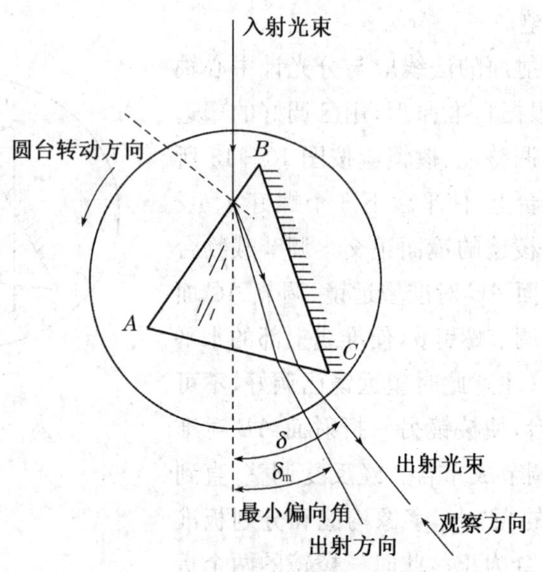

图 19－14 测量最小偏向角的方法

松开载物台下的紧固螺钉，将游标盘固定，即内盘固定。转动载物台使谱线向入射光方向靠拢，即减小偏向角 δ，继续转动载物台，并转动望远镜跟踪该谱线，直至载物台继续沿着同方向转动时谱线逆转(即不再与载物台同步转动，而是向相反方向转动)，此转折点即为相应于该谱线的最小偏向角位置。

通过望远镜观察所认定的那条谱线，并细心地重新观察载物台转动时该谱线的移动情形(注意此时望远镜视场中的准线中心应能始终跟踪该谱线)，使该谱线刚好在望远镜视场的准线处发生逆转(望远镜所在方位即是该单色谱线的最小偏向位置)。

分别读出此时双游标上的相应读数 T_1 和 T_1'，测出该谱的最小偏向角的方位角读数。

移去三棱镜，将望远镜对准平行光管，使望远镜准线对准狭缝中点，读出两个游标的相应读数 T_2 和 T_2'。

按 $\delta_m=\frac{1}{2}(|T_1-T_2|+|T_1'-T_2'|)$，计算最小偏向角 δ_m，对于黄色谱线重复测量 5

次，算出 δ_m 的平均值，根据式(19-3)求出 n_D。

【数据记录及其处理】

1. 棱镜顶角的测定

表 19-1　自准法测棱镜顶角

序号	T_1	T_2	T'_1	T'_2	α
1					
2					
3					
4					
5					
平均值					

表 19-2　棱脊分束法测棱镜顶角

序号	T_1	T_2	T'_1	T'_2	α
1					
2					
3					
4					
5					
平均值					

2. 棱镜最小偏向角的测定

表 19-3　测量棱镜的最小偏向角

序号	T_1	T_2	T'_1	T'_2	δ_m
1					
2					
3					
4					
5					
平均值					

3. 棱镜折射率的计算

n_D=________。

【注意事项】

1. 望远镜、平行光管上的镜头、三棱镜、平面镜的镜面不能用手摸、揩。如发现有尘埃时，应该用镜头纸轻轻揩擦。三棱镜、平面镜不准磕碰或跌落，以免损坏。

2. 分光计为精密仪器，各活动部分均应小心操作。当轻轻推动可转动部件（例如望远镜、游标盘）而无法转动时，切记不可强制其转动，以免磨损仪器的转轴。为避免这种情况出现，应在每次转动望远镜和游标盘前，先看一下止动螺钉是否放松。

3. 调节狭缝宽度时，千万不能使其闭拢，以免使狭缝受到严重损坏。

4. 在游标读数过程中，由于望远镜可能位于任何方位，故应注意望远镜转动过程中是否越过了刻度零点。如越过刻度零点，则必须按式 $\varphi=360°-|T'-T|$ 计算望远镜转角。例如当望远镜由位置Ⅰ转到Ⅱ时，双游标的读数记录在表 19－4 中。

表 19－4　双游标读数

望远镜位置	游标(左)	游标(右)
Ⅰ	$T_1=175°45'$	$T_2=355°48'$
Ⅱ	$T'_1=295°43'$	$T'_2=115°44'$

由左游标读数可得望远镜转角为

$$T_{左}=T'_1-T_1=119°58'$$

由右游标读数可得望远镜转角为

$$T_{右}=360°-|T'_2-T_2|=119°56'$$

$T_{左}\neq T_{右}$ 说明有偏心差，所以望远镜的实际转角为

$$T=\frac{T_{左}+T_{右}}{2}=119°57'$$

5. 在暗室中，由望远镜中观察图像和分划板"＋"字线时，眼睛易疲劳，所以一要耐心，二要及时地自我调节。即观察久了就脱离望远镜，让眼睛休息一下，必要时做做眼保健操。

思考题

1. 调节望远镜光轴垂直于仪器中心轴时可能看到两类现象：

(1) 由平面镜两个镜面反射的绿"十"字像都在准线的上方。

(2) 由两个面反射的像，一个在上，一个在下。

试分析说明两者主要是由望远镜和载物台的倾斜而引起的。怎样调节能迅速使两个面反射的像的水平线都和准线上方的水平线重合?

2. 若平面镜两次反射的绿"＋"字像，一个偏高上水平线的距离为 a，另一个偏下 $5a$，此时应该如何调节?

实验 20　用掠入射法测定透明介质的折射率

折射率是透明材料的重要光学常数。测定透明材料折射率的方法很多，最小偏向角法（参看分光计的调节和使用）和全反射法是比较常用的两种方法。最小偏向角法具有测量精度高、被测折射率的大小不受限制、不需要已知折射率的标准试件而能直接测出被测材料的折射率等优点。但是被测材料要制成棱镜，而且对棱镜的技术条件要求高，不便快速测量。全反射法属于比较测量，虽然测量准确度较低（大约$\Delta n_D=0.0003$），被测折射率的大小受到限制（n_D大约为 1.3～1.7），对于固体材料也需要制成试件，但是全反射法具有操作方便、迅速的特点。

【实验目的】

1. 加深理解全反射原理及其应用。
2. 掌握用掠入射测定液体的折射率。

【实验仪器】

分光计；三棱镜（两块）；钠灯；待测液体；毛玻璃屏。

【实验原理】

设待测物体的折射率为 n，折射棱镜的折射率为 n_1，如图 20－1 所示。若 $n_1>n$，根据折射定律，沿 BA 掠射的光线经 AB 面折射后以全反射临界角进入折射棱镜，然后以折射角 i 从 AC 面出射至空气中。以这条光线为界，所有入射角小于 90°的入射光线经 AB 面折射后的折射角都小于临界角，且均在这条光线的下方。所有“入射角”大于 90°的入射光线被棱镜的金属外套挡住，不能进入折射棱镜。因此，用阿贝折射仪的望远镜对准出射光线观察时，就会看到明暗分明的视场。明暗分界线对应于以 i 角出射的光线方向。不

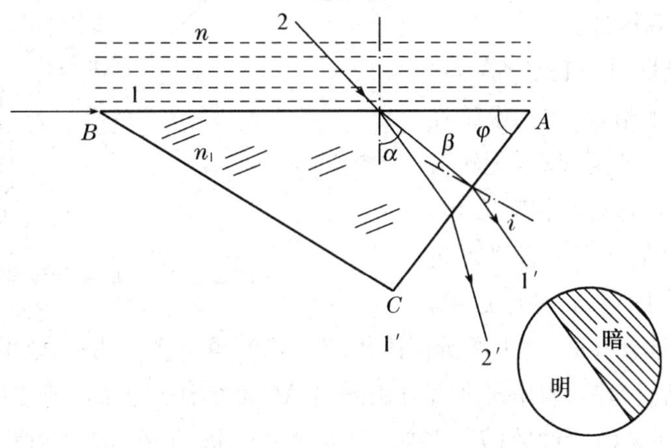

图 20－1　掠入射测定液体折射率的原理

同折射率的物体有不同的临界角，因而出射角也不同。因此，一定的 i 角就对应一定的折射率值。

由折射定律可知：

$$n = n_1 \sin\alpha \tag{20-1}$$

$$n_1 \sin\beta = \sin i \tag{20-2}$$

由式(20-2)可得

$$n_1 \cos\beta = \sqrt{n_1^2 - \sin^2 i}$$

由式(20-1)及角度关系可得

$$\begin{aligned} n &= n_1 \sin(\varphi - \beta) = n_1(\sin\varphi\cos\beta - \cos\varphi\sin\beta) \\ &= \sin\varphi\sqrt{n_1^2 - \sin^2 i} - \cos\varphi\sin i \end{aligned} \tag{20-3}$$

式中，φ 为折射棱镜入射面与出射面之间的夹角。若 φ 和 n_1 已知，则测出射角 i 就可以由式(20-3)计算 n 值。

如果棱镜的顶角 $\varphi = 90^\circ$，则式(20-3)可以简化为

$$n = \sqrt{n_1^2 - \sin^2 i} \tag{20-4}$$

【实验内容】

1. 按照实验 19 的有关内容将分光计调节好，即应用自准直方法将望远镜对无穷远调焦，并使其光轴垂直于仪器的转轴。调节棱镜的主截面也与分光计的转轴垂直。

2. 按照图 20-2，将待测液体(如蒸馏水)滴一两滴在直角棱镜的 AB 面上，用 90° 作为棱镜的顶角 φ，并用另一辅助棱镜 $A'B'C'$ 的一个表面 $A'B'$ 与 AB 面相合，使液体在两棱镜的接触面间形成一均匀的液层，然后置于分光计的载物台上。

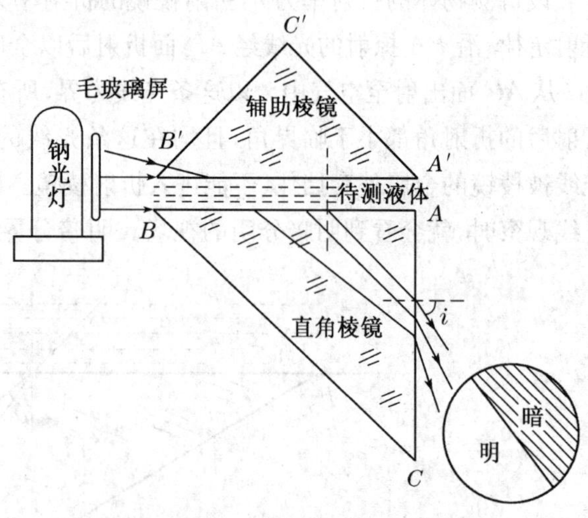

图 20-2　实验装置示意图

3. 点亮钠光灯照亮毛玻璃屏，将它放在折射棱 B 的附近，先用眼睛在出射光的方向观察半荫视场，旋转载物台，改变光源与棱镜的相对方位，使半荫视场的分界线位于载物台近中心处，将载物台固定，转动望远镜，使望远镜叉丝对准分界面，记下两游标读数(T_1，T_1')，重复测量几次，取平均值。

4. 再次转动望远镜，利用自准直方法测出 AC 面的法线方向(即使望远镜的光轴垂直于 AC 面)，记下两游标读数(T_2，T_2')。重复测量几次，取平均值。由此可得

$$i=\frac{1}{2}[(T_1-T_2)+(T'_1-T'_2)]$$

5. 将 i 值代入式(20－4),即得

$$n=\sqrt{n_1^2-\sin^2 i}$$

如果棱镜的顶角 $\varphi\neq 90°$,则将 i 值代入式(20－3)计算 n。

6. 用同样的方法测定酒精的折射率。

7. 进行多次测量以减少随机误差。对蒸馏水和酒精各测量 5 次并计算折射率 n 的不确定度。$\Delta_{仪}=0.0002$,把结果写成 $n=\bar{n}\pm\Delta n$ 的形式。

【数据记录及其处理】

三棱镜的顶角 φ=________,折射率 n_1=________。

表 20－1　测量待测液体(蒸馏水)的折射率

序号		1	2	3	4	5	平均值
分界面	T_1						
	T'_1						
法线	T_2						
	T'_2						
i							
$n_水$							

$n_水=\bar{n}_水\pm\Delta n_水$=____________。

表 20－2　测量待测液体(酒精)的折射率

序号		1	2	3	4	5	平均值
分界面	T_1						
	T'_1						
法线	T_2						
	T'_2						
i							
$n_{酒精}$							

$n_{酒精}=\bar{n}_{酒精}\pm\Delta n_{酒精}$=____________。

【注意事项】

1. 注意检查观察到的现象是否准确。

2. 每换一种待测液体,必须用酒精棉把折射棱镜及辅助棱镜表面擦干净,避免各待

测液体的混杂。

3. 防止气泡进入待测液体或折射液中，以免影响测量结果。

4. 测量完毕，将有关元件的光学面用酒精棉擦干净。

思考题

1. 怎样用掠入射法测定棱镜玻璃的折射率？

2. 掠入射法测定液体的折射率范围是否有限制？如果待测物体的折射率大于折射棱镜的折射率，能否用掠入射法测定之？

实验 21　用双棱镜测定光波波长

用分波阵面的方法可以获得相干光源，双棱镜颇具有代表性。虽然在激光出现之后，设法获得相干光源的工作已不如早期那样的重要，但双棱镜干涉在实验构思及装置调整等问题上仍然具有重要意义。

【实验目的】

1. 观察用分波面法产生干涉的现象。
2. 利用双棱镜干涉测光波波长。

【实验仪器】

光具座；可调单缝；双棱镜；凸透镜；钠灯；测微目镜。

【实验原理】

如果两列频率相同的光波沿着几乎相同的方向传播，并且这两列光波的位相差不随时间而变化，那么在两列光波相交的区域内，光强的分布不是均匀的，而是在某些地方表现为加强，在另一些地方表现为减弱(甚至可能为零)，这种现象称为光的干涉。

菲涅耳双棱镜是由玻璃制成，它有两个很小的锐角(通常$<1°$)和一个大的钝角。利用图 21－1 所示的装置，获得了光的干涉现象。当由 S 发出的光束投射到双棱镜 AB 上时，经折射后形成两束光。透过双棱镜观察这两束光时，就好像它们是由虚光源 S_1 和 S_2 发出的。由于这两束光来自同一光源，满足相干条件，故在两束光相互交叠区域 P_1P_2 内产生干涉，可在白屏 P 上观察到平行于狭缝的等间距干涉条纹。为了提高干涉条纹的清晰度，要求狭缝 S 的宽度和两虚光源 S_1 和 S_2 间的距离不能太大。为此，实验所用的双棱镜 AB 的折射棱角一般小于 1°。

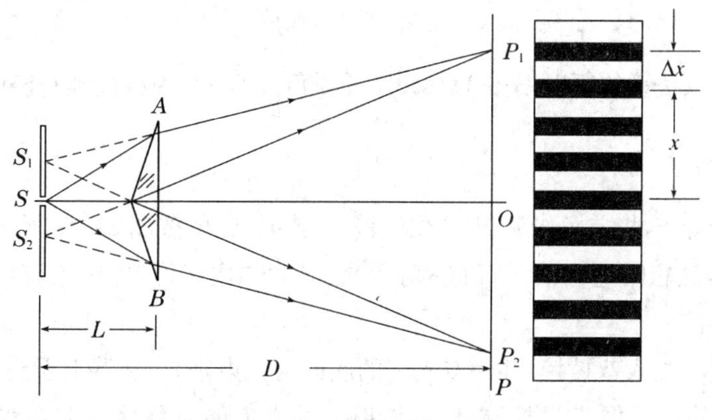

图 21－1　双棱镜干涉示意图

设 d 代表两虚光源 S_1 和 S_2 间的距离，D 为虚光源所在的平面(近似地在光源狭缝 S 的平面内)至观察屏 P 的距离，且 $d \ll D$，干涉条纹间距(宽度)为 Δx，则实验所用光波波长 λ 可表示为

$$\lambda=\frac{d}{D}\Delta x \tag{21-1}$$

上式表明，只要测出 d、D 和 Δx，就可算出光波波长。

由于干涉条纹间距 Δx 很小，必须使用测微目镜进行测量。两虚光源间的距离 d，可用一已知焦距为 f' 的会聚透镜 L 置于双棱镜与测微目镜之间(图 21-2)，由透镜两次成像法求得。只要使测微目镜到狭缝的距离 $D>4f'$，前后移动透镜，就可以在两个不同位置上从测微目镜中看到两虚光源 S_1 和 S_2 经透镜所成的实像，其中之一为放大的实像，另一为缩小的实像，如果分别测得放大像的间距 d_1 和缩小像的间距 d_2，则

$$d=\sqrt{d_1 d_2} \tag{21-2}$$

即可求得两虚光源的间距 d。

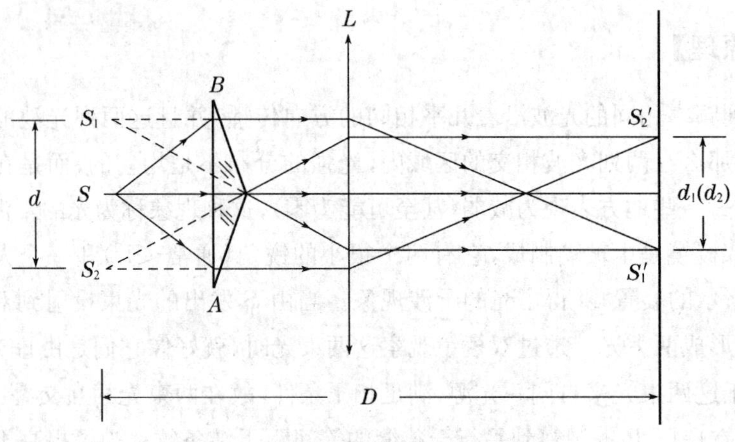

图 21-2　用透镜方法测 d 的示意图

另外，两虚光源间的距离 d，可以表示为

$$d=2(n-1)\alpha L \tag{21-3}$$

式中：n 为双棱镜的折射率；α 为双棱镜的顶角(30′)；L 为狭缝到双棱镜之间的距离。

【实验内容】

1. 点亮光源 S，将单色光源 S、会聚透镜 L、狭缝、光屏按图 21-1 所示次序放置在光具座上，用目视法粗略地调整它们的中心等高。用“二次成像”方法细调各光学元件使上下左右共轴。

2. 在狭缝后放入双棱镜，并使双棱镜的底面与光束垂直，在屏上看到两个狭缝像，左右调节狭缝 S 使两个像光强相等，使狭缝射出的光束能对称地照射在双棱镜钝角棱的两侧。

3. 在光路中去掉光屏，放入测微目镜，调节狭缝宽度和方向，使从目镜中能观察到清晰的干涉条纹，最初可能看不到干涉条纹，或只能看到一个模糊的亮带，继续调节可从以下三方面进行：

(1) 检查一下从狭缝射出的光束是否进入目镜，为此可用白屏在双棱镜后面接取光线，并将屏逐渐移向测微目镜，以判断相干光束的交叠区是否在测微目镜的视场内。

(2) 绕水平轴(平行和垂直于光轴的两个方向)旋转狭缝或双棱镜，使双棱镜的棱脊与狭缝严格平行，这时可看到干涉条纹或清晰的亮带。

(3) 调节狭缝宽度，使视场中干涉条纹足够清晰。

4. 看到干涉条纹后，将双棱镜或测微目镜前后移动，使干涉条纹宽度适当，便于测量。如果条纹不够清晰，可按上述步骤重复调节，使条纹清晰。

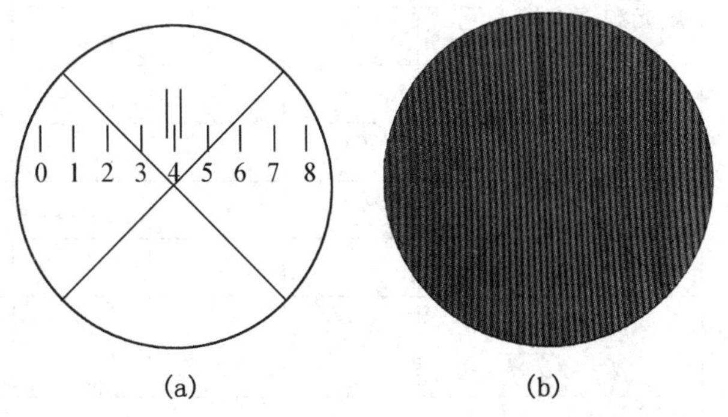

图 21－3　(a)测微目镜视场和(b)双棱镜干涉图样

5. 用测微目镜测量干涉条纹的间距Δx。为了提高测量精度，可测出 n 条(例如 10 条)干涉条纹的间距，再除以 n，即得Δx。测量时，先使目镜叉丝对准某亮纹的中心(如条纹较宽，中心不易对准，亦可每次将叉丝对准条纹的同侧)，然后旋转测微螺旋，使叉丝移过几个条纹，读出两次读数之差，除以条纹数，即为条纹间距，重复测量 5 次，求其平均值。

6. 用米尺量出狭缝到测微目镜叉丝平面的距离 D，测量 5 次，取其平均值。

7. 用透镜两次成像法测两虚光源的间距 d。保持狭缝与双棱镜原来的位置不变(即保持测量干涉条纹时的间距 d 值不变)，在双棱镜和测微目镜之间放置一已知焦距为 f' 的会聚透镜，移动测微目镜使它到狭缝的距离大于 $4f'$，固定好测微目镜，前后移动透镜，分别测得两次清晰成像时实像的间距 d_1、d_2，各测 5 次，取其平均值，代入(21－2)式求出 d，或用公式(21－3)计算出 d。

【数据记录及其处理】

表 21-1　测光波波长数据记录表

<table>
<tr><td colspan="3">次数
内容</td><td>1</td><td>2</td><td>3</td><td>4</td><td>5</td></tr>
<tr><td rowspan="3">接收屏到狭缝的距离 D(cm)</td><td colspan="2">单缝位置</td><td></td><td></td><td></td><td></td><td></td></tr>
<tr><td colspan="2">测微目镜位置</td><td></td><td></td><td></td><td></td><td></td></tr>
<tr><td colspan="2">D</td><td></td><td></td><td></td><td></td><td></td></tr>
<tr><td rowspan="8">两虚光源的间距 d(mm)</td><td colspan="2">凸透镜焦距 f' (mm)</td><td></td><td></td><td></td><td></td><td></td></tr>
<tr><td rowspan="3">虚光源缩小像的间距 d_1</td><td>左</td><td></td><td></td><td></td><td></td><td></td></tr>
<tr><td>右</td><td></td><td></td><td></td><td></td><td></td></tr>
<tr><td>d_1</td><td></td><td></td><td></td><td></td><td></td></tr>
<tr><td rowspan="3">虚光源放大像的间距 d_2</td><td>左</td><td></td><td></td><td></td><td></td><td></td></tr>
<tr><td>右</td><td></td><td></td><td></td><td></td><td></td></tr>
<tr><td>d_2</td><td></td><td></td><td></td><td></td><td></td></tr>
<tr><td colspan="2">两虚光源的间距
$d=\sqrt{d_1 d_2}$</td><td></td><td></td><td></td><td></td><td></td></tr>
<tr><td rowspan="3">条纹的间距
$\Delta x=\frac{\vert x_{11}-x_1\vert}{10}$</td><td colspan="2" rowspan="2">条纹的位置 $\vert x_1 - x_{11}\vert$ (mm)</td><td></td><td></td><td></td><td></td><td></td></tr>
<tr><td></td><td></td><td></td><td></td><td></td></tr>
<tr><td colspan="2">Δx(mm)</td><td></td><td></td><td></td><td></td><td></td></tr>
<tr><td colspan="3">λ(nm)</td><td></td><td></td><td></td><td></td><td></td></tr>
</table>

$\lambda=\bar{\lambda}\pm\Delta\lambda=$ ______________________ 。

【注意事项】

调节各光学元件的位置(垂直于光轴横向移动,或改变元件的光轴取向),保证各光学元件共轴,从而减少两虚光源成像差,提高测量 d_1、d_2 的精度(因三个测量中,d 是最不易准确测量的)。

使用测微目镜进行测量时应注意以下各点:

1. 读数鼓轮每旋转一周,叉丝移动的距离等于螺距。由于测微目镜的种类繁多,精度不一,因此使用时首先要确定分格的精度。最常用的测微目镜分格精度为 0.01 mm,而读数时还应估读一位。

2. 由于存在螺距差,而且每次测量常常是要读取几个数据。因此在测量时应沿同一方向旋转读数鼓轮,依次读取所需数据,不要中途反向。

3. 旋转读数鼓轮时,动作要平稳、缓慢,如已到达一端,则不能继续旋转,否则会损坏螺旋。

拓展实验

模拟劈尖等厚干涉条纹

器材：电脑；MATLAB 软件。

(1) 根据劈尖等厚干涉的特点，编写 MATLAB 模拟等厚干涉程序。

(2) 观察垂直入射时干涉条纹的特征。

(3) 改变入射角，观察干涉条纹的变化情况。

(4) 改变薄膜厚度(将上板平移一个高度)，观察干涉条纹的变化情况。

(5) 用等厚干涉原理解释上述现象，并与实验结果比较。

思考题

1. 若狭缝与双棱镜的棱不平行，可以看到干涉条纹吗？为什么？
2. 可调狭缝若调得较宽，可以看到干涉条纹吗？为什么？
3. 证明 $d=\sqrt{d_1 d_2}$。

实验 22　用牛顿环干涉测透镜的曲率半径

牛顿环是牛顿在 1675 年进一步考察胡克研究的肥皂泡薄膜的色彩问题首先观察到的，也是他在光学中的一项重要发现。牛顿发现了牛顿环并做了精确的定量测定，已经走到了光的波动说的边缘，也应该是为光的波动性提供了最好证明之一，可牛顿却不从实际出发，而是从他所信奉的微粒说出发始终无法正确解释这个现象。直到 19 世纪初，英国科学家托马斯·杨才用光的波动说圆满地解释了牛顿环实验。牛顿环是典型的等厚薄膜干涉，是凸透镜的凸球面和玻璃平板之间形成一个厚度均匀变化的圆球劈形空气薄膜，当平行光垂直射向平凸透镜时，从尖劈形空气膜上、下表面反射的两束光相互叠加而产生干涉的。因此，牛顿环同一半径的圆环处空气膜厚度相同，上、下表面反射光程差相同，使干涉图样呈圆环状。

【实验目的】

1. 观察等厚干涉现象，掌握利用牛顿环测定透镜曲率半径的方法。
2. 进一步熟悉读数显微镜的使用方法。

【实验仪器】

牛顿环；钠灯（$\lambda=589.3$ nm）；读数显微镜。

【实验原理】

当一曲率半径很大的平凸透镜的凸面与一磨光平玻璃板相接触时，在透镜的凸面与平玻璃板之间将形成一空气薄膜，离接触点等距离的地方厚度相同。如图 22 - 1 所示，若以波长为 λ 的单色平行光投射到这种装置上，则由空气膜上下表面反射的光波将互相干涉，形成的干涉条纹为膜的等厚各点的轨迹，这种干涉是一种等厚干涉。在反射方向观察时，将看到一组以接触点为中心的亮暗相间的圆环形干涉条纹，而且中心是一暗斑，如图 22 - 2(a)；如果在透射方向观察，则看到的干涉环纹与反射光的干涉环纹的光强分布恰成互补，中心是亮斑，原来的亮环处变为暗环，暗环处变为亮环，如图 22 - 2(b)，这种干涉现象最早为牛顿所发现，故称为牛顿环。

设透镜 L 的曲率半径为 R，形成的 m 级干涉暗条纹的半径为 r_m，m 级干涉亮条纹的半径为 r'_m，不难证明：

$$r_m=\sqrt{mR\lambda} \tag{22-1}$$

$$r'_m=\sqrt{(2m-1)R\cdot\frac{\lambda}{2}} \tag{22-2}$$

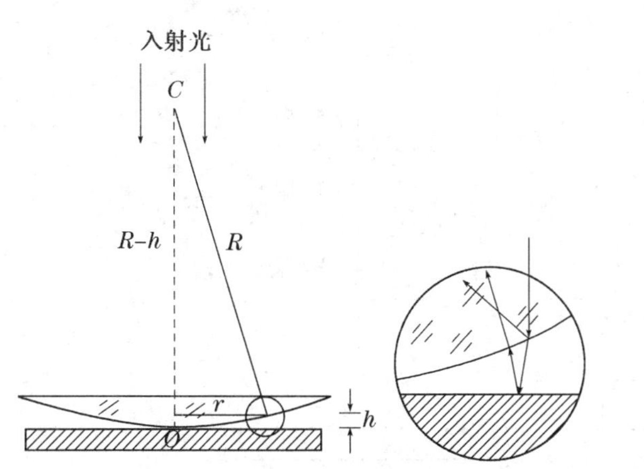

图 22－1　牛顿环干涉原理示意图

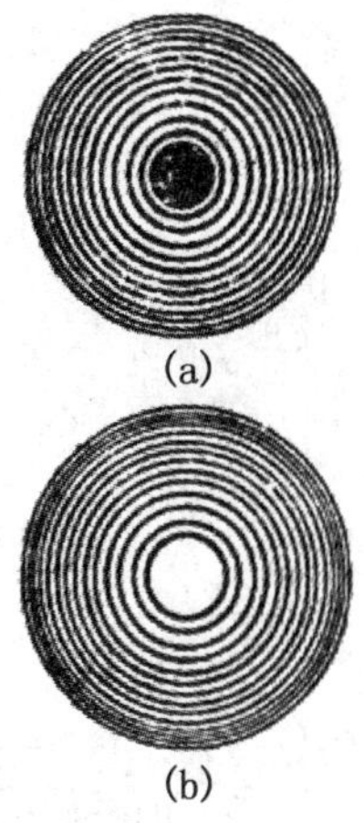

图22－2　牛顿环示意图

以上两式表明，当 λ 已知时，只要测出第 m 级暗环(或亮环)的半径，即可算出透镜的曲率半径 R；相反，当 R 已知时，即可算出 λ。但由于两接触镜面之间难免附着尘埃，并且在接触时难免发生弹性形变，因而接触处不可能是一个几何点，而是一个圆面，所以近圆心处环纹比较模糊和粗阔，以致难以确切判定环纹的干涉级数 m，即干涉环纹的级数和序数不一定一致。这样，如果只测量一个环纹的半径，计算结果必然有较大的误差。为了减少误差，提高测量精度，必须测量距中心较远的、比较清晰的两个环纹的半径，例如测量出第 m_1 个和第 m_2 个暗环(或亮环)的半径(这里 m_1、m_2 均为环序数，不一定是干涉级数)，因而(22－1)式应修正为

$$r_m^2=(m+j)R\lambda$$

式中：m 为环序数；$(m+j)$ 为干涉级数(j 为干涉级修正值)，于是

$$r_{m_2}^2-r_{m_1}^2=[(m_2+j)-(m_1+j)]R\lambda=(m_2-m_1)R\lambda$$

上式表明，任意两环的半径平方差和干涉级以及环序数无关，而只与两个环的序数之差 (m_2-m_1) 有关。因此，只要精确测定两个环的半径，由两个半径的平方差值就可准确地算出透镜的曲率半径 R，即

$$R=\frac{r_{m_2}^2-r_{m_1}^2}{(m_2-m_1)\lambda} \tag{22-3}$$

【实验内容】

1. 调节牛顿环仪的三个调节螺钉，使干涉圆环中心基本上处在牛顿环仪的中心。注意：不要拧得太紧，以免使接触处严重变形。

2. 按图 22－3 安排好光路，使得从光源(本实验用钠灯作为准单色光源)发出的光经分光板的反射后，以平行光的形式垂直照射到牛顿环仪上，并使光源的高度与读数显微镜上的半透半反膜大致等高，视场较亮。

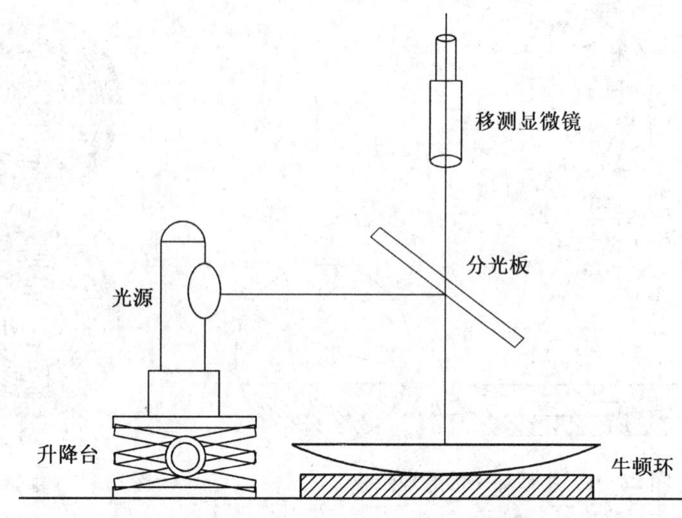

图 22-3　牛顿环干涉实验装置示意图

3. 调节读数显微镜的目镜，使在目镜中能清晰地看到叉丝。调节读数显微镜物镜的上下位置，使视场中能清晰看到牛顿环。适当移动牛顿环仪，使牛顿环中心基本与叉丝中心相重合。

4. 旋转读数显微镜的测量微调手轮，使叉丝离开牛顿环中心暗斑。从明显的第一暗环纹（测量暗环纹容易对准）向外数至第 m_2 环（如第 22 环）纹，然后反向旋转微调手轮使叉丝的中竖线与暗纹中心相切，记下此位置的读数。继续沿着同一方向逐级向中心数测到 m_1 环，如测到距中心为第 3 环处，如图 22-4 所示。详细记录出环数与相应的位置读数，待叉丝中竖线通过牛顿环中心暗斑后，依次从明显的第一暗环纹数到 m_1 环（即第 3 环）时，再开始记测环数与相应的位置读数，直到第 m_2 环（即第 22 环），将数据记录在表 22-1 中。这样即可求得各个暗环的直径。

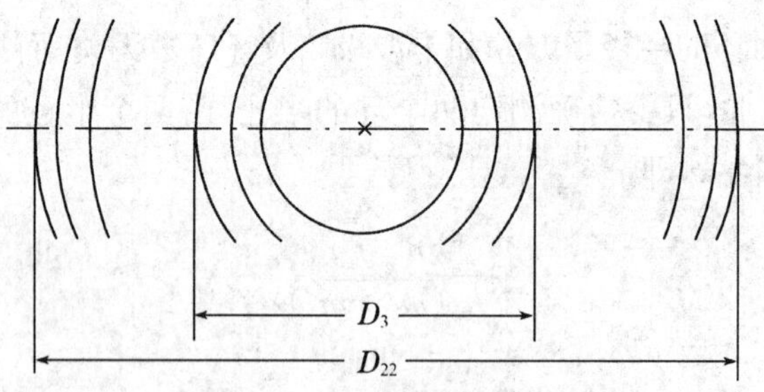

图 22-4　数据测量示意图

5. 数据处理

利用第 m_2 环和第 m_1 环的直径，直接代入式(22-3)，计算得

$$R=\frac{D_{m_2}^2-D_{m_1}^2}{4(m_2-m_1)\lambda}$$

为了充分利用实验所测得的数据，可以采用逐差法处理数据。将所测得的一系列环

纹直径按从小到大的顺序排列，并从中间等分成两组，两线对应直径的平方相减，如 $D_{22}^2-D_{12}^2$，$D_{21}^2-D_{11}^2$，…。这样，用每一个直径平方差都可以求出一个曲率半径值。如 $R_1=\dfrac{D_{22}^2-D_{12}^2}{4(22-12)\lambda}$、$R_2=\dfrac{D_{21}^2-D_{11}^2}{4(21-11)\lambda}$，…。对各半径值取算术平均作为最后结果，并表示为 $R=\bar{R}\pm\Delta R$。

【数据记录及其处理】

表 22-1 数据记录表

环序号 左右侧	22	21	20	19	18	17	16	15	14	13
左 x'										
右 x										
D_{m_2}										
$D_{m_2}^2$										
环序号 左右侧	12	11	10	9	8	7	6	5	4	3
左 x'										
右 x										
D_{m_1}										
$D_{m_1}^2$										
$D_{m_2}^2-D_{m_1}^2$										
R_i										

$R=\bar{R}\pm\Delta R=$____________。

【注意事项】

1. 干涉环两侧的序数不要数错。

2. 防止实验装置受震引起干涉环的变化。

3. 防止移测显微镜的“回程误差”，第一个测量值就要注意。

4. 平凸透镜及平板玻璃的表面加工不均匀是此实验的重要误差来源，为此应测大小不等的多个干涉环的直径去计算 R，可得平均的结果。

思考题

1. 从牛顿环出来的透射光形成的干涉圆条纹与反射光形成的干涉圆条纹有何不同？

2. 测量中，叉丝中心与牛顿环条纹中心是否一定要重合？若不重合对测量结果有无影响？为什么？

实验 23　用透射光栅测光波波长

衍射光栅是一种根据多缝衍射原理制成将复色光分解成光谱的重要分光元件，它能够产生亮度较大、间距较宽的匀排光谱。光栅不仅适用于可见光波，也适用于红外和紫外光波，常被用来精确地测定光波的波长及进行光谱分析。以衍射光栅为色散元件组成的摄谱仪和单色仪是物质光谱分析的基本仪器之一。光栅衍射原理也是晶体 X 射线结构分析和近代频谱分析与光学信息处理的基础。

【实验目的】

1. 观察光栅的衍射光谱，理解光栅衍射基本规律。
2. 进一步熟悉分光计的调节和使用。
3. 学会测定光栅的光栅常量、角色散率和汞原子光谱部分特征波长。

【实验仪器】

JJY 1′型分光计；光栅；汞灯；平面镜等。

【实验原理】

1. 衍射光栅和光栅常量

光栅是由一组数目很多、排列紧密、均匀的平行狭缝(或刻痕)所构成。原制光栅是用金刚石刻刀在精制的平行平面的光学玻璃上刻划而成，光射到刻痕处，便向四处散射而透不过去，两刻痕之间相当于透光狭缝。用这种方法制成的光栅，由于要求非常精密、制作困难、价格昂贵，常用的是复制光栅和全息光栅。本实验所使用的全息光栅，是由激光全息照相法拍摄在感光玻璃上制成的。

图 23-1 中 a 为光栅刻痕(不透明)宽度，b 为透明狭缝宽度，$d=a+b$ 为相邻两狭缝上相应两点之间的距离，称为光栅常量，它是光栅的基本参数之一。

2. 光栅方程和光栅光谱

根据夫琅和费衍射理论，当波长为 λ 的平行光束垂直投射到光栅平面时，光波将在各个狭缝处发生衍射，所有缝的衍射又彼此发生干涉。这种干涉条纹定域于无穷远处，若在光栅后面用一会聚透镜，则射向它的各方向上的衍射光都会聚在它的焦平面上，从而得到衍射条纹如图 23-2 所示。

由图 23-1 得到相邻两缝对应点射出的光束的光程差为

$$\delta=(a+b)\sin\varphi=d\sin\varphi$$

式中，光栅狭缝与刻痕宽度之和 $d=a+b$ 为光栅常量，若在光栅片上每厘米刻有 n 条刻痕，则光栅常数$(a+b)=\frac{1}{n}$ cm；φ 为衍射角。

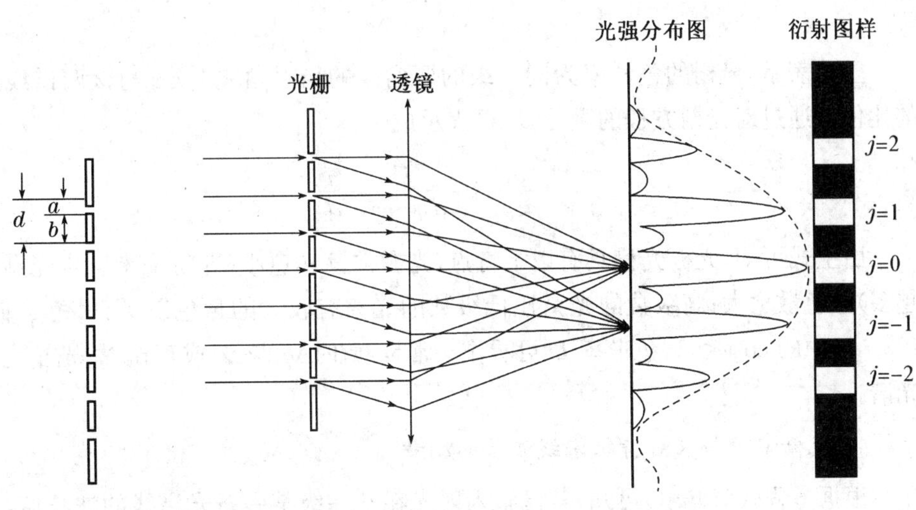

图 23-1　光栅结构示意图　　**图 23-2　光栅衍射原理图**

当衍射角 φ 满足光栅方程

$$d\sin\varphi=j\lambda \quad (j=0,\pm1,\pm2,\cdots) \tag{23-1}$$

时，光会加强。式中 λ 为单色光波长，j 是亮条纹级数。衍射后的光波经透镜会聚后，在焦平面上形成分隔较远的一系列对称分布的亮条纹，如图 23-2 所示。$j=0$ 的亮条纹称为中央条纹或零级条纹，$j=\pm1$ 为左右对称分布的一级条纹，$j=\pm2$ 为左右对称分布的二级条纹，以此类推。

如果光源中包含几种不同波长的复色光，除零级以外，同一级谱线将有不同的衍射角 φ。因此，在透镜焦平面上将出现按波长次序排列的谱线，称为光栅光谱。相同 j 值谱线组成的光谱为同一级光谱，于是就有一级光谱、二级光谱……之分。图 23-3 为汞灯的衍射光谱示意图，它每一级光谱中有 4 条特征谱线：紫色 $\lambda_1=435.8$ nm，绿色 $\lambda_2=546.1$ nm，黄色两条 $\lambda_3=577.0$ nm 和 $\lambda_4=579.1$ nm。

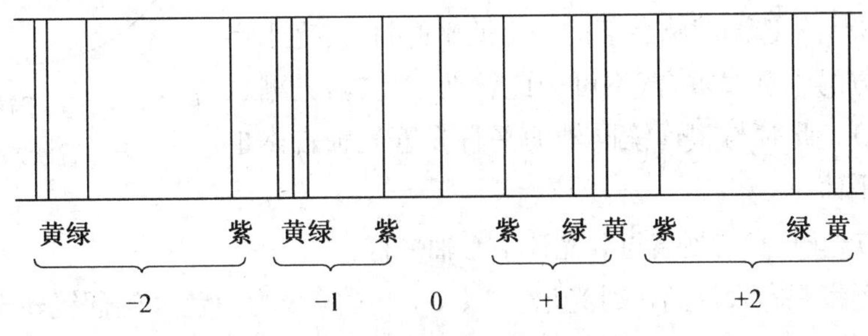

图 23-3　汞灯的衍射光谱示意图

3. 角色散率(简称色散率)

从光栅方程可知衍射角 φ 是波长的函数，这就是光栅的角色散作用。衍射光栅的色

散率定义为

$$D=\frac{\Delta\varphi}{\Delta\lambda}$$

上式表示，光栅的色散率为同一级的两谱线的衍射角之差$\Delta\varphi$与该两谱线波长差$\Delta\lambda$的比值。通过对光栅方程的微分，D可表示成

$$D=\frac{j}{d\cos\varphi}\approx\frac{j}{d} \tag{23-2}$$

由上式可知，光栅光谱具有以下特点：光栅常量d愈小(即每毫米所含光栅刻线数目越多)角色散愈大；高级数的光谱比低级数的光谱有较大的角色散；衍射角φ很小时，式(23－2)中的$\cos\varphi\approx1$，色散率D可看作一常量，此时$\Delta\varphi$与$\Delta\lambda$成正比，故光栅光谱称匀排光谱。

4．光栅常量与汞灯特征谱线波长的测量

根据方程式(23－1)可知，若已知入射光在某一级某一条光谱线的波长值，并测出该谱线的衍射角φ，就可以求出所用光栅的光栅常量d。反之，若已知所用光栅的光栅常量，则可由式(23－1)测出光源发射的各特征谱线的波长。φ角的测量可用分光计进行。

【实验内容】

1．分光计的调整与汞灯衍射光谱观察

(1) 调整分光计。即要求望远镜聚焦于无穷远，且其光轴与分光计中心轴相垂直；平行光管产生平行光，其光轴垂直于分光计中心轴。

(2) 调节光栅，使入射光垂直于光栅平面，且其平面与分光计中心轴平行。

照亮平行光管狭缝，使望远镜的黑十字竖线与狭缝像重合，固定望远镜，然后按图 23－4 所示将光栅放置在分光计的载物台上，光栅平面要与载物台下两螺钉的连线垂直平分。用小灯照亮望远镜的绿十字窗，被光栅反射的亮十字应出现在分划板上。选调载物台下的一个调平螺钉，使亮十字与分划板上方的十字线重合(不可为此转动望远镜，光栅也无须转 180°)。此时与望远镜同轴的平行光管光轴自然也垂直于光栅平面。

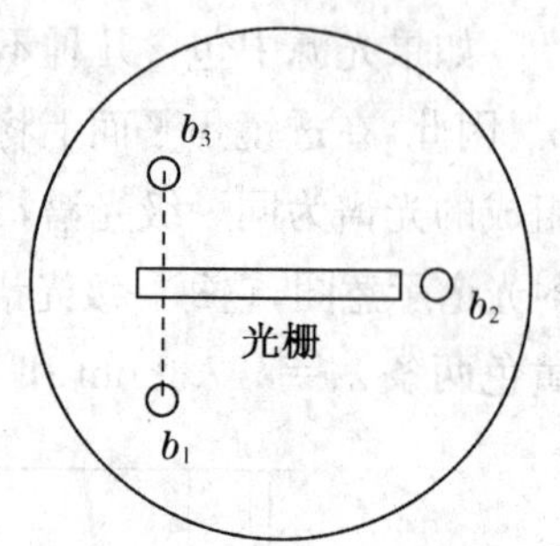

图 23－4　光栅在分光计载物台放置状态示意图

(3) 调节光栅，使其刻痕与分光计中心轴平行。

转动望远镜观察汞灯的衍射光谱，中央($j=0$)零级为白色。望远镜转至左、右两边时，均可看到分立的 4 条彩色谱线。每条谱线的高度都应当被通过分划板中心的水平准线所均分，如图 23－5 所示，否则必须调节图 23－4 中的调平螺钉b_2，以校正光栅痕线的倾斜。但要注意，调节b_2后有可能会影响光栅平面与分光计中心轴的平行，所以要用望远镜复查上一步的十字重合，直至两个条件都满足为止。

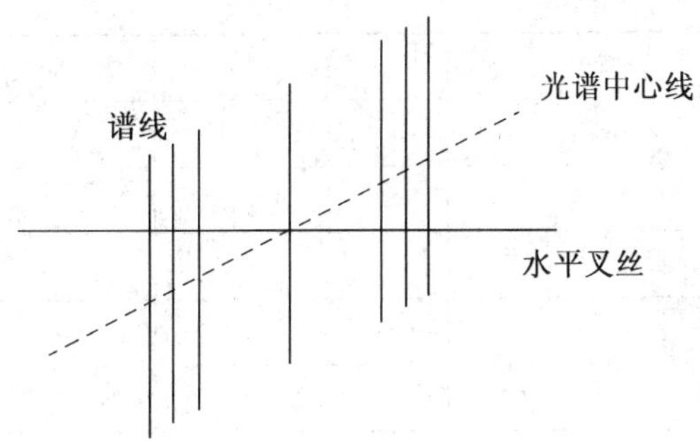

图 23－5　望远镜中谱线示意图

(4) 调节平行光管的狭缝宽度，狭缝宽度以能够分辨出两条紧靠的黄色谱线为准。

2. 光栅常量与光波波长的测量

(1) 以绿色光谱线的波长 $\lambda=546.07$ nm 为已知。测出其第一级($j=1$)光谱的衍射角 φ。为了消除分光计的偏心差，应同时读出分光计左、右两游标的读数。对 $j=+1$ 时，记下 T_1、T_1'；对 $j=-1$ 时，记下 T_2、T_2'。所测得的 φ 为

$$\varphi=\frac{|T_1-T_2|+|T_1'-T_2'|}{4}$$

重复测量 3 次，计算 d 值及其不确定度 Δd。

(2) 以绿色谱线测量计算所得的光栅常量 d 为已知，按上述步骤分别测出紫色和两条黄色谱线的 φ 角，各测一次，求出各自的波长值 λ。

3. 确定光栅的色散率 D

从汞光谱的两条黄线算出 $\Delta\varphi$ 与 $\Delta\lambda$，求出光栅的色散率 D。

【数据记录及其处理】

表 23－1　实验数据($j=\pm1$ 级)

次序		紫光	绿光	黄光Ⅰ	黄光Ⅱ
1	T_1				
	T_1'				
	T_2				
	T_2'				
	φ				
2	T_1				
	T_1'				
	T_2				
	T_2'				
	φ				

(续表)

次序		紫光	绿光	黄光Ⅰ	黄光Ⅱ
3	T_1				
	T_1'				
	T_2				
	T_2'				
	φ				
$\bar{\varphi}$					

数据处理结果：

(1) 绿光波长 546.07 nm，求得 $d=$________ nm。

(2) 紫光波长________ nm，黄光Ⅰ波长________ nm，黄光Ⅱ波长________ nm。

(3) 黄光的角色散________ nm^{-1}。

【注意事项】

1. 分光计应按操作规程正确使用。

2. 光栅位置的调节对实验测量结果的影响很大，必须按照规定要求进行调节。

3. 手指不能触及全息光栅的表面(涂有感光胶的一面)。若要移动全息光栅，必须手拿金属基座移动。

拓展实验

手机屏分辨率的测量

器材：手机；激光笔；直尺。

(1) 用激光笔斜着照射手机屏，远处墙上可看见点阵状的衍射图样。

(2) 观察记录衍射图样，测量点阵间距、手机屏到墙之间的距离以及光线倾角等相关参数。

(3) 已知激光笔波长(如红光 650 nm)，可求出手机屏的分辨率。

(4) 查阅手机厂商资料，确定手机屏看作二维平面光栅的参数，利用光栅衍射原理推算激光波长。

思考题

1. 比较棱镜和光栅分光的主要区别。

2. 当用钠光($\lambda=589.3$ nm)垂直入射到每毫米内有 500 条刻痕的平面透射光栅上时，最多可以看到第几级光谱？

第5章 综合提高实验

综合实验是提高学生整体考察、认识的技能和本领的实践活动，有利于加深对物理学基本原理的认识、提高学习兴趣、拓展知识面、领悟实验设计思想。本章安排了5个实验项目，既有两个或两个以上知识点的有机结合与渗透的实验项目，也有综合运用两种或两种以上实验方法完成的实验项目，着重训练学生综合运用知识解决实际问题的能力和培养创新意识。

实验 24　驻波特性研究

驻波是指频率相同、传输方向相反的两种波(不一定是电波),沿传输线形成的一种分布状态。驻波中的一个波一般是另一个波的反射波,在两列波相加的点出现波腹,在两列波相减的点形成波节。在波形上波节和波腹的位置始终是不变的,给人"驻立不动"的印象,因此称为驻波。驻波是自然界一种十分常见的现象,生活中无处不在,例如水波、乐器发声、树梢震颤等都与驻波有关。"鱼洗"中的驻波现象说明我国古代对振动与波动的知识已有相当的掌握,我国古代的科学制器技术已达到高超的水平。驻波是物理教学中比较重要的一部分内容。驻波是一种常见的物理现象,研究在弦线上波的传播规律即驻波的特性是力学实验中的一个重要实验。本实验研究在弦线上形成驻波的波长与张力、波源频率之间的关系。

【实验目的】

1. 观察在弦上形成的驻波,并用实验研究弦线振动时驻波波长与张力的关系。
2. 在弦线张力不变时,用实验确定弦线振动时驻波波长与振动频率的关系。
3. 学习用对数作图或最小二乘法进行数据处理。

【实验仪器】

可调频率的数显机械振动源;平台;固定滑轮;可调滑轮;砝码盘;米尺;弦线;砝码;物理天平等。

【仪器描述】

实验装置如图 24 - 1 所示,金属弦线的一端系在能做水平方向振动的机械振动源的振簧片上,该振动频率变化范围从 0～200 Hz 连续可调,频率最小变化量为 0.01 Hz,弦线一端通过定滑轮⑦悬挂一砝码盘⑧;在振动装置(振动簧片)的附近有可动刀口④,在实验装置上还有一个可沿弦线方向左右移动并撑住弦线的动滑轮⑤。这两个滑轮固定在实验平台⑩上,其产生的摩擦力很小,可以忽略不计。若弦线下端所悬挂的砝码(包含砝码盘)的质量为 m,张力 $T=mg$。当波源振动时,即在弦线上形成向右传播的横波;当波传播到可动滑轮与弦线相切点时,由于弦线在该点受到滑轮两壁阻挡而不能振动,波在切点被反射形成了向左传播的反射波。这种传播方向相反的两列波叠加即形成驻波。当振动端簧片与弦线固定点至可动滑轮⑤与弦线切点的长度 L 等于半波长的整数倍率时,即可得到振幅较大而稳定的驻波,振动簧片与弦线固定点近似看为波节点,弦线与动滑轮相切点为波节。它们的间距为 L,则

$$L=n\frac{\lambda}{2} \tag{24-1}$$

其中 n 为任意正整数。利用公式(24-1)，即可测量弦上横波波长。由于簧片与弦线固定点在振动不易测准，实验也可将最靠近振动端的波节作为 L 的起始点，并用可动刀口指示读数，求出该点离弦线与动滑轮相切点的距离 L。

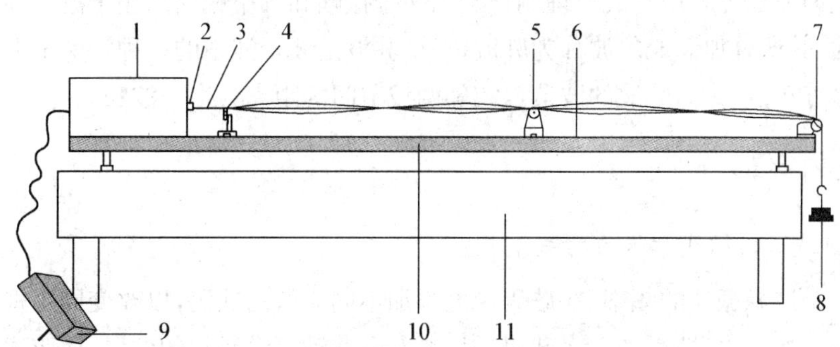

图 24-1　仪器结构图

1—机械振动源　2—振动簧片　3—弦线　4—可动刀口支架　5—可动滑轮支架
6—标尺　7—固定滑轮　8—砝码与砝码盘　9—变压器　10—实验平台　11—实验桌

【实验原理】

在一根拉紧的弦线上，其中张力为 T，线密度为 μ，则沿弦线传播的横波应满足下述运动方程

$$\frac{\partial^2 y}{\partial t^2}=\frac{T}{\mu}\frac{\partial^2 y}{\partial x^2} \tag{24-2}$$

式中：x 为波在传播方向(与弦线平行)的位置坐标；y 为振动位移。将式(24-2)与典型的波动方程

$$\frac{\partial^2 y}{\partial t^2}=v^2\frac{\partial^2 y}{\partial x^2}$$

相比较，即可得到波的传播速度为

$$v=\sqrt{\frac{T}{\mu}}$$

若波源的振动频率为 f，横波波长为 λ，由于 $v=f\lambda$，故波长与张力以及线密度之间的关系为

$$\lambda=\frac{1}{f}\sqrt{\frac{T}{\mu}} \tag{24-3}$$

为了用实验证明公式(24-3)成立，将该公式两边取对数，得

$$\lg\lambda=\frac{1}{2}\lg T-\frac{1}{2}\lg\mu-\lg f$$

如果固定频率 f 和线密度 μ，而改变张力 T，并测出各相应波长 λ，作 $\lg\lambda$-$\lg T$ 图，若

得出的曲线为直线，计算其斜率值，如为$\frac{1}{2}$，则证明了$\lambda \propto T^{\frac{1}{2}}$的关系成立。同理，不改变线密度$\mu$及张力$T$，改变振动频率$f$，测出各相应波长$\lambda$，作$\lg\lambda - \lg f$图，如得到一斜率为$-1$的直线就验证了$\lambda \propto f^{-1}$。

弦线上的波长可利用驻波原理测量。当两个振幅和频率相同的相干波在同一直线上相向传播时，其所叠加而成的波称为驻波，一维驻波是波干涉中的一种特殊情形。在弦线上出现许多静止点，称为驻波的波节。相邻两波节间的距离为半个波长。

【实验内容】

1. 验证波长与弦线中张力的关系

固定一个波源振动的频率，在砝码盘上添加不同质量的砝码，以改变同一根弦上的张力。每改变一次张力(即增加一次砝码)，均要左右移动可动滑轮的位置，使弦线出现振幅较大而稳定的驻波。用实验平台上的标尺测量L值，即可根据公式(24-3)算出波长λ。作$\lg\lambda - \lg T$图，求其曲线的斜率。

2. 验证波长与波源振动频率的关系

在砝码盘上放上一定质量的砝码，用来固定弦线上所受的张力，改变波源振动的频率，用驻波法测量各相应的波长，作$\lg\lambda - \lg f$图，求其曲线斜率，最后得出弦线上波传播的规律结论。

3. 验证波长与弦线密度的关系

在砝码盘上放上固定质量的砝码，以固定弦线上所受的张力，固定波源振动频率，通过改变弦丝的粗细来改变弦线的线密度，用驻波法测量相应的波长，作$\lg\lambda - \lg\mu$图，求其斜率，得出弦线上波传播规律与线密度的关系。

【数据记录及其处理】

1. 验证波长λ与弦线中张力T的关系

波源振动频率$f=$______ Hz；m为砝码加挂钩的质量，L为产生驻波的弦线长度，n为在L长度内半波的波数，实验结果记录在表24-1中(n的个数取决于所选弦线的密度μ)。

表24-1 给定频率的实验数据表

$m/10^{-3}$ kg							
$L/10^{-2}$ m							
n							

表 24-2　波长与弦线中张力的关系

$\lambda/10^{-2}$ m							
T/N							
$\lg\lambda$							
$\lg T$							

经最小二乘法拟合得 $\lg\lambda-\lg T$ 的斜率为______，相关系数为______。

2. 验证波长 λ 与波源振动频率 f 的关系

砝码加上挂钩的总质量 $m=$______ kg；盐城地区的重力加速度 $g=$______ m/s^2；张力 $T=$______ N，实验结果填入表 24-3 和表 24-4 中。

表 24-3　给定张力的实验数据表

f/Hz							
$L/10^{-2}$ m							
n							

表 24-4　波长与频率的关系

$\lambda/10^{-2}$ m							
$\lg\lambda/10^{-2}$							
$\lg f$							

经最小二乘法拟合得 $\lg\lambda-\lg f$ 的斜率为______，相关系数为______。

【注意事项】

1. 必须在弦线上出现振幅较大而稳定的驻波时，再测量驻波波长。
2. 张力包括砝码与砝码盘的质量，砝码盘的质量用分析天平称量。
3. 当实验时，发现波源发生机械共振时，应减小振幅或改变波源频率，便于调节出振幅大且稳定的驻波。

拓展实验

观察驻波的波形变化并估算振动频率

器材：振动源（电动剃须刀、电动牙刷等）；细线（弹力较小）；支架；滑轮；已知重量的重物；电子秤；直尺/米尺。

(1) 用米尺量出细线长度，电子秤称出细线质量，估算细线的线密度。

(2) 将振动源（电动牙刷）连上细线，固定在桌子一端。线的另一端连上质量已知小物件（比如手机或标有质量的食品），参考弦振动的实验装置将线架起。

(3) 打开电动牙刷，通过改变振源和支架的距离使线上产生明显、稳定的驻波。

(4) 观察现象，拍摄成形的驻波照片。

(5) 用直尺或米尺测量驻波的波长，根据重物的质量计算线上的张力 $F=mg$，计算振源的振动频率 $f=\frac{1}{\lambda}\sqrt{\frac{F}{\rho}}$。

思考题

1. 求 λ 时为何要测几个半波长的总长？

2. 为了使 $\lg\lambda-\lg T$ 直线图上的数据点分布比较均匀，砝码盘中的砝码质量应如何改变？

3. 为何波源的簧片振动频率尽可能避开振动源的机械共振频率？

4. 弦线的粗细和弹性对实验各有什么影响，应如何选择？

实验 25　磁场的描绘

电磁感应是指因为磁通量变化产生感应电动势的现象，它不仅揭示了电与磁之间的内在联系，而且为电与磁之间的相互转化奠定了实验基础，为人类获取巨大而廉价的电能开辟了道路，在电工、电子技术、电气化、自动化方面的广泛应用对推动社会生产力和科学技术的发展发挥了重要的作用。电磁学之所以迅速发展为物理学中的重要学科，在于它强大的生命力，在于它在经济生活中有丰富的回报。本实验利用电磁感应的原理，对空气中通上交变电流的圆电流线圈产生的交变磁场进行测量，研究圆电流线圈产生的磁场的空间分布规律。

【实验目的】

1. 掌握感应法测量磁场的原理。
2. 研究载流圆线圈轴向和径向磁场的分布。
3. 描绘亥姆霍兹线圈的磁场均匀区。

【实验仪器】

DH4501 型亥姆霍兹线圈磁场实验仪。

【仪器描述】

DH4501 型亥姆霍兹线圈磁场实验仪的基本结构如图 25 - 1 所示，它由两部分组成，分别为励磁线圈架部分和磁场测量仪器部分。图 25 - 2 是亥姆霍兹线圈磁场实验仪的面板图，图 25 - 3 是 DH4501 亥姆霍兹线圈的面板图。

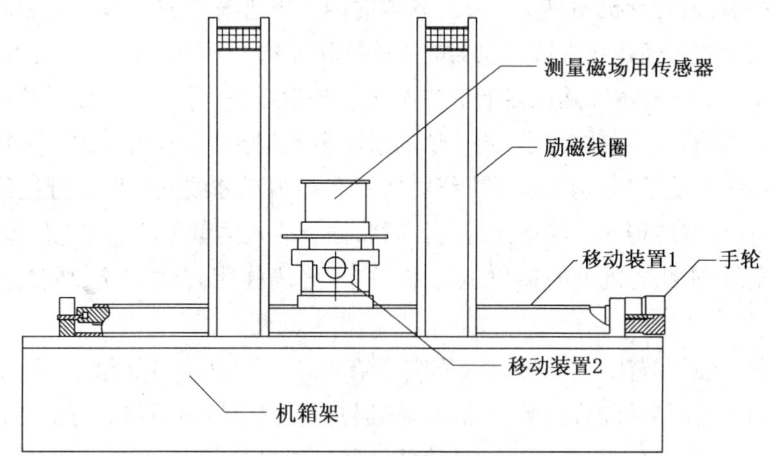

图 25 - 1　亥姆霍兹线圈磁场实验仪的基本结构示意图(亥姆霍兹线圈架部分)

亥姆霍兹线圈架部分有一传感器盒，盒中装有用于测量磁场的感应线圈。两个励磁线圈，线圈有效半径 105 mm，线圈匝数(单个)400 匝。

移动装置：横向可移动距离 250 mm，纵向可移动距离 70 mm，距离分辨率 1 mm。

探测线圈：匝数 1 000，旋转角度 360°。

频率范围：20～200 Hz；频率分辨率：0.1 Hz；测量误差：1%。

正弦波：输出电压幅度最大 20 V_{p-p}，输出电流幅度最大 200 mA。

3 位半 LED 数显毫伏表电压测量范围：0～20 mV；测量误差：1%。

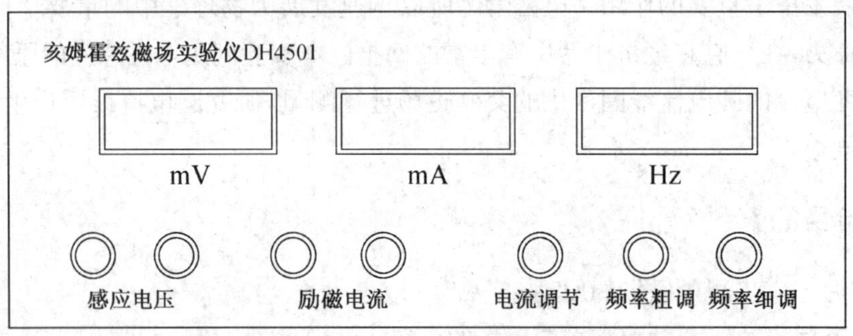

图 25-2　DH4501 亥姆霍兹线圈磁场测量仪面板

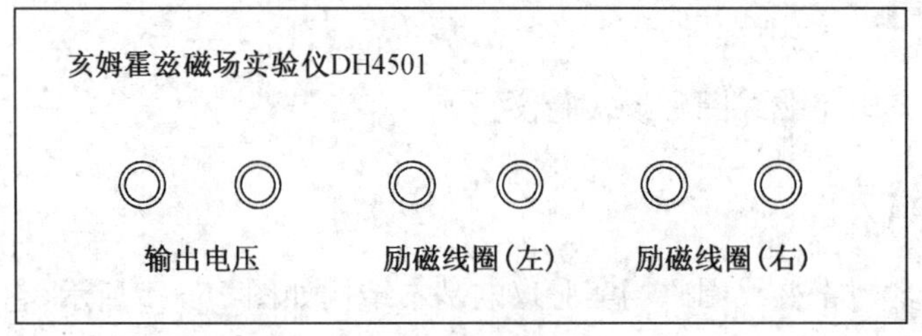

图 25-3　DH4501 亥姆霍兹线圈面板

仪器使用前，请先开机预热 10 min。这段时间内熟悉亥姆霍兹线圈架和磁场测量仪上各个接线端子的正确连线方法和仪器的正确操作方法。DH4501 亥姆霍兹磁场实验仪实验连线如图 25-4 所示。随仪器配带的连线一头为插头，另一头为分开的带有插片的连接线(分红、黑两种)，将插头插入测量仪的激励电流输出端子，插片的一头接至线圈测试架上的励磁线圈端子(分别可以做圆线圈实验和亥姆霍兹线圈实验)，红接线柱用红线连接，黑接线柱用黑线连接。测量感应电压时将插头插入测量仪的感应电压输入端子，插片的一头接至线圈测试架上的输出电压端子，红接线柱用红线连接，黑接线柱用黑线连接。

移动装置的使用方法：亥姆霍兹线圈架上有一长一短两个移动装置，如图 25-4 所示。慢慢转动手轮，移动装置上装的测磁传感器盒随之移动，就可将装有探测线圈的传感器盒移动到指定的位置上。用手转动传感器盒的有机玻璃罩就可转动探测线圈，改变测量角度。

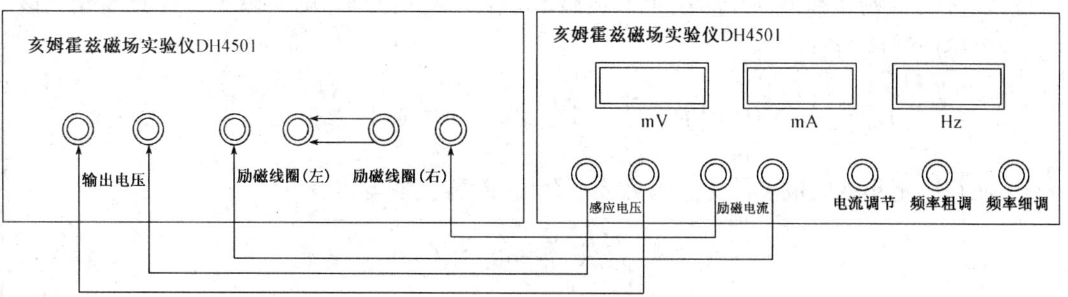

图 25-4　实验连线示意图

【实验原理】

1. 载流圆线圈与亥姆霍兹线圈的磁场

(1) 载流圆线圈磁场

一半径为 R,通以电流 I 的圆线圈,轴线上磁感应强度为

$$B=\frac{\mu_0 N_0 I R^2}{2\left(R^2+X^2\right)^{3/2}} \tag{25-1}$$

式中:N_0 为圆线圈的匝数;X 为轴上某一点到圆心 O 的距离;$\mu_0=4\pi\times10^{-7}\ \mathrm{T\cdot m\cdot A^{-1}}$。轴线上磁场的分布如图 25-5 所示。

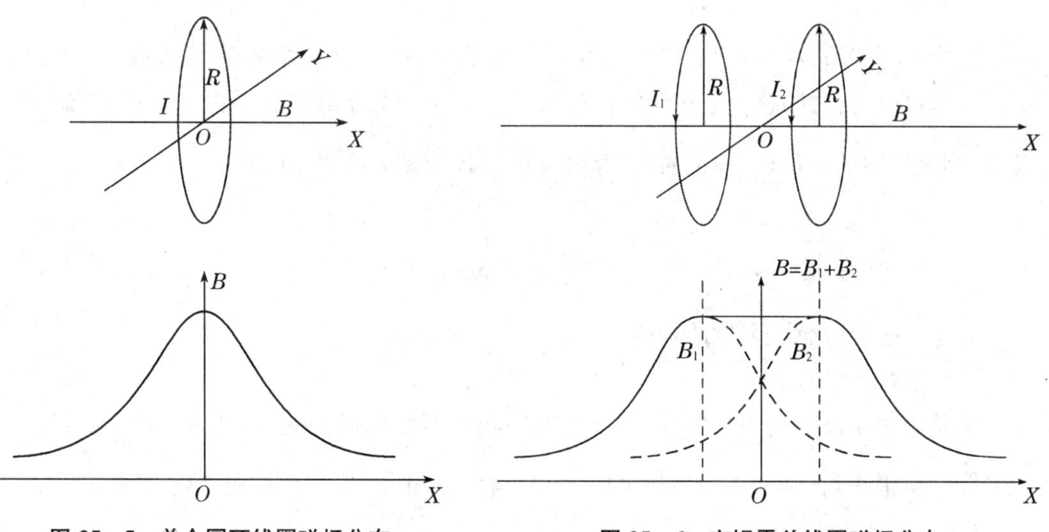

图 25-5　单个圆环线圈磁场分布　　图 25-6　亥姆霍兹线圈磁场分布

(2) 亥姆霍兹线圈

亥姆霍兹线圈为两个匝数和几何尺寸相同的线圈,彼此平行且共轴放置,使线圈上通以同方向电流 I,理论计算证明:线圈间距 a 等于线圈半径 R 时,两线圈合磁场在轴上(两线圈圆心连线)附近较大范围内是均匀的,如图 25-6 所示。这种均匀磁场在工程运用和科学实验中应用十分广泛。

设 Z 为亥姆霍兹线圈中轴线上某点离中心点 O 处的距离，则亥姆霍兹线圈轴线上该点的磁感应强度为

$$B'=\frac{1}{2}\mu_0 NIR^2\left\{\left[R^2+\left(\frac{R}{2}+Z\right)^2\right]^{-3/2}+\left[R^2+\left(\frac{R}{2}-Z\right)^2\right]^{-3/2}\right\} \tag{25-2}$$

而在亥姆霍兹线圈轴线上中心 O 处，$Z=0$，磁感应强度为

$$B'_0=\frac{\mu_0 NI}{R}\times\frac{8}{5^{3/2}}=0.715\,5\,\frac{\mu_0 NI}{R} \tag{25-3}$$

2. *电磁感应法测磁场*

(1) 电磁感应法测量磁场的原理

设由交流信号驱动的线圈产生的交变磁场，它的磁场强度瞬时值为

$$B_i=B_m\sin\omega t$$

式中：B_m 为磁感应强度的峰值，其有效值记作 B；ω 为角频率。又设有一个探测线圈放在这个磁场中如图 25-6 所示，通过这个探测线圈的有效磁通量为

$$\Phi=NSB_m\cos\theta\sin\omega t$$

式中：N 为探测线圈的匝数；S 为该线圈的截面积；θ 为法线 n 与 B_m 之间的夹角。线圈产生的感应电动势为

$$\varepsilon=-\frac{d\Phi}{dt}=-NS\omega B_m\cos\theta\cos\omega t=-\varepsilon_m\cos\omega t$$

式中，$\varepsilon_m=NS\omega B_m\cos\theta$ 是线圈法线和磁场成 θ 角时，感应电动势的幅值；当 $\theta=0$，$\varepsilon_{max}=NS\omega B_m$，这时的感应电动势的幅值最大。如果用数字式毫伏表测量此时线圈的电动势，则毫伏表的示值（有效值）U_{max} 为 $\frac{\varepsilon_{max}}{\sqrt{2}}$，其中 B 为磁感应强度的有效值。

$$B=\frac{B_m}{\sqrt{2}}=\frac{U_{max}}{NS\omega} \tag{25-4}$$

其中，B_m 为磁感应强度的峰值。

(2) 探测线圈的设计

实验中由于磁场的不均匀性，这就要求探测线圈要尽可能的小。实际的探测线圈又不可能做得很小，否则会影响测量灵敏度。一般设计的线圈长度 L 和外径 D 有 $L=\frac{2}{3}D$ 的关系，线圈的内径 d 与外径 D 有 $d\leqslant\frac{3}{D}$ 的关系，尺寸见图 25-7。线圈在磁场中的等效面积，经过理论计算，可表示为

$$S=\frac{13}{108}\pi D^2 \tag{25-5}$$

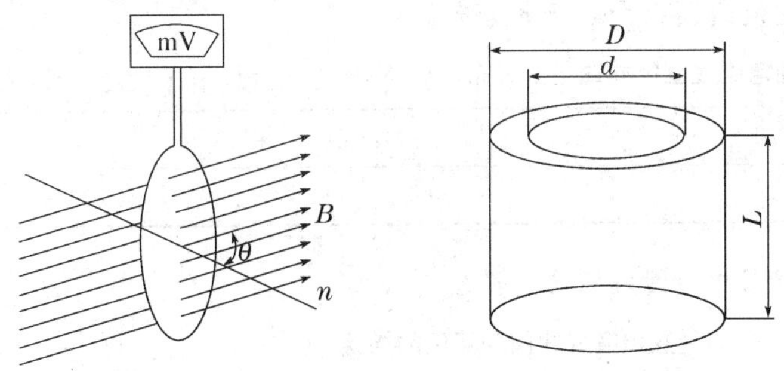

图 25－7　探测线圈的原理和设计

这样的线圈测得的平均磁感应强度可以近似看成是线圈中心点的磁感应强度。将式(25－5)代入式(25－4)得

$$B=\frac{54}{13\pi^2 ND^2 f}U_{max} \tag{25-6}$$

数据处理作图时，只要作出 $X(Y)$－U_{max}图，没必要作 $X(Y)$－B_{max}图。

【实验内容】

1. 测量圆电流线圈轴线上磁场的分布

按实验要求接线，调节频率调节电位器，使频率表读数为 200 Hz，调节磁场实验仪的电流调节电位器，使励磁电流有效值为 I＝60 mA，以圆电流线圈中心为坐标原点，沿轴线方向，每隔 5.0 mm 测一个 U_{max}值，测量过程中注意保持励磁电流值不变。

2. 测量圆电流线圈径向磁场的分布

按实验要求接线，调节频率调节电位器，使频率表读数为 200 Hz，调节磁场实验仪的电流调节电位器，使励磁电流有效值为 I＝60 mA，以圆电流线圈中心为坐标原点，沿半径方向，每隔 5.0 mm 测一个 U_{max}值，测量过程中注意保持励磁电流值不变。

3. 测量亥姆霍兹线圈匀场区的描绘

把磁场实验仪的两个线圈串联起来，接到磁场测试仪的励磁电流两端。调节频率调节电位器，使频率表读数为 200 Hz。调节磁场实验仪的电流调节电位器，使励磁电流有效值为 I＝30 mA。以两个圆线圈轴线上的中心点为坐标原点，分别沿轴向和径向，每隔 5.0 mm 测一个 U_{max}值。作出感应电压随位置变化的曲线，得出磁场的变化规律。

【数据记录及其处理】

1. 测量圆电流线圈轴线上磁场的分布

表 25－1　圆电流线圈轴线上磁场的分布　　X＝______ mm，f＝______ Hz，I＝______ mA

X(mm)	
U_{max}(mV)	

2. 测量圆电流线圈径向磁场的分布

表 25-2 圆电流线圈径向磁场的分布 X=_____ mm，f=_____ Hz，I=_____ mA

Y(mm)	
U_{max}(mV)	

3. 测量亥姆霍兹线圈匀场区的描绘

表 25-3 测量亥姆霍兹线圈匀场区的描绘 f=_____ Hz，I=_____ mA

Y 固定，X(mm)=___(mm)	
U_{max}(mV)	
X 固定，Y(mm)=___(mm)	
U_{max}(mV)	

拓展实验

反向电流的磁场分布

(1) 把磁场实验仪的两个线圈串联起来，使两线圈上通上反方向的电流，然后接到磁场测试仪的励磁电流两端。

(2) 调节频率调节电位器，使频率表读数为 200 Hz。

(3) 调节磁场实验仪的电流调节电位器，使励磁电流有效值为 $I=30$ mA。

(4) 以两个圆线圈轴线上的中心点为坐标原点，分别沿轴向和径向，每隔 5.0 mm 测一个 U_{max} 值，测量过程中注意保持励磁电流值不变。

(5) 描绘 $U_{max}-X$，$U_{max}-Y$ 曲线，与实验内容第 3 部分比较，分析两者分布规律不同的原因。

思考题

1. 单线圈轴线上磁场的分布规律如何？亥姆霍兹线圈是怎样组成的？其基本条件有哪些？它的磁场分布特点又怎样？

2. 探测线圈放入磁场后，不同方向上毫伏表的指示值不同，哪个方向最大？如何测准 U_{max} 值？指示值最小表示什么？

实验 26　迈克尔逊干涉仪的调节和使用

迈克尔逊(Michelson)干涉仪在近代物理学的发展中起过重要作用。19 世纪末,迈克尔逊与莫雷合作曾用此仪器进行了“以太漂移”实验、标定米尺及推断光谱线精细结构等三项著名的实验,解决了当时关于“以太”的争论,并为爱因斯坦发现相对论提供了实验依据;实现了长度单位的标准化,并对近代计量技术的发展作出了重要贡献;根据干涉条纹视见度随光程差变化的规律,由此推断光谱线的精细结构。今天,迈克尔逊干涉仪(引力波探测)以及其他种类的干涉仪都得到了相当广泛的应用。因此,迈克尔逊干涉仪作为教学实验仪器无疑是具有典型意义的。

【实验目的】

1. 掌握迈克尔逊干涉仪的调节和使用方法。
2. 学会用迈克尔逊干涉仪测 He - Ne 激光波长。
3. 学会用迈克尔逊干涉仪测定钠光波长差。

【实验仪器】

迈克尔逊干涉仪;He - Ne 激光器;钠灯;毛玻璃屏。

【仪器描述】

迈克尔逊干涉仪主要有 WSM100/200 型(如图 26 - 1 所示),配套有多束光纤激光源(HNL - 55700,He - Ne)、观察屏等。该仪器的主要用途有:观察光的干涉现象(等厚条纹、等倾条纹、白光彩色条纹),测定单色光波长;测定光源和滤光片相干长度、配法布里-珀罗系统观察多光束干涉现象,配条纹计数器标准毫米刻尺等。其主要技术参数和规格:WSM - 100 型移动镜行程为 100 mm,WSM - 200 型移动镜行程为 200 mm;微动手轮分度值为 0.000 1 mm;波长测量精度:当条纹计数为 100 时,测定单色光波长的相对误差<2%;导轨直线性误差 WSM - 100 型为 ±16″,WSM - 200 型为 ±24″;分光板、补偿板平面度为 $\lambda/30$。在使用时必须注意:① 调整迈克尔逊干涉仪的反射镜时,须轻柔操作,不能把螺钉拧得过紧或过松;② 工作时切勿震动桌子与仪器,测量中一旦发生震动,使干涉仪跳动,必须重新测量;③ 数条纹变化时,应细致耐心,切勿急躁。

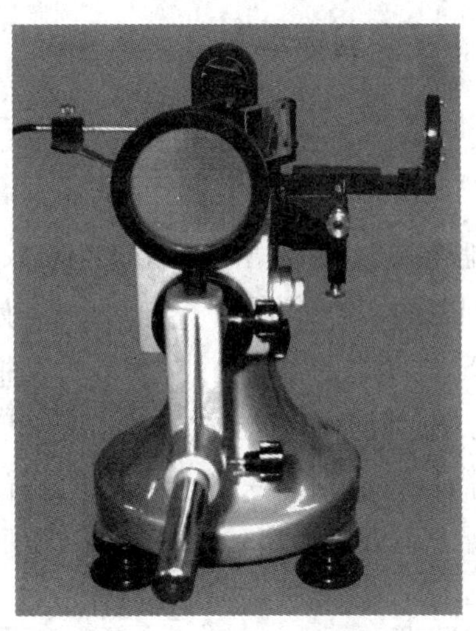

图 26 - 1　迈克尔逊干涉仪

迈克尔逊干涉仪是用分振幅法获得双光束干涉的精密仪器，它主要由两块相互垂直的平面镜 M_1、M_2，两块平行平面玻璃板 P_1、P_2 和有关调节、读数机构组成。

两块平面镜 M_1、M_2 安放在两个互相垂直的臂上，其中 M_1 是固定的，M_2 可沿精密导轨前后移动。其位置可由毫米刻度尺、读数窗及细调手调手轮刻度联合读出。M_1、M_2 的背后各有三个顶紧螺钉，用以调节镜面的方位。M_1 镜下方还有两个微调螺钉可对 M_1 的方位进行微调。两块平行平面玻璃是用同一块玻璃研磨好再切割成两块的，因此其折射率、厚度均相同。P_1 称分束板，其背面镀有一层半反半透膜；P_2 称补偿板。P_1、P_2 相互平行，且与 M_1、M_2 成 45°角，如图 26－2 所示。

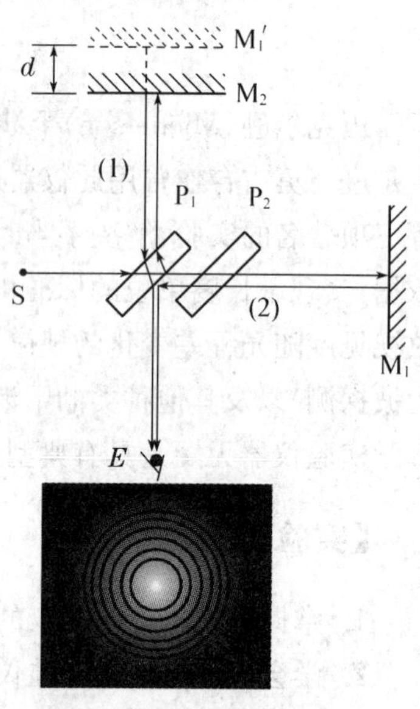

图 26－2　迈克尔逊干涉仪光路图

从左方光源 S 发出的一束光，到达分束板 P_1 后被分成强度相等的反射光和透射光。反射光射向平面镜 M_2，然后返回到 P_1 处，并有一部分透射到观测处；透射光透过 P_2 后射向平面镜 M_1，然后返回到 P_1 处，并有一部分被反射到观测处，射到观测处的两束光相互干涉。

由于光在分束板镀膜面上的反射，使 M_1 在 M_2 附近形成一个平行于 M_2 的虚像 M_1'。因此，光在干涉仪中分别经 M_1 和 M_2 的反射，相当于分别经 M_1' 和 M_2 的反射。M_1、M_2 上反射回来的两束光的干涉可等效成从空气膜的两个表面上反射回来的两束光的干涉，这样就可以方便地直接利用薄膜的干涉理论来处理问题。

【实验原理】

1. 点光源的非定域干涉

点光源发出的球面波经平面镜 M_1、M_2 反射后，传播到观测处的球面波相当于两个虚光源 S_1、S_2 发出的相干光束（S_1、S_2 的间距为 M_1、M_2 间距的 2 倍）。两相干光源 S_1、S_2 发出的光在远场条件下，在相遇的空间处处相干，属于非定域干涉。在垂直于 S_1、S_2 连线方向放置的屏上，可以获得一组同心圆干涉条纹，圆心在 S_1、S_2 连线与屏的交点 E 上。对于屏上离 E 点距离 r 的一点 A 处，两相干光的光程差为

$$\Delta = 2d\cos i \tag{26-1}$$

式中：i 为点光源 S_2 对 A、E 两点所张的角（见图 26－3）。

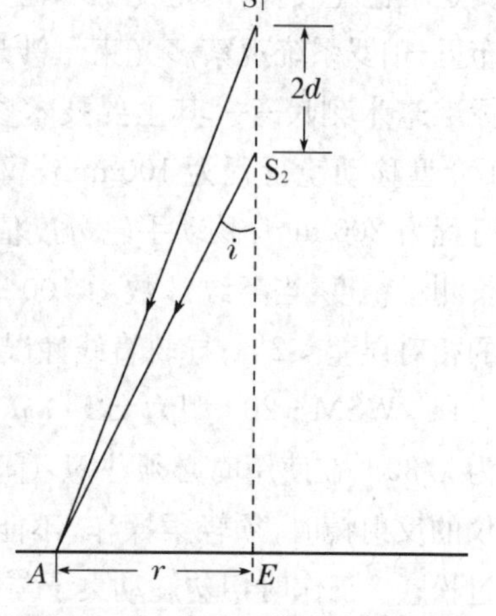

图 26－3　点光源的非定域干涉

由此可见，干涉环中心处（$i=0$）光程差最大，干涉级最高。当 d 增加时，干涉环向外扩展，并有新的干涉

环从中心涨出；当 d 减小时，干涉环向内收缩，并在中心处消失。对于中心点 E 处，干涉条件为 $2d=k\lambda$，微分后得 $2\Delta d=\Delta k\lambda$。可见，平面镜 M_2 移动 $\lambda/2$ 时，光程差改变 λ，中心将涨出（或缩进）一个条纹。实验中，M_2 移动的距离 Δd 可以读出，相应的条纹变化 Δk 可以数出，从而可以求出待测光波波长 λ。

2. 面光源的等倾干涉

当用单色面光源时，在 M_1、M_2 平行的情况下，从 M_1、M_2 上反射的光形成等倾干涉，干涉条纹定域在无穷远处。可在观测处加一凸透镜，在透镜焦平面上得到干涉条纹，或用眼睛直接观察干涉条纹。与点光源的非定域干涉一样，等倾干涉的环纹也是当光程差增加 λ 时（对应动镜 M_2 移动 $\lambda/2$），从中心涨出一个环纹；减小 λ 时，缩进一个环纹。所以，利用面光源的等倾干涉也可以测定波长。

3. 面光源的等厚干涉

当 M_1、M_2 之间有一小夹角，并且两者间距又不大时，M_1 和 M_2 之间形成楔形空气薄层，单色面光源照射时，将会产生等厚干涉条纹。在两镜 M_1 和 M_2 相交处，两相干光束的光程差为零，出现一个直线亮纹，称为中央亮纹。在中央条纹附近，干涉条纹大体上是平行于中央亮纹的直线。若用白光光源，则中央亮纹为白色，两侧为数条彩色条纹，称白光条纹。

4. 测定钠双线的波长差

当 M_1 与 M_2 互相平行时，得到明暗相间的圆形干涉条纹。如果光源是绝对单色的，则当 M_2 镜缓慢地移动时，虽然视场中条纹不断涌出或陷入，但条纹的可见度应当不变。可见度描述的是条纹清晰的程度。

设亮条纹光强为 I_{max}，相邻暗条纹光强为 I_{min}，则可见度 V 可表示为

$$V=\frac{I_{max}-I_{min}}{I_{max}+I_{min}}$$

如果光源中包含由波长 λ_1 和 λ_2 相近的两种光波，而每一列光波均不是绝对单色光，以钠黄光为例，它是由中心波长 $\lambda_1=589.0$ nm 和 $\lambda_2=589.6$ nm 的双线组成，波长差为 0.6 nm。每一条谱线又有一定的宽度。由于双线波长差 $\Delta\lambda$ 与中心波长相比甚小，故称之为准单色光。

用这种光源照明迈克尔逊干涉仪，它们将各自产生一套干涉图。干涉场中的强度分布则是两组干涉条纹的非相干叠加，由于 λ_1 和 λ_2 有微小差异，对应 λ_1 的亮环的位置和对应 λ_2 的亮环的位置，将随 d 的变化而呈周期的重合和错开。因此 d 变化时，视场中所见叠加后的干涉条纹交替出现“清晰”和“模糊甚至消失”。

设在 d 值为 d_1 时，λ_1 与 λ_2 均为亮条纹，可见度最佳，则有

$$d_1=m\frac{\lambda_1}{2},\ d_1=n\frac{\lambda_2}{2}\ (m \text{ 和 } n \text{ 为整数})$$

当 d 值增加到 d_2，如果满足

$$d_2=(m+j)\frac{\lambda_1}{2},\ d_2=(n+j+0.5)\frac{\lambda_2}{2}\ (j\ 为整数)$$

此时对 λ_1 是亮条纹，对 λ_2 则是暗条纹，可见度最差(可能分不清条纹)。从可见度最佳到最差，M_2 移动距离为

$$d_2-d_1=j\frac{\lambda_1}{2}=(j+0.5)\frac{\lambda_2}{2}$$

由 $j\frac{\lambda_1}{2}=(j+0.5)\frac{\lambda_2}{2}$ 和 $d_2-d_1=j\frac{\lambda_1}{2}$ 消去 j 可得两波长差为

$$\lambda_1-\lambda_2=\frac{\lambda_1\lambda_2}{4(d_2-d_1)}\approx\frac{\bar{\lambda}_{12}^2}{4(d_2-d_1)}$$

式中：$\bar{\lambda}_{12}$ 为 λ_1、λ_2 的平均值。因为可见度最差时，M_2 的位置对称地分布在可见度最佳位置的两侧，所以相邻可见度最差的 M_2 移动距离 Δd 与 $\Delta\lambda(=\lambda_1-\lambda_2)$ 的关系为

$$\Delta\lambda=\frac{\bar{\lambda}_{12}^2}{2\Delta d} \tag{26-2}$$

【实验内容】

1. 观察非定域干涉条纹并测定 He-Ne 激光波长

(1) 调节和观察。点亮 He-Ne 激光器，使激光束垂直于镜面 M_1 射向分束板，在观察屏上可看到两排亮点；调节 M_1、M_2 背后的顶紧螺钉，使两排光点的最亮点相互重合，然后将扩束镜插入激光器与分束板之间的光路中获得点光源，使照在 M_1 和 M_2 上的是较大的光团，这时在观察屏上可得到干涉条纹；仔细调节 M_1 的微调螺丝，可得到同心圆条纹。转动微动手轮，使动镜 M_2 移动，可观察到干涉条纹不断向外扩展，并有新的条纹涨出(或条纹向内收缩，并消失于中心)。

(2) 测波长。圆形条纹调好后，单方向慢慢转动读数鼓轮，记下中心冒出(或陷入) 100 个条纹时动镜 M_2 的初始位置和终了位置。连续记录 10 组数据，并用逐差法处理数据。将结果表示为 $\lambda=\bar{\lambda}\pm u_\lambda$ 的形式。如果数据中有坏值存在，可按肖维纳法则舍弃判据或用其他方法剔除之。

2. 测量钠光 D 双线的波长差

(1) 调节迈克尔逊干涉仪观察等倾条纹。在 M_1 与 M_2 间距不变的情况下，等倾干涉条纹的清晰度除与光源的单色性有关外，还与 M_1、M_2 的平行程度有关。当观察者平行于 M_2，并朝一个方向移动眼睛时，若发现干涉条纹中心往外冒环，则说明此方向是空气楔厚度增加的方向。据此，可以把 M_1、M_2 的平行度调得很高，干涉条纹的清晰度也就相应地提高了。

(2) 测钠光 D 双线的波长差。以钠灯为光源，调出等倾干涉圆环状条纹，且随观察者眼睛的上下、左右移动，圆环中心条纹的改变不超过一两个。慢慢转动 M_2 镜位置的粗调手轮，观察干涉条纹的清晰度随光程差变化的情况。熟悉之后，改用 M_2 镜位置的细调手

轮调节，记下一系列相联的清晰度为零时 M_2 的位置（共记 10 个位置）。用逐差法处理数据，求出波长差，并将结果表示成 $\Delta\lambda=\Delta\lambda\pm u_{\Delta\lambda}$ 的形式。

【数据记录及其处理】

1. 测定 He－Ne 激光波长

表 26－1　氦氖激光波长的测定

干涉环变化数 N_1	0	100	200
M_2 镜位置 d_1(mm)			
干涉环变化数 N_2	300	400	500
M_2 镜位置 d_2(mm)			
$\Delta N=N_2-N_1$	300	300	300
$\Delta d=\|d_2-d_1\|$(mm)			
$\lambda_i=2\Delta d/\Delta N$(nm)			
$\lambda=\sum\lambda_i/3$(nm)			

相对误差：$|\lambda_0-\lambda|/\lambda_0\times100\%=$__________。

2. 测量钠光 D 双线的波长差

表 26－2　钠双线波长差的测定

条纹变模糊的次序	0	1	2
$V=0$ 时 M_2 镜的位置 d_1(mm)			
条纹变模糊的次序	3	4	5
($V=0$)时 M_2 镜的位置 d_2(mm)			
$\Delta d=\|d_2-d_1\|/3$(mm)			
$\Delta\lambda_I=\lambda^2/(2\Delta d)$(nm)			
$\Delta\lambda=\sum\Delta\lambda_i/3$(nm)			

相对误差：$|\Delta\lambda_0-\Delta\lambda|/\Delta\lambda_0\times100\%=$__________（$\Delta\lambda_0=0.6$ nm）。

【注意事项】

1. 干涉仪是非常精密的仪器，必须先弄清仪器的使用方法才可动手操作仪器。

2. 光学玻璃件的光学表面绝对不许用手摸，也不能用任何东西（包括擦镜头纸在内）擦拭。

3. 仪器的传动系统有很高的精度，为了保持仪器的精度，在调整和测量时动作要稳，手要轻。

4. 微调手轮有很大的反向空程（大约有 20 圈），使用时应始终向一个方向旋转，如果需要反向测量，需要重新调零点。

思考题

1. 实验中往往可以观察到:随着非定域干涉条纹一个个地在中心消失,圆干涉条纹的中心一直往视场边缘移动,试分析其原因。

2. 推导出计算波长差的公式(26-2)。

3. 分析扩束激光和钠光产生的圆形干涉条纹的差别。

4. 调节钠光的干涉条纹时,如已确使指针的双影重合,但条纹并未出现,试分析可能产生的原因。

5. 如何判断和检验干涉条纹属于严格的等倾条纹?

实验 27　衍射光强分布研究

光在传播过程中遇到障碍物或小孔时，光将偏离直线传播的路径而绕到障碍物后面传播的现象，叫光的衍射。光的衍射是光的波动特性之一，通过对光的衍射现象和实验事实的深入研究，进一步揭示光的波动性。光的衍射通常分为菲涅耳衍射和夫琅和费衍射。菲涅耳衍射是当光源到衍射屏的距离或接收屏到衍射屏的距离不是无限大时，或两者都不是无限大时所发生的衍射现象；夫琅和费衍射是当光源到衍射屏的距离和接收屏到衍射屏的距离都是无限大时所发生的衍射现象。激光发明之后，实验光源采用激光光源，所得到的衍射图样基本上是夫琅和费衍射。因此，对单缝、双缝、圆孔和光栅等障碍物产生的夫琅和费衍射进行研究，可以进一步地指出使衍射花样更清晰明锐的一些基本条件。

【实验目的】

1. 掌握硅光电池(或光电二极管)的使用方法。
2. 学习制作夫琅和费单缝、双缝和光栅衍射的光强分布曲线。
3. 研究夫琅和费单缝衍射的特点。

【实验仪器】

半导体激光器(650 nm)；光强分布测试仪(单缝、双缝、光栅、硅光电池、数字功率计等)；读数显微镜；光具座。

【实验原理】

夫琅和费衍射研究的是光源和衍射屏幕到狭缝的距离都是无限远(或相当于无限远)的情形。如图 27 - 1(a)所示，设将狭缝光源 S′置于透镜 L_1 的焦平面上，则由 S′发出的光

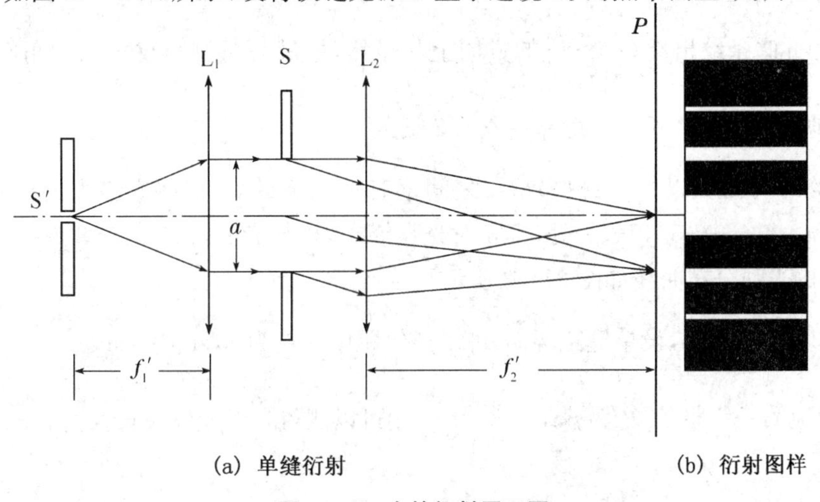

(a) 单缝衍射　　(b) 衍射图样

图 27 - 1　光的衍射原理图

通过 L_1 后成为平行光垂直照射在狭缝 S' 上。根据惠更斯-菲涅耳原理，狭缝上每一点都可看成是发射子波的新波源。由于子波叠加的结果，在透镜 L_2 第二焦平面的屏幕上可以得到一组平行于狭缝的明暗相间的衍射条纹，中央条纹最亮最宽。

1. 夫琅和费单缝衍射

使用半导体激光进行实验时，鉴于激光束具有良好的准直性，可以认为 D 远大于缝宽 a（图 27－2），则聚焦透镜 L_2 亦可省略。

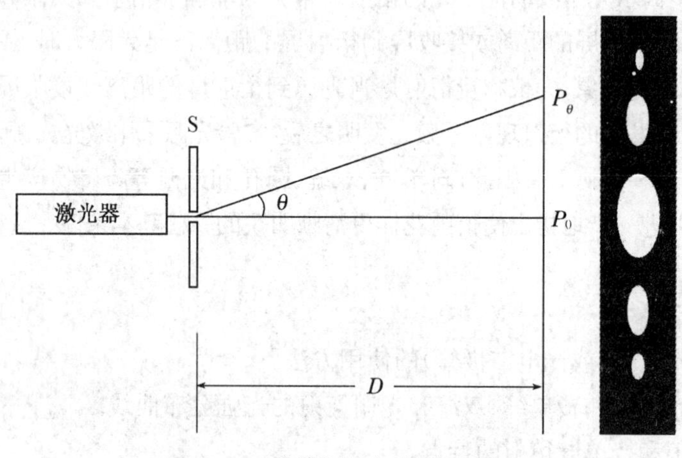

图 27－2　单缝衍射实验装置示意图

在图 27－2 中，设屏幕上 P_0 处（P_0 位于光轴上）是中央亮条纹的中心，其光强为 I_0，则根据计算结果，屏幕上与光轴方向成 θ 角的 P_θ 处的光强为

$$I_\theta = I_0 \frac{\sin^2\beta}{\beta^2} \quad \left(\beta = \frac{\pi a \sin\theta}{\lambda}\right) \tag{27-1}$$

式中：a 为狭缝宽度；λ 为入射单色光的波长。由式(27－1)得到：

(1) 当 $\beta=0$（即 $\theta=0$）时，P_θ 处的光强 $I_\theta=I_0$ 是最大值，称为主最大。

(2) 当 $\beta=j\pi$（$j=\pm1,\pm2,\pm3,\cdots$），即 $a\sin\theta=j\lambda$ 时，$I_\theta=0$，出现暗条纹。由于 θ 值实际上很小，因此暗条纹出现在 $\theta\approx\frac{j\lambda}{a}$ 的方向上。显然，主最大两侧暗纹之间的角间距 $\Delta\theta_1=\frac{2\lambda}{a}$，为其他相邻暗纹之间角间距 $\Delta\theta=\frac{\lambda}{a}$ 的 2 倍。

(3) 除了主最大以外，两相邻暗纹之间都有一个次最大，这些次最大的位置出现在 $\beta=\pm1.43\pi,\pm2.46\pi,\pm3.47\pi,\cdots$ 处，其相对光强依次为 0.047、0.017、0.008、…。夫琅和费单缝衍射的光强分布曲线如图 27－3 所示。

在实验中，θ 很小，设单缝距屏 D，屏上条纹距中心点为 x，$\sin\theta\approx\tan\theta=\frac{x}{D}$。由 $\sin\theta=j\frac{\lambda}{a}$，得对应第一级暗条纹有：$\sin\theta=\frac{\lambda}{a}=\frac{x}{D}$，则可以测得入射光波波长为

$$\lambda=\frac{ax}{D} \tag{27-2}$$

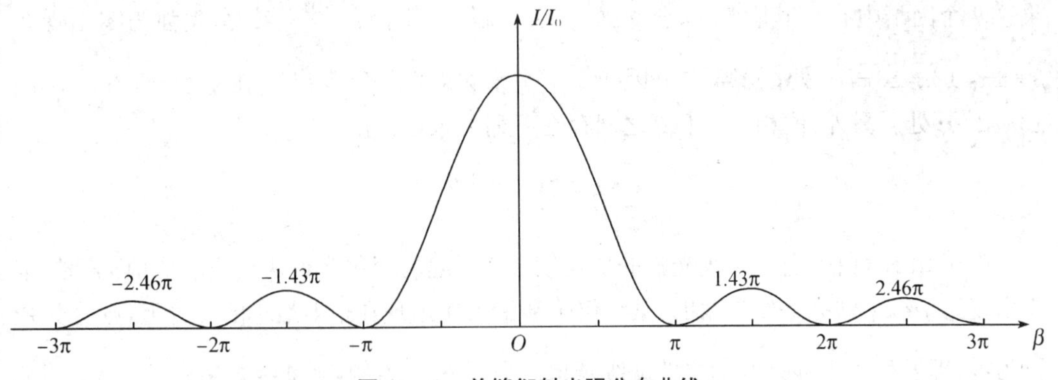

图 27 - 3　单缝衍射光强分布曲线

如果已知光波波长，则可以计算出单缝宽度 a，即

$$a=\frac{D\lambda}{x} \tag{27-3}$$

2. 夫琅和费双缝和多缝(光栅)衍射

对于夫琅和费双缝衍射，其处理方法与夫琅和费单缝衍射的处理方法相同。如图 27 - 4 所示，设双缝是两个宽度同为 a 的狭缝，中间隔着宽度为 b 的不透明部分，并把 $d\equiv a+b$ 称为缝距，则由计算可得屏幕上 P_θ 处的光强分布为

$$I_\theta=4I_0\ \frac{\sin^2\beta}{\beta^2}\cos^2\gamma \tag{27-4}$$

其中：$\beta=\frac{\pi a\sin\theta}{\lambda}$，$\gamma=\frac{\pi d\sin\theta}{\lambda}$。

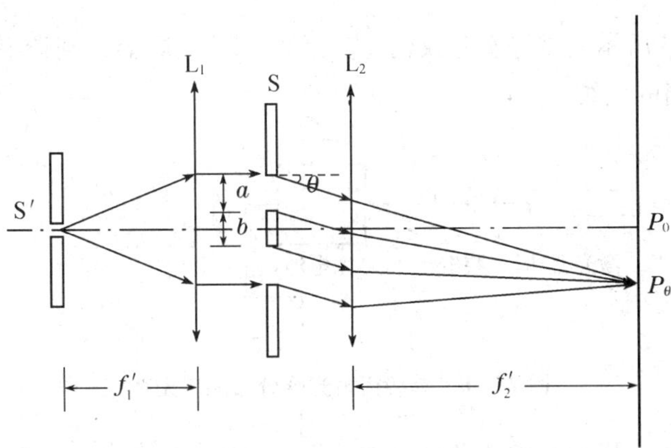

图 27 - 4　双缝衍射实验装置示意图

由式(27 - 4)可以看出，因子$\frac{\sin^2\beta}{\beta^2}$是宽度为 a 的单缝夫琅和费衍射图样的光强分布式，而因子 $\cos^2\gamma$ 是由光强相等而位相差为 2γ 的双光束所产生的干涉图样的光强分布式。因此，夫琅和费双缝衍射可看成是宽度为 a 的单缝衍射光强调制下的双缝干涉。如

果这两个因子中有一个是零，则合光强为零。就第一个因子$\frac{\sin^2\beta}{\beta^2}$来说，光强为零出现在$\beta=\pm\pi,\pm2\pi,\pm3\pi,\cdots$处；就第二个因子$\cos^2\gamma$来说，光强为零出现在$\gamma=\pm\pi/2,\pm3\pi/2,\pm5\pi/2,\cdots$处。另外，位相差$\gamma$和$\beta$之间存在下列关系：

$$\frac{\gamma}{\beta}=\frac{d}{a}=\frac{a+b}{a}$$

由于$d>a$，由γ引起条纹光强的变化较之β引起的变化来得快。当γ取值$j\pi$时，本应出现第j级干涉亮条纹，但如果某一级干涉最大正出现在衍射最小的位置上，则合光强仍为零，即发生了干涉条纹消失的缺级现象。以$d=3a$为例，则缺级发生在$\frac{\gamma}{\beta}=3$以及3的整数倍的位置上，其光强分布曲线和衍射图样如图27－5所示。

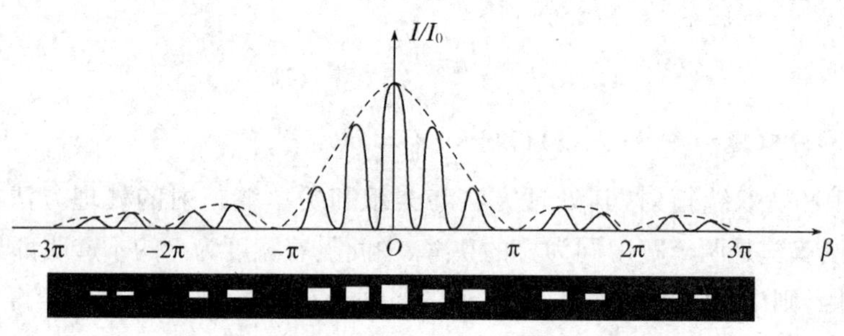

图27－5　双缝衍射光强分布曲线和衍射图样

如果缝的数目$N\geqslant3$，就类似于光栅衍射，实际光栅的缝数N是非常大的。

【实验内容】

1. 按图27－6所示安排好实验仪器，点亮激光器，在屏上得到衍射图样清晰、对称、最亮并且间距适当的条纹。

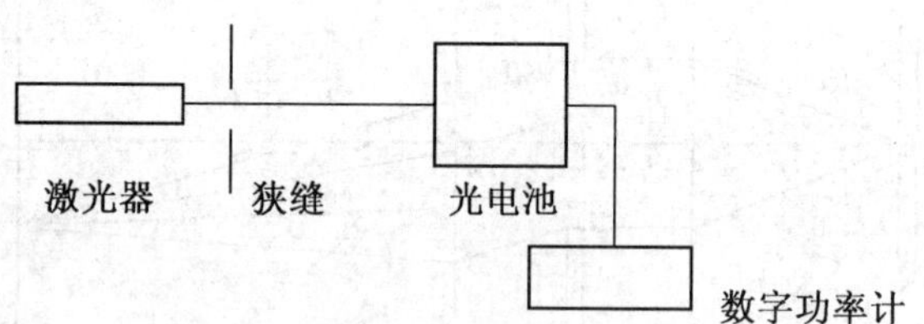

图27－6　单缝衍射光强分布测定光路

2. 将主最大条纹移到正对硅光电池的位置，选择适当的功率计量程，使检流计的读数最大，在测量过程中不再改变功率计的量程。

3. 旋转丝杆，使硅光电池的进光狭缝从衍射图样左边（或右边）的第二个最小的位置到右边（或左边）的第二个最小的位置，进行逐点扫描（这相当于改变衍射角），每隔0.5 mm记录一次光强值（实际记录的是光功率值，即功率计的数值），记录在表27－1中。

4. 以硅光电池的位置为横坐标，对应的光电流值为纵坐标，将实验结果在坐标纸上绘制成曲线。从图中找到主极大和各次极大位置以及暗条纹位置等，并判断是否与理论公式一致。

5. 测量衍射图样暗条纹中心的间距 x_i 和单缝至屏的距离 D。用形成暗条纹的条件：$\sin\theta=\pm j\dfrac{\lambda}{a}$ ($j=1, 2, 3, \cdots$)。在已知波长 $\lambda=650.0\,\text{nm}$，j 已知，θ 可由 x 和 D 计算求得的情况下，求缝宽 a 并与读数显微镜测得的缝宽进行比较。

6. 换上双缝或光栅，重复上述步骤进行测量，即可得双缝或光栅衍射光强分布曲线。

【数据记录及其处理】

1. 单缝衍射实验数据并画出衍射光强分布曲线

单缝至屏的距离 $D=$________ cm。

表 27-1　单缝衍射光强与位置关系实验数据表(位置:mm;光功率:mW)

位置	光功率	位置	光功率	位置	光功率	位置	光功率

表 27-2　单缝衍射实验数据表(位置:mm;光功率:mW)

中央主极大位置	第一级极小位置		第一级次极大位置		第二级极小位置		第二级次极大位置	
	左边	右边	左边	右边	左边	右边	左边	右边
单缝宽度 a								

单缝宽度 $a=\bar{a}\pm\Delta a=$____________mm；

单缝宽度(读数显微镜)$a_0=$____________mm；

相对误差$=\dfrac{|\bar{a}-a_0|}{a_0}\times100\%=$____________%。

2. 双缝衍射实验数据并画出衍射光强分布曲线

表 27-3　双缝实验数据表(位置:mm;光功率:mW)

位置	光功率	位置	光功率	位置	光功率	位置	光功率

3. 光栅衍射实验数据并画出衍射光强分布曲线

表 27-4　光栅衍射实验数据表(位置:mm;光功率:mW)

位置	光功率	位置	光功率	位置	光功率	位置	光功率

【注意事项】

激光对人眼睛有害,切勿让激光及镜面反射的激光直射眼睛。实验测量时,让激光束垂直入射到障碍物上。

拓展实验

夫琅和费圆孔衍射研究

器材:自制小圆孔;激光笔;接收屏;米尺。

(1) 按照图 27-2 的方法,组装成夫琅和费圆孔衍射实验装置。

(2) 用接收屏观察圆孔衍射图样,并在屏上描出爱里斑的边缘位置。

(3) 量出圆孔到接收屏之间的距离,测量出爱里斑(衍射圆环)的直径。

(4) 根据爱里斑的半角宽度公式计算出圆孔的直径。

(5) 测出圆孔的半径,并计算出相对误差。

思考题

1. 什么叫夫琅和费衍射?用氦-氖激光作光源的实验装置是否满足夫琅和费衍射条件?为什么?

2. 当缝宽增加一倍时,衍射花样的光强和条纹的宽度将会怎样改变?如缝宽减半,又怎样改变?

3. 使用硅光电池应注意哪些问题?硅光电池的进光狭缝的宽度对实验结果有何影响?

实验 28　用光电效应测定普朗克常量

光电效应是物理学中一个重要而神奇的现象，在高于某特定频率(极限频率)的电磁波照射下，某些物质内部的电子吸收能量后逸出而形成电流，即光生电流。光电效应现象于 1887 年由德国物理学家赫兹发现，在研究光电效应的过程中科学家们对光子的量子性质有了更加深入的了解，对提出波粒二象性概念有重大影响。在近代物理学中，光电效应在证实光的量子性方面有着重要的地位。1905 年爱因斯坦在普朗克量子假说的基础上提出光量子假说，圆满地解释了光电效应，约 10 年后密立根以精确的光电效应实验证实了爱因斯坦的光电效应方程，并测定了普朗克常量。光电效应已经广泛地应用于科技领域，利用光电效应制成的光电器件如光电管、光电池、光电倍增管等已成为生产和科研中不可缺少的器件。

【实验目的】

1. 加深对光电效应和光的量子性的理解。
2. 学习验证爱因斯坦光电效应方程的实验方法，并测定普朗克常量。
3. 测绘光电管的伏安特性曲线。

【实验仪器】

微电流测量放大器；光电管；汞灯；NG 型滤色片。

【仪器描述】

常见的普朗克常量测定仪如图 28－1 所示。

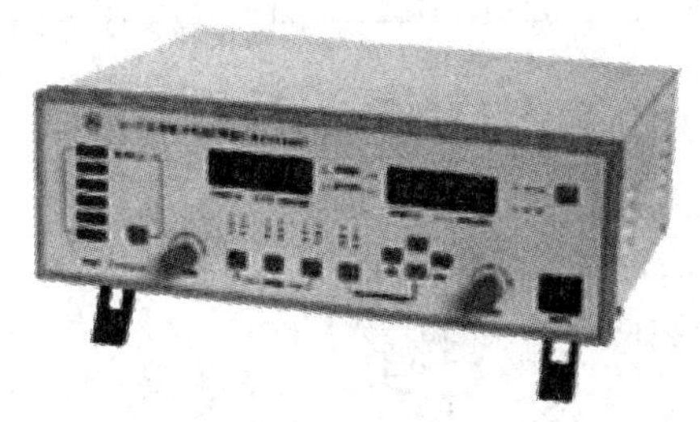

图 28－1　普朗克常量测定仪

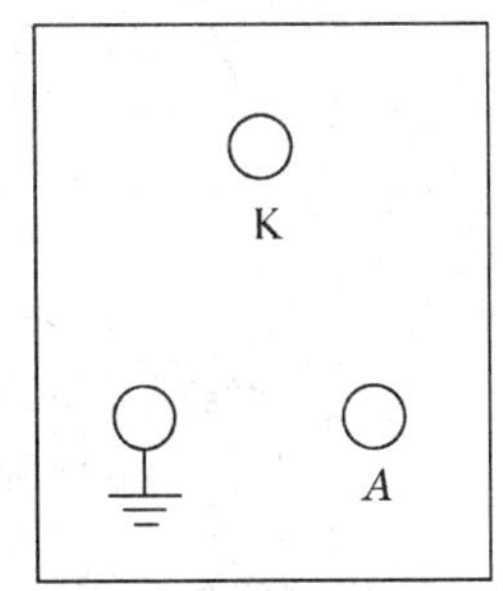

图 28－2　光电管暗盒的面板

(1) GDh－1 型光电管：阳极为镍圈，阴极为银-氧-钾(Ag－O－K)，光谱相应范围为 320～670 nm，光窗为无铅多硼硅玻璃，最高灵敏波长是(410.0 ±10.0)nm，阴极光灵敏度约 1 μA/lm，暗电流约 10^{-12} A。光电管暗盒的面板如图 28－2 所示。

为了避免杂散光和外界电磁场对微弱光电流的干扰，光电管安装在铝质暗盒中，暗盒

窗口可以安放 ϕ5 mm 的光阑孔和 ϕ36 mm 的各种带通滤色片。此外，还装有单色仪匹配头，方便操作者从单色仪中取得单色光来进行实验。

(2) 光源：采用 NJ－50WHg 仪器用高压汞灯。在 302.3～872 nm 的谱线范围内有 365 nm、404.7 nm、435.8 nm、491.6 nm、546.1 nm、577 nm 等谱线可供实验使用。

(3) NG 型滤色片：一组外径为 ϕ36 mm 的宽带通型有色玻璃组合滤色片。它具有滤选 365 nm、405 nm、436 nm、546 nm、577 nm 等谱线的能力。

(4) GP－1 型微电流测量放大器：微电流测量放大器的面板和后面板分别如图 28－3 和图 28－4 所示。电流测量范围在 10^{-6}～10^{-13} A，分六档十进变换，机后附有配记录仪的输出端子（满度输出 50 mV）。微电流指示采用 $3\frac{1}{2}$ 位数字电流表，读数精度分 0.1 μA（用于调零和校准）和 1 μA（用于测量）两档。开机 60 min 后，在 10^{-13} A 档的零点漂移不大于 4 个字。光电管工作电压：直流输出幅度 0～＋3 V，精密连续可调；电压测量为 $3\frac{1}{2}$ 位直流数字电压表，读数精度 0.01 V。测量放大器可以连续工作 8 小时以上。

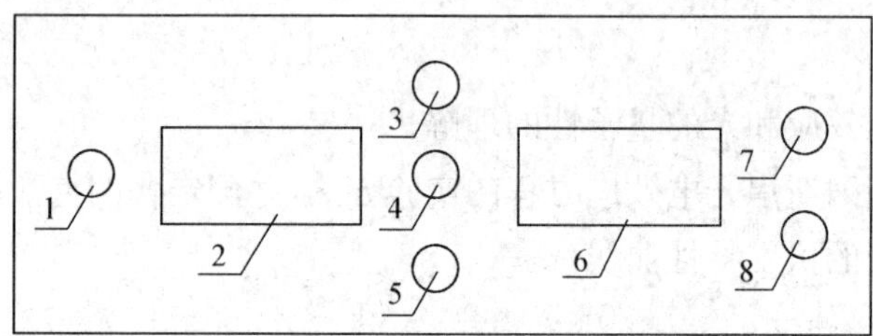

图 28－3　微电流测量放大器的面板

1—电流调节开关　2—微电流指示　3—调零旋钮　4—校准旋钮　5—调零校准与测量转换开关
6—电压指示　7—电压调节旋钮　8—电压选择开关

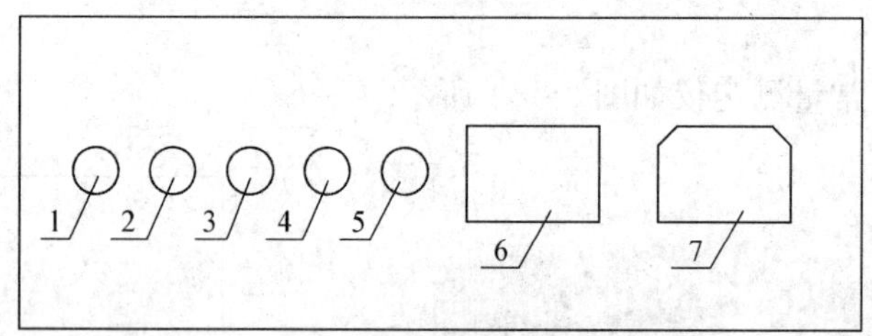

图 28－4　微电流测量放大器的后面板

1—电流输入　2—*PC*－*XY* 接口输出　3—电压输出　4—*X* 输出
5—*Y* 输出　6—电源开关　7—电源插座

普朗克常量测定仪使用前一般要注意：

(1) 认真阅读《光电效应实验仪使用说明书》中的“使用方法”和“注意事项”部分。

(2) 将光源、光电管暗盒、微电流放大器安放在适当位置；将微电流放大器面板上各开关旋钮置于适当位置。倍率：短路；电流极性：－；工作选择：直流；扫描平移：任意；电压极性：－；电压量程：－2 V；电压调节：反时针旋转到底。

(3) 打开微电流放大器电源开关，让其预热 20～30 min，用遮光罩盖住光电管暗盒的光窗;打开光源开关,让汞灯预热。

(4) 待微电流放大器充分预热后,先调整零点(调"ZERO"旋钮,将指针调至0),后校正满度(调"FULL"旋钮,将指针调至100位置处),最后旋动"倍率"开关至各档,检查指针是否处于零位,如不符再略作调零。

(5) 调整光电管暗盒高度,让光源出射孔对准暗盒窗口,并使暗盒距离光源30~50 cm。

【实验原理】

以适当频率的光照射到金属表面,有电子从金属表面逸出的现象称为光电效应。逸出的电子称为光电子,光电子在闭合回路中形成的电流叫做光电流。观察光电效应的实验示意图如图28-5所示。K为光电管阴极,A为光电管阳极,G为微电流计,V为电压表,R为滑线变阻器。使用换向开关T,调节R可使A、K之间获得从$-U$到0到$+U$连续变化的电压。当光照射光电管阴极时,阴极释放出的光电子在电场的作用下向阳极迁移,并且在回路中形成光电流。

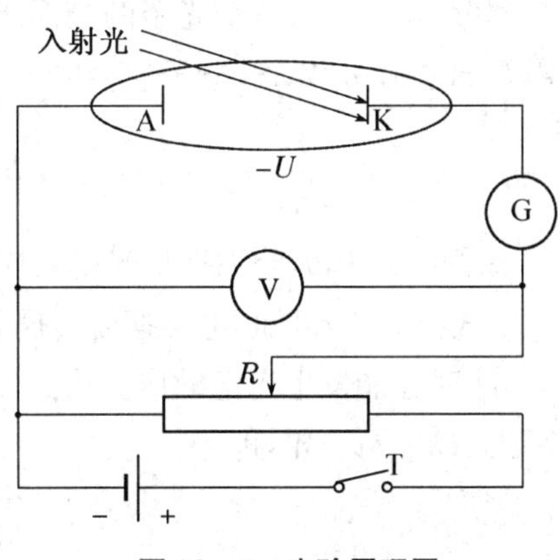

图28-5 实验原理图

光电效应有如下的实验规律:

(1) 光强一定时,随着光电管两端电压的增大,光电流趋于一个饱和值I_m,对不同的光强,饱和电流I_m与光强I成正比。

(2) 当光电管两端加反向电压时,光电流迅速减小,但不立即降到零,直至反向电压达到U_0时,光电流才为零,U_0称为截止电压,如图28-6所示。这表明此时具有最大动能$\frac{1}{2}mv_m^2$的光电子也被反向电场所阻挡,则有

$$eU_0=\frac{1}{2}mv_m^2 \tag{28-1}$$

实验表明,光电子的最大动能与入射光强无关,只与入射光的频率有关。

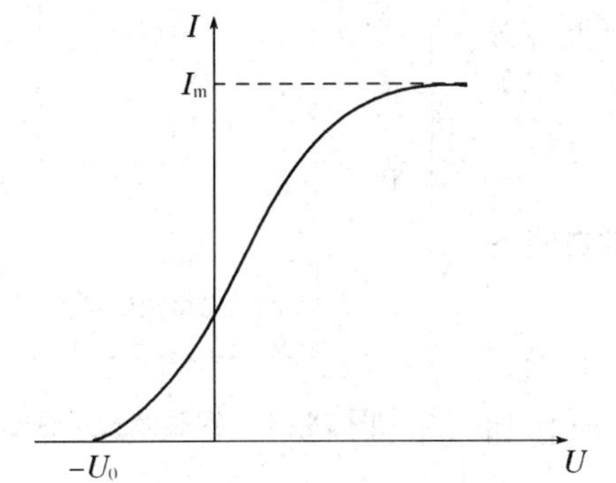

图28-6 光电流与光电管两端所加电压的关系

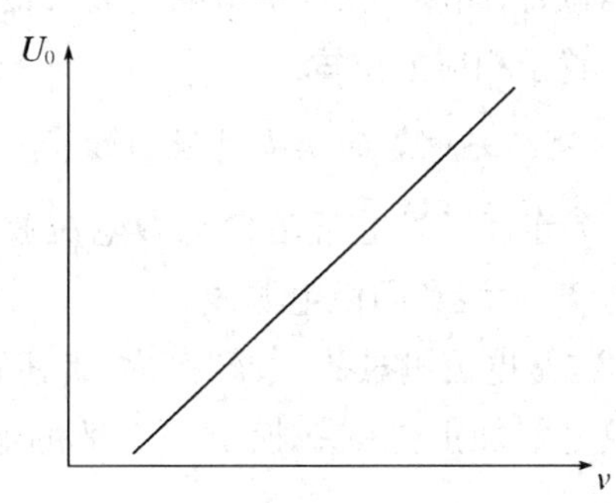

图28-7 U_0与v的关系

(3) 改变入射光频率 ν 时截止电压 U_0 随之改变，U_0 与 ν 呈线性关系(图 28-7)。

实验表明，无论光多么强，只有当入射光频率 ν 大于 ν_0 时才能发生光电效应，ν_0 称为金属的极限频率。对于不同的金属阴极材料，ν_0 的值是不同的。

(4) 照射到阴极上的光无论怎么弱，几乎在开始照射的同时就有光电子产生，延迟时间最多不超过 10^{-9} 秒。

光电效应的实验规律是光的波动理论所不能解释的，而爱因斯坦光量子假说成功地解释了这些实验规律。假设光束是由能量为 $h\nu$ 的粒子(称光子)组成的，其中 h 为普朗克常数。当光束照射到金属上时，光以粒子的形式照射到金属表面上，金属中的电子要么不吸收能量，要么吸收一个光子的全部能量 $h\nu$。只有当这能量大于电子摆脱金属表面约束所需要的逸出功 W 时，电子才会以一定的初动能逸出金属表面。根据能量守恒定律有

$$h\nu=\frac{1}{2}mv_{\mathrm{m}}^2+W \tag{28-2}$$

式(28-2)称为爱因斯坦光电效应方程。

由式(28-2)可知，电子摆脱金属表面约束所需要的最小能量为 W，只有当入射光频率 $\nu>\nu_0$ 时才能发生光电效应。将式(28-1)代入式(28-2)，则爱因斯坦光电效应方程可改写为 $eU_0=h\nu-W$，即

$$U_0=\frac{h}{e}\nu-\frac{W}{e} \tag{28-3}$$

式(28-3)表明了 U_0 与 ν 呈一直线关系，如图 28-7 所示。用图中直线的截距、斜率可求 h。当截止电压为 U_0 时，入射光的频率为 ν_0，没有光电子逸出。

设直线斜率为 k，由式(28-3)有 $U_0=k\nu-\dfrac{W}{e}$，可得

$$h=ek \tag{28-4}$$

可见，只需计算出 $U_0-\nu$ 直线的斜率即可求出普朗克常量。这就是密立根验证爱因斯坦方程的实验思想。

【实验内容】

实验前将光源、光电管暗盒、微电流放大器安放在适当位置(图 28-8)，将微电流放大器面板上各开关旋钮置于相应的位置。

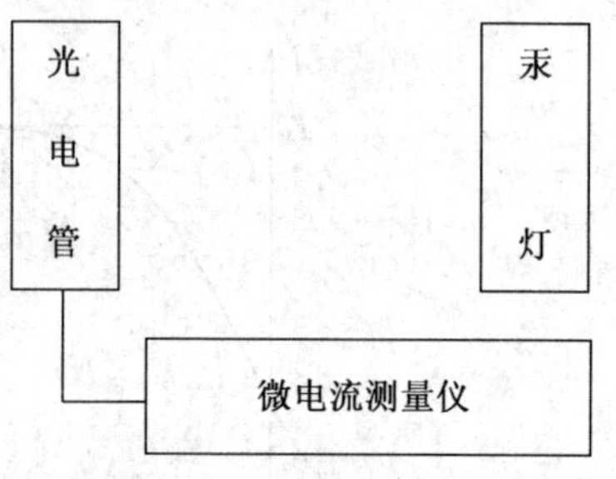

图 28-8 实验装置示意图

1. 测绘光电管的伏安特性曲线

(1) 连接好光电管暗盒与微电流放大器之间的屏蔽电缆、地线和阳极电源线。

(2) 微电流测量放大器"倍率"旋钮置($\times10^{-5}$)，取下遮光罩加上光阑孔换上一合适的滤色片(比如 577 nm)。

(3) 按数据表中的电压值调“电压量程”，并转动“电压调节”旋钮(顺时针转动电压增加)。在表中记下这一滤色片在不同电压值 U 下的电流值 I(电流值=倍率×电表读数×μA)。

(4) 电压量程与电压表刻度线的对应关系：所读出电压的正、负由量程的“+”“−”决定，即−2～0 V 电压极性选“−”，0.5～2 V 电压极性选“+”。注意测量过程中随电流变化，放大倍率应作相应的变化。

(5) 在测量过程中找出使光电流 I 为零的截止电压 U_0，并记入数据表中的对应栏内，注意在 U_0 截止电压时，电流极性选“−”。

(6) 以 U 为横坐标，I 为纵坐标作出相应波长光的 $I-U$ 曲线。

2. 测量普朗克常量 h

(1) 用所提供的另外四种波长的滤色片(在更换滤色片时，应先用遮光罩遮蔽汞灯，以防强光照射光电管)，分别找出使光电流为零的电压值 U_0(将倍率开关旋钮置“$\times 10^{-6}$”，调节电压使电压表读数为零，然后将倍率开关旋钮置“$\times 10^{-7}$”，再次调节电压使其读数为零)。将每一波长 λ 记入数据表中。

(2) 用画图软件作出不同波长(或频率)的 $I-U$ 曲线。从曲线中找出电流开始变化的“抬头点”，确定对应波长(或频率)下的截止电压 U_0。

(3) 用画图软件作出不同波长(或频率)下的截止电压 U_0 之间的关系曲线，确定出 k 值，用公式(28-4)求出 h 值。

【实验数据记录及处理】

1. 光电流与电压的关系

表 28-1 光电流与电压关系(距离 L=______cm)

反向电压(V)	光电流					反向电压(V)	光电流				
	365 nm	405 nm	436 nm	546 nm	577 nm		365 nm	405 nm	436 nm	546 nm	577 nm
−2.0						−0.7					
−1.9						−0.6					
−1.8						−0.5					
−1.7						−0.4					
−1.6						−0.3					
−1.5						−0.2					
−1.4						−0.1					
−1.3						0					
−1.2						0.1					
−1.1						0.2					
−1.0						0.3					
−0.9						0.4					
−0.8						0.5					

2. 在计算机上用 Origin 软件，以电压为横坐标，电流为纵坐标，仔细作出不同波长的伏安特性曲线。从曲线中认真找出电流开始变化的“抬头点”，确定截止电压 U_0，并记录在表 28－2 中。

表 28－2　截止电压和频率关系

波长(nm)	365	405	436	546	577
频率($\times 10^{-14}$ Hz)	8.22	7.41	6.88	5.49	5.19
截止电压 U_0(V)					

3. 把不同频率下的截止电压 U_0，用 Origin 软件描绘截止电压和频率的关系。如果光电效应遵从爱因斯坦方程，则 $U_0=f(\nu)$ 关系曲线应该是一直线。求出直线的斜率 $k=\dfrac{\Delta U_0}{\Delta\nu}$，代入 $h=ek$，并算出所测值 h，与 h 的公认值 h_0 比较，求出相对误差 $E_r=\dfrac{|h-h_0|}{h_0}$。

(公认值：$e=1.602\times10^{-19}$ C，$h_0=6.626\times10^{-34}$ J·s)

【注意事项】

1. 滤色片使用前需检查是否干净，以保证良好透光。更换滤色片时注意避免污染，平整放入套架，以免不必要的折射光带来实验误差。

2. 更换滤色片时先将光源出光孔遮盖住，实验完毕后用遮光罩盖住光电管暗盒进光窗，以避免强光直接照射阴极而缩短光电管寿命。

3. 实验时，光电管入射窗口请勿面对其他强光源(如窗户等)以减少杂散光干扰。仪器不宜在强磁场、强电场、强振动、高湿度、带辐射物质的环境下工作。

4. 测量放大器必须充分预热测量方能准确，连线时先接地线，后接信号线。注意勿让电压输出端与地短路，以免烧毁电源。

5. 光电效应的测量过程中，常常存在暗电流和本底电流。在完全没有光照射光电管的情形下，由于阴极本身的热电子发射等原因所产生的电流称为暗电流。本底电流则是由于外界各种漫反射光入射到光电管上所致。这两种电流属于实验中的系统误差，我们的实验过程中忽略了这一系统误差。精确实验时需将它们测出，并在作图时消去其影响。

思考题

1. 根据实验原理知 k 为 $U_0-\nu$ 关系曲线的斜率，为什么在实验计算中，k 的值不为一常量？

2. 分析本实验的误差来源。

第 6 章　研究设计实验

研究设计实验是让学生独立自主地对实验方案进行设计并对实验结果进行研究的实践活动。开展研究设计实验教学，不仅可以关照学生基础知识、个性发展水平，也可以让学生享受到研究的乐趣。本章安排了 4 个实验项目，着重让学生熟悉研究设计实验的设计思想和方案、观察实验现象、记录和运用实验结果、分析实验数据且得出合理的结论等方法，培养学生初步科研能力、创新意识及合作精神等。

实验 29　碰撞实验研究

碰撞在物理学中表现为两物体或粒子间极短的相互作用。参与碰撞的物体在碰撞前后发生速度、动量或能量的改变。碰撞分为弹性碰撞和非弹性碰撞:弹性碰撞是碰撞前后整个系统的机械能不变的碰撞,如原子的碰撞;非弹性碰撞是碰撞后整个系统的部分机械能转换成碰撞物的内能,使整个系统的机械能无法守恒。碰撞是一种双刃剑,也成为现代工程技术中一个重要的问题,利用碰撞可以产生巨大的瞬时力,如各种冲压机、打桩机、炮弹穿甲等;相反地,有时也要避免巨大碰撞力的危害,采用各种缓冲装置,如弹性体或液压缓冲器,以延长碰撞时间,从而减小碰撞力。

【实验目的】

1. 观察弹性碰撞和完全非弹性碰撞现象。
2. 验证碰撞过程中动量守恒定律和机械能守恒定律。

【实验仪器】

气垫导轨(配附件箱);智能数字测时器;物理天平。

【实验原理】

设两滑块的质量分别为 m_1 和 m_2,碰撞前的速度为 v_{10} 和 v_{20},相碰后的速度为 v_1 和 v_2。根据动量守恒定律,有

$$m_1 v_{10} + m_2 v_{20} = m_1 v_1 + m_2 v_2 \tag{29-1}$$

测出两滑块的质量和碰撞前后的速度,就可验证碰撞过程中动量是否守恒。其中 v_{10} 和 v_{20} 是滑块在两个光电门处的瞬时速度,即$\Delta x/\Delta t$,Δt 越小,此瞬时速度越准确(图 29 - 1)。在实验中我们设遮光片的宽度为Δx,挡光片通过光电门的时间为Δt,则有 $v_{10}=\Delta x/\Delta t_1$,$v_{20}=\Delta x/\Delta t_2$。

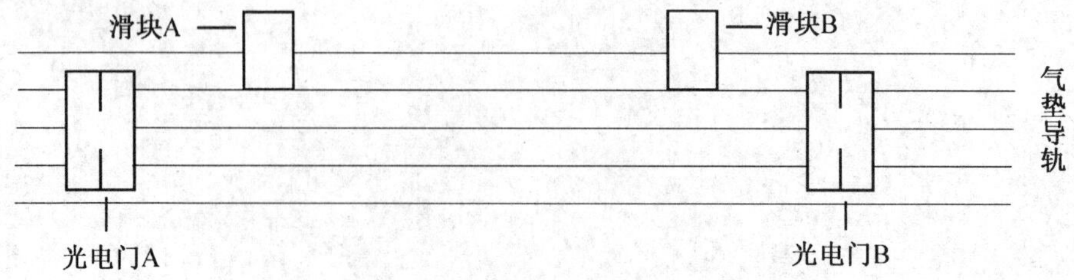

图 29 - 1　滑块在导轨上运动简图

实验过程分两种情况进行。

1. 弹性碰撞

两滑块的相碰端装有缓冲弹簧，它们的碰撞可以看成是弹性碰撞。在碰撞过程中除了动量守恒外，它们的动能完全没有损失，机械能守恒定律在此时成立，所以有

$$\frac{1}{2}m_1v_{10}^2+\frac{1}{2}m_2v_{20}^2=\frac{1}{2}m_1v_1^2+\frac{1}{2}m_2v_2^2 \tag{29-2}$$

(1) 若两个滑块质量相等，$m_1=m_2=m$，且令 m_2 碰撞前静止，即 $v_{20}=0$。则由式(29－1)和式(29－2)得到

$$v_1=0,\qquad v_2=v_{10}$$

即两个滑块将彼此交换速度。

(2) 若两个滑块质量不相等，$m_1\neq m_2$，仍令 $v_{20}=0$，则有

$$m_1v_{10}=m_1v_1+m_2v$$

及

$$\frac{1}{2}m_1v_{10}^2=\frac{1}{2}m_1v_1^2+\frac{1}{2}m_2v_2^2 \tag{29-3}$$

可得

$$v_1=\frac{m_1-m_2}{m_1+m_2}v_{10}\quad 和\quad v_2=\frac{2m_1}{m_1+m_2}v_{10}$$

当 $m_1>m_2$ 时，两个滑块相碰后，两者都沿相同的速度方向(与 v_{20} 相同)运动；当 $m_1<m_2$时，两者相碰后运动的速度方向相反，m_1 将反向，速度应为负值。

2. 完全非弹性碰撞

将两滑块上的缓冲弹簧取走，在滑块的相碰端装上橡皮泥。相碰后橡皮泥将两滑块粘在一起，具有同一运动速度，即

$$v_1=v_2=v$$

令 $v_{20}=0$，这样式(29－3)可以简化为

$$m_1v_{10}=(m_1+m_2)v \tag{29-4}$$

所以

$$v=\frac{m_1}{m_1+m_2}v_{10}$$

当 $m_2=m_1$ 时，$v=\frac{1}{2}v_{10}$。即两滑块粘在一起后，质量增加一倍，速度为原来的一半。

本实验就是通过验证式(29－2)、式(29－3)和式(29－4)的正确性来验证动量守恒定律和机械能守恒定律。

【实验内容】

1. 设计实验装置，合理安排各种实验器件。
2. 设计完全非弹性碰撞实验方法，制定实验步骤、拟定数据记录表格并处理实验数

据，验证动量和机械能是否守恒。

3. 设计弹性碰撞实验方法，制定实验步骤、拟定数据记录表格并处理实验数据，验证动量和机械能是否守恒。

4. 设计考察当 $m_1=m_2$ 的情况，重复上述研究内容。

【数据记录及其处理】

自拟表格记录实验数据，按要求处理实验数据，求得有关结果。

拓展实验

用手机研究弹性碰撞或非弹性碰撞

器材：智能手机；Phyphox 软件；弹球(直径 40 mm)；乒乓球；米尺等。

(1) 在 Phyphox 软件“(非)弹性碰撞”中，点击三角按钮运行(图 29-2)。

(2) 将弹球从 40 cm 高度释放与地板发生碰撞，用 Phyphox 软件“高度”记录连续弹跳 5 次上升高度和经历的时间；导出 Excel 数据用 Origin 软件进行分析，用公式 $g=\frac{8h}{T^2}$ 求出重力加速度，用 Phyphox 软件“能量”记录连续弹跳 5 次小球能量损失的百分比。

(3) 同样的方法将弹球从 70 cm、100 cm、130 cm、160 cm 高度释放与地板发生碰撞，分别记录连续弹跳 5 次的高度和经历时间以及能量损失的百分比。

(4) 计算 g 的平均值，并与本地 g 值(盐城地区重力加速度的标准值 $g=9.798$ m/s^2)比较。

(5) 研究弹球在整个弹跳过程中平均能量损失与释放高度之间的关系。

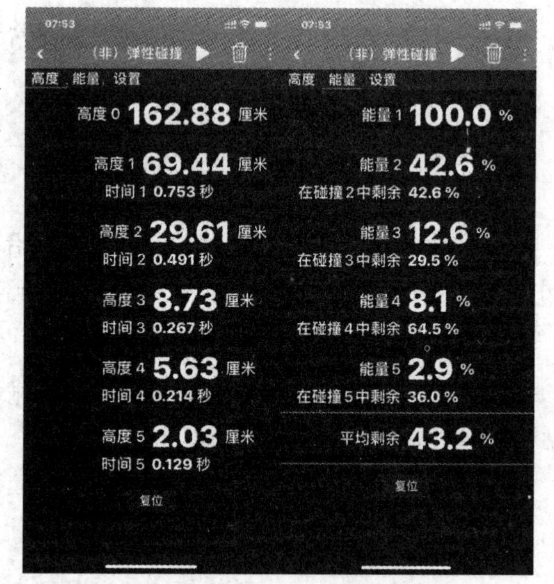

图 29-2 Phyphox 软件“(非)弹性碰撞”运行结果示意图

(左边：高度；右边：能量)

思考题

1. 为了验证动量守恒，在本实验操作上如何来保证实验条件，减小测量误差？

2. 为了使滑块在气垫导轨上匀速运动，是否应调节导轨完全水平？应怎样调节才能使滑块受到的合外力近似等于零？

实验 30　霍尔效应研究

当电流通过一个位于磁场中的导体时，磁场会对导体中的电子产生一个垂直于电子运动方向上的作用力，从而在垂直于导体与磁感线的两个方向上产生电势差，这就是霍尔效应。霍尔效应是电磁效应的一种，是美国物理学家霍尔(A. H. Hall，1855—1938)于1879 年发现的，此后德国物理学家克利青等发现了整数量子霍尔效应，美籍华裔物理学家崔琦等人发现了分数量子霍尔效应并获得了诺贝尔物理学奖。由清华大学薛其坤院士领衔的研究团队从实验中首次观测到量子反常霍尔效应，这是中国科学家从实验中独立观测到的一个重要物理现象，也是物理学领域基础研究的一项重要科学发现。霍尔元件在磁场测量中应用广泛，如通用的特斯拉计(高斯计)探头就是霍尔元件；利用霍尔效应制作霍尔器件可以通过检测磁场变化转变为电信号输出，可用于监视和测量汽车各部件运行参数的变化；等等。

【实验目的】

1. 掌握霍尔效应的基本原理。
2. 了解用霍尔效应测量磁场。
3. 研究霍尔电压与工作电流和磁场的关系。

【实验仪器】

FD - HL - 5 型霍尔效应实验仪。

【仪器描述】

霍尔效应实验仪由可调直流稳压电源(0～500 mA)、直流稳流电源(0～5 mA)、直流数字电压表、数字式特斯拉计、直流电阻(取样电阻)电磁铁、霍尔元件(砷化镓霍尔元件)、双刀双向开关、导线等组成。实验电路如图 30 - 1 所示。

【实验原理】

1. 霍尔效应

若将通有电流的导体置于磁场 B 之中，磁场 B(沿 z 轴反方向)垂直于电流 I_H(沿 x 轴)的方向(图 30 - 2)，则在导体中垂直于 B 和 I_H 的方向上出现一个横向电位差 U_H，这个现象称为霍尔效应。

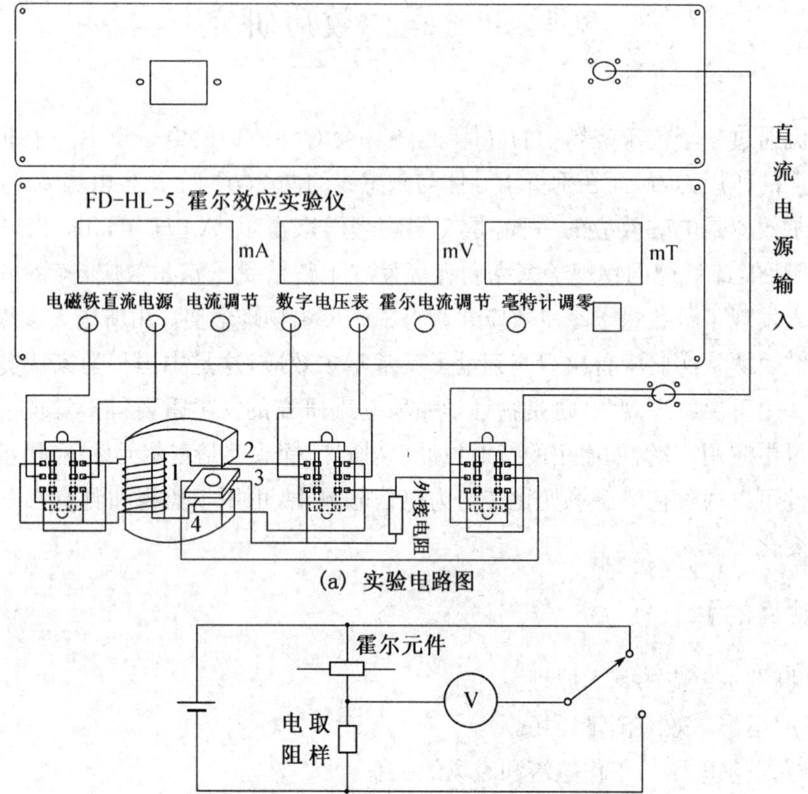

(a) 实验电路图

(b) 通过霍尔元件的电流与霍尔电势差的测量简图

图 30-1　FD-HL-5 型霍尔效应仪面板图

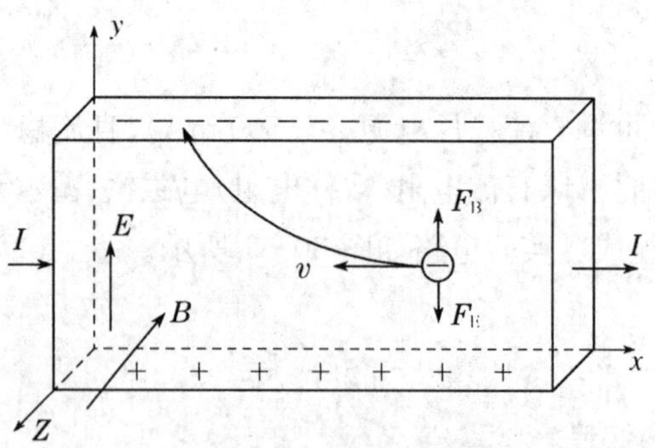

图 30-2　霍尔效应原理

这一效应对金属来说并不显著，但对半导体非常显著。霍尔效应可以测定载流子浓度及载流子迁移率等重要参数，以及判断材料的导电类型，是研究半导体材料的重要手段。还可以用霍尔效应测量直流或交流电路中的电流强度和功率以及把直流电流转成交流电流并对它进行调制、放大。用霍尔效应制作的传感器广泛用于磁场、位置、位移、转速的测量。

霍尔电势差的产生：当电流 I_H 通过霍尔元件（假设为 P 型）时，空穴有一定的漂移速度 v，垂直磁场对运动电荷产生一个洛沦兹力

$$F_B = q(v \times B) \tag{30-1}$$

式中：q 为电子电荷。洛沦兹力使电荷产生横向的偏转，由于样品有边界，所以有些偏转的载流子将在边界积累起来，产生一个横向电场 E，直到电场对载流子的作用力 $F_E = qE$ 与磁场作用的洛沦兹力相抵消为止，即

$$q(v \times B) = qE \tag{30-2}$$

这时电荷在样品中流动时将不再偏转，霍尔电势差就是由这个电场建立起来的。

如果是 N 型样品，则横向电场与前者相反，所以 N 型样品和 P 型样品的霍尔电势差有不同的符号，据此可以判断霍尔元件的导电类型。

设 P 型样品的载流子浓度为 p，宽度为 b，厚度为 d。通过样品电流 $I_H = pqvbd$，则空穴的速度 $v = I_H/pqbd$，代入(30-2)式有

$$E = |v \times B| = \frac{I_H B}{pqbd} \tag{30-3}$$

上式两边各乘 b，便得到

$$U_H = Eb = \frac{I_H B}{pqd} = R_H \frac{I_H B}{d} \tag{30-4}$$

$R_H = \dfrac{1}{pq}$ 称为霍尔系数。在应用中一般写成

$$U_H = K_H I_H B \tag{30-5}$$

比例系数 $K_H = R_H/d = 1/pqd$ 称为霍尔元件灵敏度，单位为 mV/(mA·T)。一般要求 K_H 愈大愈好。K_H 与载流子浓度 p 成反比。半导体内载流子浓度远比金属载流子浓度小，所以都用半导体材料作为霍尔元件。K_H 与片厚 d 成反比，所以霍尔元件都做得很薄，一般只有 0.2 mm 厚。

由式(30-5)可以看出，知道了霍尔片的灵敏度 K_H，只要分别测出霍尔电流 I_H 及霍尔电势差 U_H 就可算出磁场 B 的大小，这就是霍尔效应测磁场的原理。

2. 用霍尔效应法测量电磁铁的磁场

测量磁场的方法很多，如磁通法、核磁共振法及霍尔效应法等，其中霍尔效应法用半导体材料构成霍尔片作为传感元件，把磁信号转换成电信号，测出磁场中各点的磁感应强度。能测量交、直流磁场，是其最大的优点。以此原理制成的特斯拉计能简便、直观、快速地测量磁场。

电路如图 30-3 所示。直流电源 E_1 为电磁铁提供励磁电流 I_M，通过变阻器 R_1，可以调节 I_M 的大小。电源 E_2 通过可变电阻 R_2（用电阻箱）为霍尔元件提供电流 I_H，当 E_2 电源为直流时，用直流毫安表测霍尔电流，用数字万用表测霍尔电压；当 E_2 为交流时，毫安表和毫伏表用交流数字万用表。

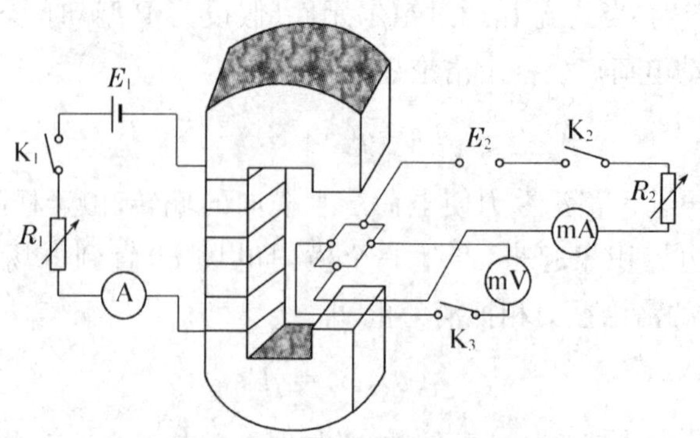

图 30-3 实验测量电路图

半导体材料有 N 型(电子型)和 P 型(空穴型)两种,前者载流子为电子,带负电;后者载流子为空穴,相当于带正电的粒子。由图 30-2 可以看出,若载流子为电子则下点电位高于上点电位,$U_H<0$。若载流子为空穴则下点电位低于上点的,电位 $U_H>0$,如果知道载流子类型,则可以根据 U_H 的正负定出待测磁场的方向。

由于式(30-5)中的磁感应强度 B 是由电磁铁产生的,它们的关系可以表示为

$$B=KI_M$$

式中:I_M 为励磁电流;K 为比例系数。

由于霍尔效应建立电场所需时间很短(约 $10^{-12}\sim10^{-14}$ s),因此通过霍尔元件的电流用直流或交流都可以。若霍尔电流 I_H 为交流,$I_H=I_0\sin\omega t$,则

$$U_H=K_HI_HB=K_HBI_0\sin\omega t \tag{30-6}$$

所得的霍尔电压也是交变的。在使用交流电情况下式(30-5)仍可使用,只是式中的 I_H 和 U_H 应理解为有效值。

3. 消除霍尔元件副效应的影响

在实际测量过程中,还会伴随一些热磁副效应,它使所测得的电压不只是 U_H,还会附加另外一些电压,给测量带来误差。

这些热磁效应有埃廷斯豪森效应,是由于在霍尔片两端有温度差,从而产生温差电动势 U_E,如图 30-4 所示,它与霍尔电流 I_H、磁场 B 方向有关;能斯特效应,是由于当热流通过霍尔片(如 1,2 端)在其两侧(3,4 端)会有电动势 U_N 产生,只与磁场 B 和热流有关;里吉-勒迪克效应,是当热流通过霍尔片时两侧会有温度差产生,从而又产生温差电动势 U_R,它同样与磁场 B 及热流有关。

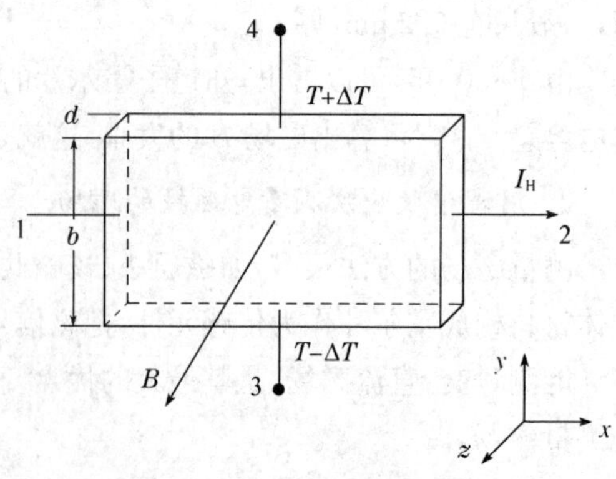

图 30-4 热磁效应示意图(温度差)

除了这些热磁副效应外,还有不等位电势差 U_0,它是由于两侧(3,4 端)的电极不在

同一等势面上引起的，当霍尔电流通过1,2端时，即使不加磁场，3和4端也会有电势差U_0产生，其方向随电流I_H方向而改变。

因此，为了消除副效应的影响，在操作时要分别改变I_H的方向和磁场B的方向，记下四组电势差数据（K_1、K_2换向开关“上”为正）：

当I_H正向，B正向时，$U_1=U_H+U_0+U_E+U_N+U_R$；

当I_H负向，B正向时，$U_2=-U_H-U_0-U_E+U_N+U_R$；

当I_H负向，B负向时，$U_3=U_H-U_0+U_E-U_N-U_R$；

当I_H正向，B负向时，$U_4=-U_H+U_0-U_E-U_N-U_R$。

作运算$U_1-U_2+U_3-U_4$，并取平均值，有

$$\frac{1}{4}(U_1-U_2+U_3-U_4)=U_H+U_E \tag{30-7}$$

由于U_E方向始终与U_H相同，所以换向法不能消除它，但一般$U_E \ll U_H$，故可以忽略不计，于是

$$U_H=\frac{U_1-U_2+U_3-U_4}{4} \tag{30-8}$$

温度差的建立需要较长时间（约几秒钟），因此如果采用交流电，使它来不及建立，就可以减小测量误差。

【实验内容】

1. 研究霍尔电流I_H与霍尔电压U_H的关系

将霍尔片置于电磁铁中心处，按图30-3接好电路图。霍尔元件的1，3脚接工作电压，2，4脚测霍尔电压。励磁电流$I_M=0.400$ A。调节霍尔元件的工作电源的电压，使通过霍尔元件的电流分别为0.5 mA、1.0 mA、1.5 mA 、2.0 mA 、2.5 mA，测出相应的霍尔电压，每次消除副效应。作U_H-I_H图，验证I_H与U_H的线性关系。

2. 研究砷化镓霍尔元件的灵敏度K_H

特斯拉计是利用霍尔效应制成的磁感应强度测试仪。本数字式特斯拉计由极薄的半导体砷化镓材料制成，较脆、请勿用手折碰，操作时须小心。

霍尔电流保持I_H取1.00 mA，由1,3端输入。励磁电流I_M取0.05 A、0.1 A、0.15 A、0.20 A、…、0.55 A，分别测出磁感应强度B的大小和样品霍尔元件的霍尔电压U_H，用公式(30-5)算出该霍尔元件的灵敏度（N型霍尔元件灵敏度为负值）。

3. 研究砷化镓霍尔元件磁感应强度B和励磁电流I_M的关系

在测得砷化镓霍尔元件灵敏度后，用该霍尔元件测电磁间隙中磁感应强度B。霍尔电流保持在$I_H=1$ mA。改变励磁电流以从0～0.5 A，每隔0.1 A测1点B和I_M值，作B-I_M曲线。测得霍尔电压时要消除副效应。

【数据记录及其处理】

自拟表格记录数据，按要求处理实验数据，求得有关结果。

【注意事项】

1. 霍尔片又薄又脆，切勿用手摸。

2. 霍尔片允许通过电流很小，切勿与励磁电流接错！

3. 电磁铁通电时间不要过长，以防电磁铁线圈过热影响测量结果。

拓展实验

测量电磁铁磁场沿水平方向分布

(1) 调节支架旋钮，使霍尔元件从电磁铁左端处移到右端。

(2) 固定励磁电流在 $I_M=0.4\ A$，霍尔电流 $I_H=1\ mA$，磁铁间隙中磁感应强度由数字式特斯拉计测量，X 位置由支架上水平标尺读得，测量磁场随水平 X 方向分布 $B-X$ 曲线（磁场随方向分布不必考虑消除副效应）。

思考题

1. 分析本实验主要误差来源，计算磁场 B 的合成不确定度（分别取 $I_M=1.0\ A$，$I_H=10\ mA$）。

2. 以简图示意，用霍尔效应法判断霍尔片上的磁场方向。

3. 如何测量交变磁场？写出主要步骤。

【附　热磁副效应简介】

由于温度梯度的存在，伴随霍尔效应产生一些热磁副效应。

1. 埃廷斯豪森(Ettingshausen)效应

1887 年埃廷斯豪森发现当金属片铋沿 x 方向通过电流，z 方向加磁场（图 30－4），则在金属片的两侧（沿 y 方向）有温度差，所产生的温度梯度与通过样品的电流和磁场成正比

$$\frac{\partial T}{\partial y}=PI_HB \tag{30-9}$$

P 称为埃廷斯豪森系数。温度梯度引起温差电动势 U_E，则 $U_H=U(T,T+\Delta T)$，所以

$$U_H\propto I_HB \tag{30-10}$$

温差电动势与霍尔电流 I_H 及磁场 B 的方向有关。

2. 能斯特(Nernst)效应

能斯特和埃廷斯豪森在研究金属铋的霍尔效应时发现，当有热流通过霍尔片时，在热能流及磁场的垂直方向产生电动势 U_N。改变磁场或热流方向，电动势方向也将改变，这

个现象称为能斯特效应。

在 P 型霍尔片中，如果样品电极 1,2 端(图 30－4)接触电阻不同，就会产生不同的焦耳热，使两端温度不同。沿温度梯度$\partial T/\partial x$有扩散倾向的空穴受到磁场的偏转，会建立一个横向电场，与洛伦兹力相抗衡，则在 y 方向电极 3,4 之间产生电势差

$$U_N = -Q\frac{\partial T}{\partial x}B \tag{30-11}$$

式中：Q 称为能斯特系数。U_N 的方向与磁场 B 方向有关(热流方向一定)，而与通过样品的电流 I_H 方向无关。

3. 里吉-勒迪克(Righi-leduc)效应

1887 年里吉和勒迪克几乎同时发现，当有热流通过霍尔片时，与样品面垂直的磁场可以使霍尔片的两旁产生温度差，如果改变磁场方向，温度梯度的方向也随着改变。

在图 30－4 中 1,2 端(沿 x 方向)有温度梯度$\partial T/\partial x$，热流沿 x 方向通过，在 y 方向的 3,4 端就会产生温度梯度，磁场方向 B 沿 z 方向，则有

$$\frac{\partial T}{\partial y} = S\frac{\partial T}{\partial x}B \tag{30-12}$$

S 为里吉-勒迪克系数。

根据埃廷斯豪森效应，在 y 方向的温度差产生温差电动势 U_R。U_R 和$\frac{\partial T}{\partial y}$成正比，所以 U_R 的方向随磁场 B 的方向而改变，与霍尔电流 I_H 无关。

实验 31　RLC 电路谐振特性的研究

电容、电阻和电感元件在交流电路中的阻抗是随着电源频率的改变而变化的。将频率变化的正弦交流电加到电阻、电容和电感组成的电路中时，各元件上的电压或电流会随着变化，这称作电路的幅频特性。谐振是交流电路中可能发生的一种特殊现象。由于回路在谐振状态下呈现某些特征，因此在工程中特别是电子技术中有着广泛的应用，但在电力系统中却常要加以防止。本实验研究 RLC 电路的电压或电流随频率变化的特性。

【实验目的】

1. 研究和测量 RLC 电路的幅频特性。
2. 掌握幅频特性的测量方法。
3. 进一步理解回路 Q 值的物理意义。

【仪器和用具】

DH4503 型 RLC 实验仪；电阻箱；UNI－T(UT622)交流毫伏表。

【仪器描述】

DH4503 实验仪是由功率信号发生器、频率计、电阻箱、电感箱、电容箱和整流滤波电路等组成，如图 31－1 所示。

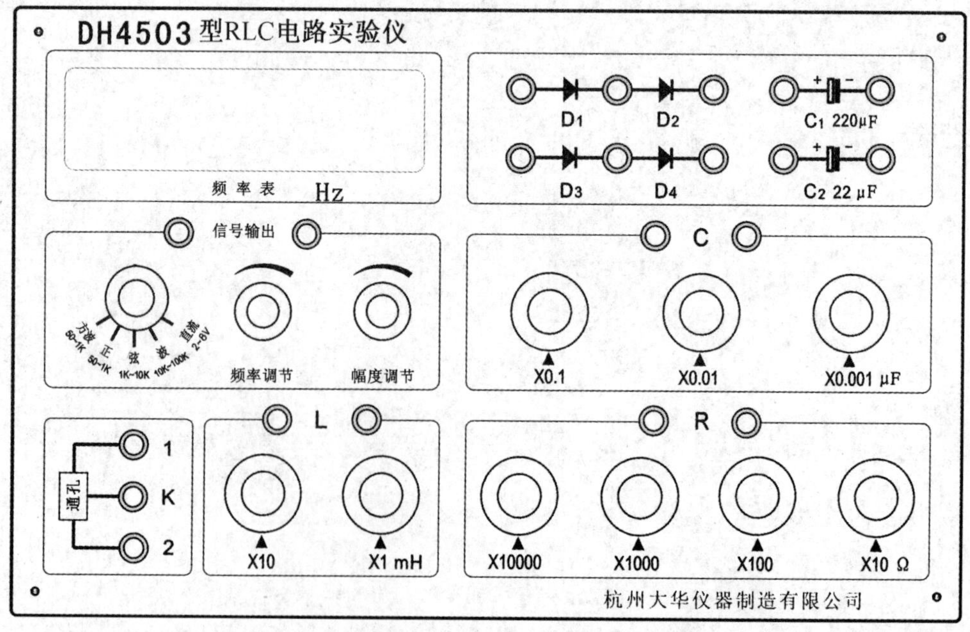

图 31－1　DH4503 型 RLC 电路实验仪面板图

仪器主要技术参数：

(1) 供电：单相 220 V，50 Hz。

(2) 工作温度范围：5 ℃～35 ℃，相对湿度 25%～85%。

(3) 信号源：正弦波分 50 Hz～1 kHz，1 kHz～10 kHz，10 kHz～100 kHz 三个波段。方波为 50 Hz～1 kHz，信号幅度均 0～6 Vpp 可调，直流 2～8 V 可调。

(4) 频率计工作范围：0～99.999 kHz，5 位数显，分辨率 1 Hz。

(5) 十进式电阻箱：(10 kΩ+1 kΩ+100 Ω+10 Ω)×10，精度 0.5%。

(6) 十进式电感箱：(10 mH+1 mH)×10，精度 2%。

(7) 十进式电容箱：(0.1 μF+0.01 μF+0.001 μF)×10，精度 1%。

注意：仪器采用开放式设计，使用时要正确接线，不要短路功率信号源，以防损坏。使用完毕后应关闭电源。

【实验原理】

在力学和电学实验中都观察过简谐振动和阻尼振动。在力学的振动实验中，在外加的按正弦变化的策动力作用下，不仅使振动得以维持，而且策动力的频率对振动状态有很大的影响。类似地，在电路中接入一个电动势按正弦规律变化的电源，可经常地给电路补充能量以维持电振荡。在此实验中研究信号源的频率对电路中振荡的影响。

1. RLC 串联电路的电流与频率关系(幅频特性)

如图 31-2 所示，图中的 R' 由两部分组成，一部分是电感线圈的电阻，另一部分是与电容串联的等效损耗电阻。mV_1 为交流毫伏表，可监视信号源的输出电压；mV_2 也为交流毫伏表，用来测量 R 两端的交流电压值，f 为频率计。

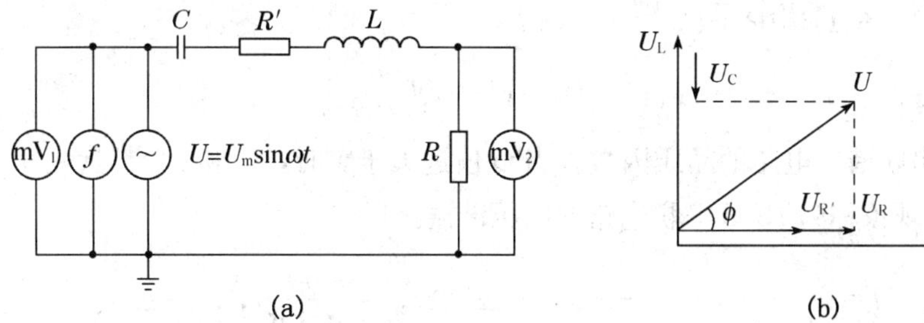

图 31-2　RLC 串联电路

RLC 交流回路中阻抗 Z 的大小为

$$Z=\sqrt{(R+R')^2+\left(L\omega-\frac{1}{C\omega}\right)^2}$$

对此回路总电压 U 与总电流 I 的相位差 ϕ，其关系为

$$\tan\phi=\frac{U_L-U_C}{U_{R'}+U_R}=\frac{L\omega-\frac{1}{C\omega}}{R'+R}\ \text{或}\ \phi=\arctan\left(\frac{L\omega-\frac{1}{C\omega}}{R'+R}\right)$$

回路中电流 I 为

$$I=\frac{U}{Z}=\frac{U}{\sqrt{(R+R)^2+\left(L\omega-\frac{1}{C\omega}\right)^2}}$$

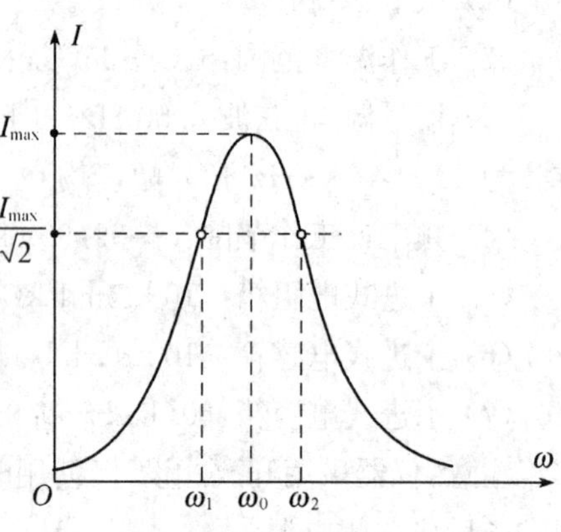

图 31－3　RLC 串联电路的电流与频率的关系

当 $L\omega-\frac{1}{C\omega}=0$ 时，$\phi=0$ 电流最大，此时用 ω_0 和 f_0 分别表示角频率和频率，并称为谐振角频率和谐振频率，即

$$\omega_0=\frac{1}{\sqrt{LC}},\quad f_0=\frac{1}{2\pi\sqrt{LC}}$$

如果以 ω 为横坐标，I 为纵坐标，可得到图 31－3 所示的电流频率特性曲线。

2. 串联谐振电路的品质因数 Q

谐振时 $\phi=0$，$U_L=U_C$，即理想电感两端的电压和理想电容两端的电压相等，并且

$$U_L=IL\omega_0=\frac{U}{R+R'}L\omega_0=\frac{L\omega_0}{R+R'}U$$

代入 $\omega_0=\frac{1}{\sqrt{LC}}$，得

$$U_L=\sqrt{\frac{L}{(R+R')^2C}}U$$

令 $Q=\frac{U_L}{U}=\sqrt{\frac{L}{(R+R')^2C}}$，则

$$U_L=U_C=QU$$

Q 称为串联谐振电路的品质因数。当 Q 值远大于 1 时，U_L 和 U_C 都远大于信号源输出电压，这种现象称为 RLC 串联电路的电压谐振。

$$I=\frac{U}{\sqrt{\left(L\omega-\frac{1}{C\omega}\right)^2+(R+R')^2}},\quad I_{max}=\frac{U}{R+R'},\ I=\frac{1}{\sqrt{2}}I_{max}$$

得：$\frac{1}{C\omega_1}-L\omega_1=R+R'\qquad \left(L\omega<\frac{1}{C\omega}\right)$

$$L\omega_2-\frac{1}{C\omega_2}=R+R'\qquad \left(L\omega>\frac{1}{C\omega}\right)$$

相减得：$L(\omega_1+\omega_2)=\frac{1}{C}\left(\frac{1}{\omega_1}+\frac{1}{\omega_2}\right)=\frac{1}{C}\left(\frac{\omega_1+\omega_2}{\omega_1\omega_2}\right)$，即

$$LC=\frac{1}{\omega_1\omega_2}$$

相加得：$\omega_2-\omega_1=\dfrac{2(R+R'C)\omega_1\omega_2}{LC\omega_1\omega_2+1}=2(R+R')C\dfrac{1}{LC}=\sqrt{\dfrac{(R+R')^2C}{L}}\sqrt{\dfrac{1}{LC}}=\dfrac{\omega_0}{Q}$，即

$$Q=\frac{\omega_0}{\omega_2-\omega_1}=\frac{f_0}{f_2-f_1}$$

Q 的第一个意义是：电压谐振时，纯电感和理想电容器两端的电压均为信号源电压的 Q 倍。

为了描述 $I-\omega$ 曲线的尖锐程度，常常考查 I 由极大值 I_{max} 下降到 $\dfrac{I_{max}}{\sqrt{2}}=0.707I_{max}$ 时的带宽与谐振频率 ω_0 的关系。对应此带宽边界的两个频率 ω_1 和 ω_2（图 31－3）均应满足上述关系。

Q 的第二个意义是：它标志曲线的尖锐程度，即电路对频率的选择性，称 $\Delta f=\dfrac{f_0}{Q}$ 为通频带宽度。显然 f_2-f_1 越小，曲线就越尖锐。

3. Q 值的测量方法

(1) 电压谐振法

根据图 31－2(a)所示的线路，调节信号源的输出电压值，保证在各种不同频率时都相等，然后测量 R 两端的交流电压，当 U_R 最大时，说明电路已处于谐振状态。用交流电压表分别测量 L 和 C 两端的电压，则 $Q=\dfrac{U_L}{U}=\dfrac{U_C}{U}$ 值就可计算出来。如果各种频率的输出信号幅值都是 1.00 V，那么测得的 U_C 或 U_L 值就是 Q 值的大小。这就是专门测量 Q 值的"Q"表原理。

(2) 频带宽度法

根据图 31－2(a)所示的线路，按照上述要求测量各种频率时电阻 R 两端的交流电压值，作出 U_R-f 曲线，找出 U_R 最大时的频率 f_0，即谐振频率。再根据曲线图，找出 $U_R(f)=\dfrac{U_R(f_0)}{\sqrt{2}}$ 时对应的两个频率 f_1 和 f_2 的值，根据 $Q=\dfrac{f_0}{f_2-f_1}$ 计算出 Q 值的大小。

以上两种方法得到的 Q 值是一样的，但是测量精确度各不相同。电压谐振法适用于高 Q 值（即 Q 值较大的）电路，频带宽度法适用于低 Q 值电路。为了准确地测到 Q 值，要多次调到谐振，并用频率计仔细地测出每次的谐振频率，再取平均，最后得到比较可靠的谐振频率值。

【实验内容】

1. 研究 RLC 串联电路的谐振特性

L 和 C 之值为实验室提供器件的标称值，R 值自己确定（可以选取能使 Q 值在 15 左右的 R 值）。

测量线路如图 31－4 所示。当 K 与"2"接通，调节信号源的电压输出幅度，保证各种频率测量时的电压有效值都是 1.0 V。当 K 与"1"接通，用交流毫伏表测量 R 的端电压。

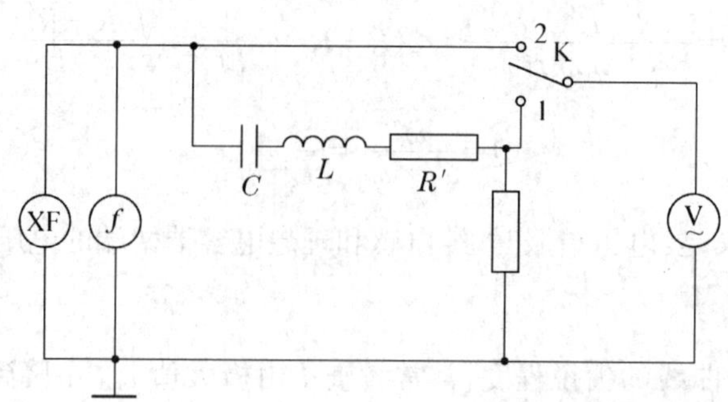

图 31-4 RLC 串联电路的测量线路

每次改变频率的量不应相等，在 f_0 附近尽可能变化小，或者使 U_R 的每次变化大体相同，这样取值是为了能将曲线中间变化大的部分测绘得准确些。

在实验中测量谐振频率的实际值时，应是 U_R 最大值对应的频率，但是由于信号发生器的内阻较大，谐振时其端电压立刻下降，因而 R 两端电压不能马上快速上升，其上升的速度远不及信号源电压的下降。所以寻找谐振点时，对应信号源端电压下降为极小值时的频率即为谐振频率的测得值。找到谐振频率后，再调信号源的输出电压为规定值。

绘制 I(或 U_R)- f 曲线。

2. 用频带宽度法研究 Q 值

研究 I(或 U_R)- f 曲线的特点，找出 $U_R(f)=\frac{U_R(f_0)}{\sqrt{2}}$ 时对应的两个频率 f_1 和 f_2 的值，根据 $Q=\frac{f_0}{f_2-f_1}$ 计算出 Q 值的大小。

3. 用电压谐振法研究 Q 值

研究 RLC 电路处于谐振状态时的特征，用交流电压表分别测量 L 和 C 两端的电压，则 $Q=\frac{U_L}{U}=\frac{U_C}{U}$ 值就可计算出来。

【数据记录及其处理】

1. RLC 电路幅频特性测量

表 31-1 RLC 电路幅频特性测量数据记录表 $L=$______ mH；$C=$______ μF；$R=$______ Ω

f(Hz)	
U_R(V)	
f(Hz)	
U_R(V)	

U_R-f 曲线：

$Q=\frac{f_0}{f_2-f_1}=$____________。

2. 用电压谐振法测量Q值

表31-2　用电压谐振法测量Q值数据记录表　　$f_0=$________ Hz

U(V)	U_C(V)	U_L(V)	$Q=\frac{U_L}{U}=\frac{U_C}{U}$

$Q=\frac{U_L}{U}=\frac{U_C}{U}=$________。

1. 测量RLC串联电路的Q值有几种方法?

2. 测量RLC串联电路频率特性时,为什么要保持信号源的输出电压大小恒定不变?

3. 收音机里的陶瓷滤波器,其等效电路与RLC串联电路相当,若谐振频率是465 kHz,Q值等于465,问陶瓷滤波器的带宽等于多少?为什么称为滤波器?

4. 用谐振法和频带宽度法测得同一电路的Q值是否相同?为什么?

实验 32　偏振光研究

干涉和衍射现象揭示了光的波动性，但还不能由此确定光是横波还是纵波。偏振现象是横波最有力的实验证据。光的偏振有五种可能的状态：自然光、部分偏振光、平面偏振光（亦叫线偏振光）、圆偏振光和椭圆偏振光。然而，自然界的大多数光源发出的光是自然光，自然光经过各种偏振元件时，将改变其偏振状态。同时，光经过偏振元件后，偏振光强度也将发生变化。光的偏振在日常生活中有着广泛的应用，如电子表的液晶显示用到了偏振光，在摄影镜头前加上偏振镜消除反光，使用偏振镜看立体电影，等等。

【实验目的】

1. 观察光的偏振现象加深对光的偏振现象的认识。
2. 学习线偏振光的产生与检验方法。
3. 了解圆偏振光和椭圆偏振光的产生和定性检验方法。

【实验仪器】

半导体激光器（650 nm）；光具座；偏振片（两块）；1/4 波片（两块）；1/2 波片；玻璃平板及刻度盘；白屏等。

【实验原理】

光是一种能够引起视觉的电磁波。它的电矢量 $\boldsymbol{E}$ 和磁矢量 $\boldsymbol{H}$ 相互垂直，它们均垂直于光的传播方向 $\boldsymbol{v}$，如图 32－1所示。在描述光波时，主要是电矢量起作用，而电矢量的振动也叫光振动。

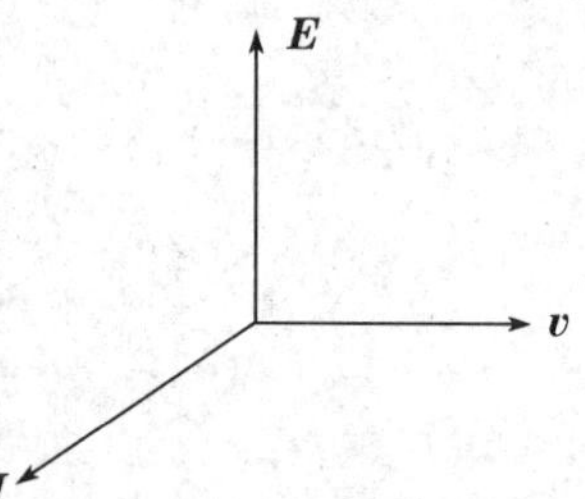

图 32－1　光振动及传播方向

1. 光的偏振态

偏振是指振动方向相对于波的传播方向的一种空间取向作用，也是横波的重要特性。光在传播过程中，若电矢量的振动只局限在某一确定平面内，这种光称为线偏振光，又叫平面偏振光（因其电矢量的振动在同一平面内）；若光波电矢量的振动随时间做有规律的改变，即电矢量的末端在垂直于光传播方向的平面上的轨迹是圆或椭圆，这样的光称为圆偏振光和椭圆偏振光；若光波电矢量的振动只在某一确定的方向上占优势，而在和它正交的方向上最弱，各方向的振动无固定的位相关系，这种光称为部分偏振光。

若在一定的观测时间内，在垂直于光传播方向的平面内，电矢量振动的取向与大小都随时间做无规则变化，且各方向的取向几率相同，彼此之间没有固定的位相关系，这样的光叫作自然光。

2. 线偏振光的产生

产生线偏振光的方法有三种：

(1) 光在非金属界面(玻璃、水等)上的反射。例如：自然光从第一种介质(如空气)入射到第二种介质(如玻璃)，若入射角 θ_B 的正切值等于第二种介质相对于第一种介质的折射率 n_{21}，即

$$\tan\theta_B = n_{21} \tag{32-1}$$

则反射光为线偏振光，该角 θ_B 称为布儒斯特角。这时，反射光的电矢量振动方向垂直于入射面，折射光为部分偏振光，如图 32-2 所示。

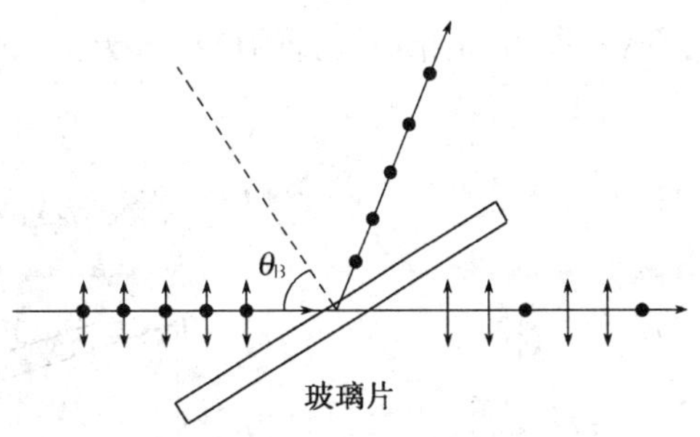

图 32-2　反射、折射偏振光

(2) 利用晶体的二向色性可得到线偏振光。二向色性晶体对一个方向的光矢量完全吸收，而与其垂直的方向的光矢量不吸收。如利用高碘硫酸奎宁制作的偏振片，具有强烈的二向色性。偏振片上标有透振方向(偏振化方向)。自然光通过偏振片后，变为线偏振光。其电矢量振动的方向与偏振片的透振方向一致，而与透振方向垂直的振动被吸收，不能透过。

(3) 利用晶体的双折射。例如，自然光通过方解石可产生两束线偏振光，它们的电矢量振动方向互相垂直。

能把自然光变为线偏振光的器件，称为起偏器；用于检验偏振光的器件，称为检偏器。起偏器和检偏器是互易器件，既可以作为起偏器，也可以作为检偏器。

3. 线偏振光的检验与马吕斯定律

根据马吕斯定律，可检验线偏振光。该定律的来源如下：当振幅为 A，光强为 $I_0 = A^2$ 的线偏振光，垂直入射到偏振片(检偏器)上，如图 32-3 所示。若入射光的光振动与偏振片透振方向之间的夹角为 θ，则自偏振片的出射光强度为

$$I = (A\cos\theta)^2 = I_0\cos^2\theta \tag{32-2}$$

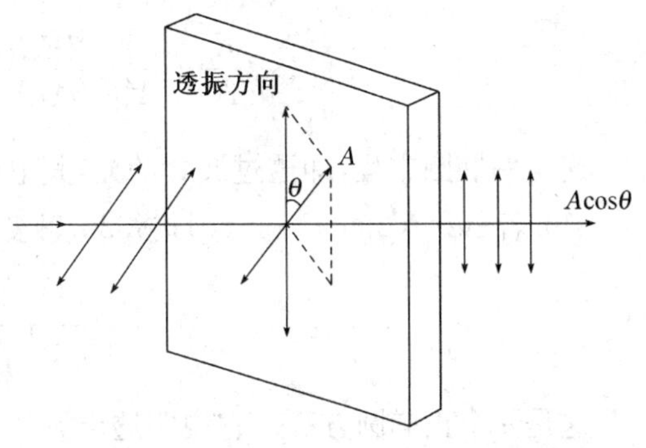

图 32-3　线偏振光通过偏振片后的振动情况

其中，I_0 为入射光的光强，这就是马吕斯定律。根据该定律，当 $\theta = 0°$、$180°$ 时，$I = I_0$；$\theta = 90°$、$270°$ 时，$I = 0$。用偏振片检验线偏振光时，根据马吕斯定律，偏振片绕入射光轴转 360°的过程中，每转 90°时，透出的光强度总是由最大到消失(或消失到最大)。或者说，透出检偏器的光有两个最亮、两个消光位置(各相差 180°)。反过来说，若被检验的光有此现象时，那必然是线偏振光。

4. 波片及椭圆偏振光、圆偏振光的产生

利用透明双折射晶体、沿光轴切成薄片，可以磨制成波长片(简称波片)。用波片可改变入射光的偏振状态。波片主要用来产生或检验圆偏振光和椭圆偏振光。

如图 32-4 所示，单色的线偏振光(其振幅为 A)垂直地射在波片上，若 A 与波片光轴 z 夹角为 θ，该光进入波片后可分解为振幅为 $A_e=A\cos\theta$ 的 e 光和振幅为 $A_o=A\sin\theta$ 的 o 光。e 光和 o 光仍沿原方向传播，但 e 光的折射率 n_e 和 o 光的折射率 n_o 不同，因而 e 光和 o 光的速度不同，经过厚度为 d 的波片后，e 光和 o 光有一定的光程差，即有一定的位相差$\Delta\varphi$。若 e 光超前 o 光的位相差为$\Delta\varphi$，则透出波片后 e 光和 o 光的振动方程为

$$E_e=A_e\cos\omega t$$

$$E_o=A_o\cos(\omega t-\Delta\varphi)$$

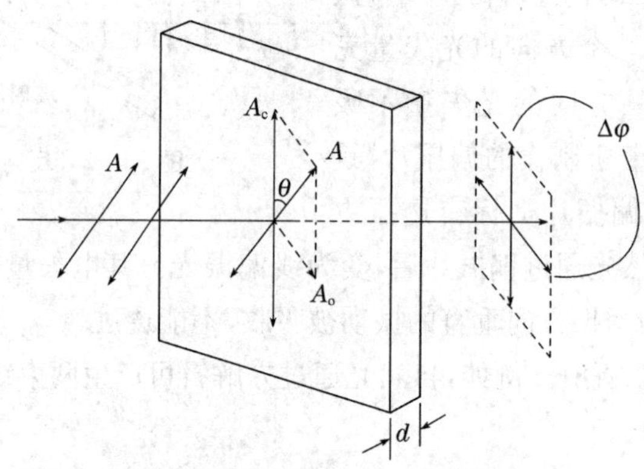

图 32-4　波片的作用

这是两个同频率 ω，不同振幅，有位相差 $\Delta\varphi$ 的互相垂直的线偏振光。上面两式合成后的方程为

$$\frac{E_e^2}{A_e^2}+\frac{E_o^2}{A_o^2}-\frac{2E_eE_o}{A_eA_o}\cos\Delta\varphi=\sin^2\Delta\varphi \tag{32-3}$$

这是一椭圆方程，即透过波片的光，其电矢量末端的轨迹是椭圆。

(1) 若 $\Delta\varphi=(2j+1)\pi/2$，则式(32-3)变为

$$\frac{E_e^2}{A_e^2}+\frac{E_o^2}{A_o^2}=1 \tag{32-4}$$

这是一个正椭圆方程。它说明透出波片后的光，其电矢量末端的轨迹为椭圆。椭圆的长、短轴与 e 光和 o 光的振动方向相重合。这样的光称为正椭圆偏振光。

若 $\theta=45^\circ$或 135°的特殊情况下，则$|A_e|+|A_o|=\frac{\sqrt{2}}{2}A$。此时，式(32-3)变为

$$E_e^2+E_o^2=\frac{1}{2}A^2 \tag{32-5}$$

这是一个圆方程。即此时透出波片后的光，其电矢量末端的轨迹为圆。这样的光称作圆偏振光。

当波片的厚度使 e 光和 o 光的位相差 $\Delta\varphi=(2j+1)\dfrac{\pi}{2}$ 时，即 e 光和 o 光光程差 $\delta=(2j+1)\dfrac{\lambda}{4}$ 时，该波片叫作 1/4 波片。可见，利用 1/4 波片可以产生椭圆偏振光和圆偏振光。

(2) 当 $\Delta\varphi=2j\pi$ 时($j=0,1,2,\cdots$)，式(32-3)变为

$$\frac{E_e}{A_e}-\frac{E_o}{A_o}=0 \tag{32-6}$$

这是一个直线方程。它说明透出波片的光仍为线偏振光，其电矢量振动的方向未发生变化。

当波片厚度使 e 光和 o 光的位相差为 $\Delta\varphi=2j\pi$ 时，其相应的光程差 $\delta=j\lambda$。这样的波片称为全波片。

(3) 若 $\Delta\varphi=(2j+1)\pi(j=0,1,2,\cdots)$，式(32-3)变为

$$\frac{E_e}{A_e}+\frac{E_o}{A_o}=0 \tag{32-7}$$

这是一个直线方程，即透出波片的光为线偏振光。若其电矢量振动的方向与光轴方向夹角为 θ，则出射光相对于入射光的电矢量振动的方向转过了 2θ 角。

当波片的厚度使 e 光和 o 光的位相差 $\Delta\varphi=(2j+1)\pi$，即光程差 $\Delta\varphi=(2j+1)\dfrac{\lambda}{2}$，则该波片叫作 1/2 波片。可见，利用 1/2 波片可改变入射偏振光的振动方向。

当单色线偏振光垂直照在 1/4 波片上，一般来说，通过 1/4 波片后的光为正椭圆偏振光，线偏振光垂直通过各种波片后的偏振状态如表 32-1。

表 32-1 线偏振光垂直通过波片的偏振状态

入射线偏振光的振动方向与波片光轴间的夹角 θ	波片厚度 d	出射光的偏振状态
0°,90°	任意	与入射光的偏振状态相同
任意	全波片	与入射光的偏振状态相同
45°	1/2 波片	转过 90°的直线偏振光
	1/4 波片	圆偏振光
	其他值	内切于正方形的椭圆偏振光
$\theta\neq 0°,\theta\neq 45°,\theta\neq 90°$	1/2 波片	转过 2θ 的直线偏振光
	1/4 波片	正椭圆偏振光，长、短轴之比为 $\tan\theta$、$\cot\theta$
	其他值	内切于边长比为 $\tan\theta$ 的矩形的椭圆偏振光

另外，两个 1/4 波片，若它们的光轴取向一致，它们共同产生的位相差相当于一个1/2 波片产生的位相差。所以，这两个 1/4 波片的作用相当于一个 1/2 波片；若它们的光轴互相垂直，它们共同产生的位相差互相补偿，结果为 $2j\pi$，即相当于一个全波片。

应当特别指出的是：波片是对于一定波长而言。例如，对于 650 nm 的 1/4 波片、1/2 波片、全波片，对于其他波长如 632.8 nm，它们就不再是 1/4 波片、1/2 波片和全波片了。

5. 圆偏振光和椭圆偏振光的检验

(1) 圆偏振光的检验

圆偏振光的检验，需借助另一 1/4 波片(Ⅱ)和一个检偏器。由于圆偏振光是任意两个振幅相同、频率相同、位相差为 $\pi/2$ 的互相垂直的振动合成的，所以在垂直于圆偏振光传播方向上加一个 1/4 波片(Ⅱ)，其光轴方向也可为任意方向。这样，相当于两个 1/4 波片，它们的光轴互相平行或垂直，即相当于一个 1/2 波片或一个全波片。而产生圆偏振光时的入射线偏振光，通过 1/2 波片或全波片后，仍为线偏振光。因此，再用检偏器来检验时，当检偏器绕光传播方向转 360°时，必有两个光强最大位置(相差 180°)、两个消光位置(相差 180°)。故在检验时，可先放一检偏器，绕光传播方向转 360°，若透过检偏器的光强度无变化，则被检验的光可能是圆偏振光或自然光。此时，在被检验光和偏振器之间加放 1/4 波片(Ⅱ)，其光轴可以指向任意方位。然后，再绕光传播方向转检偏器 360°，有两次光强度最大到两次消光(各相差 180°)，则被检验的光为圆偏振光。若加放 1/4 波片(Ⅱ)后，转检偏器 360°，因自然光与 1/4 波片(Ⅱ)不能产生线偏振光。所以，光强度无变化，则被检验的光为自然光。

(2) 正椭圆偏振光的检验

正椭圆偏振光的检验，需借助一个 1/4 波片(Ⅱ)和一个检偏器。由于正椭圆偏振光是由线偏振光入射到 1/4 波片，且当入射光的电矢量振动方向与 1/4 波片光轴的夹角不是 0°、45°、90°时产生的，或者说正椭圆偏振光是两个不同振幅、同频率、位相差为 $\pi/2$ 的互相垂直的分振动合成的。那么，在正椭圆偏振光传播方向上，加上 1/4 波片(Ⅱ)，并使 1/4 波片(Ⅱ)的光轴与椭圆偏振光两个分振动之一平行或垂直。这样，就相当于一个 1/2 波片或全波片，而原入射的线偏振光，通过 1/2 波片或全波片后，必成为线偏振光。此时，用检偏器绕入射光传播的方向转 360°，必产生两个强度最大位置(相差 180°)与两个消光位置(相差 180°)。

检验正椭圆偏振光时，应先用检偏器绕光的传播方向转 360°，若有两个光强度最大位置(相差 180°)，则被检验的光可能是正椭圆偏振光或部分偏振光。若在被检验的光与检偏器之间，放入 1/4 波片(Ⅱ)，再绕光的传播方向转动检偏器 360°，若有两个光强度最大位置(相差 180°)与两个消光位置(相差 180°)，则被检验的光为正椭圆偏振光。若被检验的光为部分偏振光，则转动检偏器 360°，只能出现两个光强度最大位置(相差 180°)与两个光强度最小位置(相差 180°)。鉴别各种偏振光的方法总结如表 32－2。

表 32－2　鉴别各种偏振光的方法和步骤

<table>
<tr><th>第一步
旋转检偏器 360°</th><th>第二步
在检偏器前插放 1/4 波片（Ⅱ）</th><th>第三步
再旋转检偏器 360°</th><th>结论</th></tr>
<tr><td rowspan="3">光强度无变化</td><td rowspan="3">光轴取向任意</td><td>两最亮两消光
（各相差 180°）</td><td>圆偏振光</td></tr>
<tr><td>光强度无变化</td><td>自然光</td></tr>
<tr><td>两最亮两暗
（各相差 180°）</td><td>自然光＋圆偏振光</td></tr>
<tr><td>两最亮两消光
（各相差 180°）</td><td></td><td></td><td>线偏振光</td></tr>
<tr><td rowspan="2">两最亮两暗（各相差 180°）。然后，使检偏器透振方向与暗方向平行</td><td rowspan="2">旋转 1/4 波片，使光强度最暗，即使 1/4 波片（Ⅱ）光轴与检偏器透振方向平行或垂直</td><td>两最亮两消光
（各相差 180°）</td><td>椭圆偏振光</td></tr>
<tr><td>两最亮两暗
（各相差 180°）</td><td>部分偏振光</td></tr>
</table>

【实验内容】

1. 研究光强随起偏器与检偏器之间夹角变化关系，验证马吕斯定律

按照图 32－5 安排实验装置，研究光强与偏振片透振方向之间的关系，验证马吕斯定律。

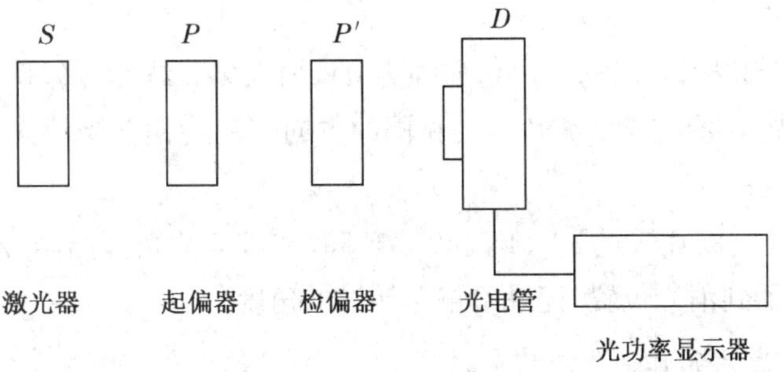

图 32－5　验证马吕斯定律实验仪器布置示意图

固定其他元件，旋转检偏器使出射光强最大，此时的角度记为 0，继续旋转检偏器并记录角度，同时从光功率显示器上读出光电流，直至旋转一周。其中，相对比值为测量值与 0°、180°或 360°测量值中的最大值。通过作图得到光功率随起偏器与检偏器之间夹角变化的关系，进而与理论值（$\cos^2\theta$）比较。

2. 研究玻璃片堆折射率与布儒斯特射角之间的关系，验证布儒斯特定律

按照图 32－6 安排实验装置，研究玻璃片堆折射率与布儒斯特射角之间的关系，验证布儒斯特定律。

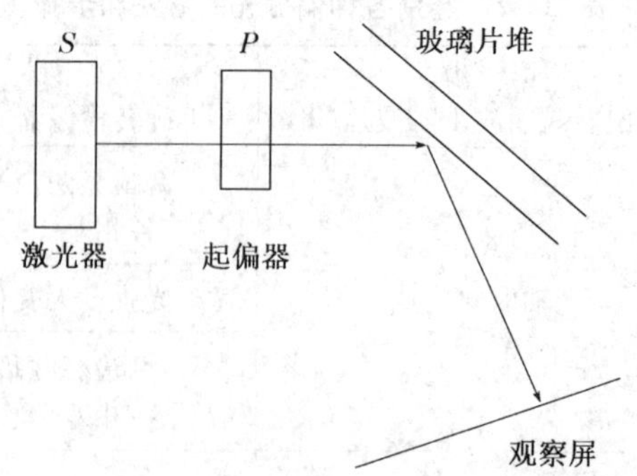

图 32-6　验证布儒斯特定律实验仪器布置示意图

转动玻璃片堆，在观察屏上寻找到光强接近 0 的位置；再转动起偏器 P，找到光强等于 0 的位置，记下玻璃片堆反射光线的位置；再将玻璃片堆转到另一个方向，同样找到光强等于 0 的位置，记下玻璃片堆反射光线的位置。两者的角度差为布儒斯特射角 θ_B 的两倍，从而求出布儒斯特射角 θ_B 和玻璃片堆的折射率 $n(=\tan\theta_B)$。

3. 研究 $\lambda/2$ 波片的作用

(1) 按图 32-5 安排光路，转动起偏器和检偏器，使出射光强为 0(消光状态)，固定起偏器和检偏器，并在起偏器和检偏器之间加入 $\lambda/2$ 波片，将 $\lambda/2$ 波片旋转 360°，观察现象。

(2) 将 $\lambda/2$ 波片任意转过一个角度后固定，再转动检偏器 360°，观察现象；有关结果记录在表 32-5 中。

(3) 将起偏器和检偏器正交(出射光强为 0)，加入 $\lambda/2$ 波片并保持不动，将 $\lambda/2$ 波片转过 15°破坏消光，再沿与 $\lambda/2$ 波片转动相同的方向转动检偏器到消光位置，记录检偏器转过的角度。

(4) 依次将 $\lambda/2$ 波片转过 30°、45°、60°、75°和 90°破坏消光，再沿与 $\lambda/2$ 波片转动相反的方向转动检偏器到消光位置，记录检偏器转过的角度。

4. 研究 $\lambda/4$ 波片的作用

(1) 按图 32-5 安排光路，转动起偏器和检偏器，使出射光强为 0(消光状态)，固定起偏器和检偏器，并在起偏器和检偏器之间加入 $\lambda/4$ 波片，将 $\lambda/4$ 波片旋转 360°，观察现象。

(2) 转动起偏器和检偏器，使出射光强为 0(消光状态)，转动 $\lambda/4$ 波片使其处于消光状态。

(3) 将 $\lambda/4$ 波片转过 15°后再将检偏器旋转 360°，记录不同角度时的光功率大小。

(4) 依次将 $\lambda/4$ 波片转过 30°、45°、60°、75°和 90°，再将检偏器旋转 360°，记录不同角度时的光功率大小。

【数据记录及其处理】

1. 光强与偏振片透振方向夹角之间的关系

光强与偏振片透振方向之间关系的实验数据记录在表 32-3 中，通过作图得到关系曲线，进而与理论值比较并验证马吕斯定律。

表 32－3　光强随起偏器与检偏器之间夹角变化关系实验数据记录表

角度	0°	30°	60°	90°	120°	150°	180°
光强							
相对比值							
$\cos^2\theta$							
相对误差							
角度	210°	240°	270°	300°	330°	360°	
光强							
相对比值							
$\cos^2\theta$							
相对误差							

其中，相对比值$=\dfrac{\text{任一角度的光强}}{0°\text{或}180°\text{或}360°\text{时光强中的最大值}}$为测量值；$\cos^2\theta$ 被认为是理论值。相对误差$=\dfrac{|\text{测量值}-\text{理论值}|}{\text{理论值}}\times 100\%=$________ %。

2. 玻璃片堆折射率与布儒斯特射角之间的关系

玻璃片堆折射率与布儒斯特射角之间关系的实验数据记录在表 32－4 中，求玻璃片堆的折射率 n，并验证布儒斯特定律。

表 32－4　玻璃片堆折射率与布儒斯特射角之间的关系实验数据记录表

次序	1	2	3	平均值
左边角度				
右边角度				
布儒斯特角				
折射率				

$n=\bar{n}\pm\Delta n=$________$\pm$________。

3. 研究 $\lambda/2$ 波片的作用

(1) 转动 $\lambda/2$ 波片出现消光位置记录在表 32－5 中。

表 32－5　转动 $\lambda/2$ 波片的消光位置

消光位置	1	2	3	4
$\lambda/2$ 波片转过的角度				

(2) $\lambda/2$ 波片转过角度与检偏器转过的角度记录在表 32－6 中。

表 32-6　验证 $\lambda/2$ 波片转过的角度与检偏器转过的角度的关系

角　度	15°	30°	45°	60°	75°	90°
$\lambda/2$ 波片转过的角度						
检偏器转过的角度						
两者的关系						

4. 研究 $\lambda/4$ 波片的作用

转动 $\lambda/4$ 波片出现的现象记录在表 32-7 中。

表 32-7　转动 $\lambda/4$ 波片后观察到的现象

$\lambda/4$ 波片转过的角度	观察到的现象（几次光强最大，几次光强最小或消光）	结论（偏振态的类型）
0°		
15°		
30°		
45°		
60°		
75°		
90°		

【注意事项】

激光对人眼睛有害，切勿让激光及镜面反射的激光直射眼睛。

1. 什么是 1/4 波片和 1/2 波片？
2. 如何用 1/4 波片和偏振片检验圆偏振光和椭圆偏振光？
3. 对 $\lambda=650$ nm 的 1/4 波片，当波长 $\lambda=589.3$ nm 时，它还是 1/4 波片吗？为什么？
4. 线偏振光通过 1/4 波片后，可以变成哪些偏振光？为什么？
5. 一个正椭圆偏振光通过 1/4 波片（Ⅱ）后，是否一定成为线偏振光？在什么情况下，才能使正椭圆偏振光通过 1/4 波片（Ⅱ）后成为一个线偏振光？

第 7 章 虚拟仿真实验

虚拟仿真实验是通过设计虚拟仪器、建立虚拟实验环境进行模拟实验的活动。在虚拟实验环境中，学生可以自行设计实验方案，拟定实验参数、操作仪器，模拟真实的实验过程，营造自主学习的环境。本章仅安排了 4 个实验项目，以科大奥锐-物理仿真实验系统为平台，给学生提供虚拟仿真实验的环境，从而加深对实验整体环境和所用仪器的原理、结构的直观认识，增强对仪器原理、功能和使用方法的理解，提升对实验结果判断和设计思考能力。

实验 33　刚体转动实验研究

物体的基本运动形式分为平动和转动两种，质量是物体平动惯性的量度，转动惯性的量度是转动惯量，这说明转动惯量是描述物体转动特征的重要物理量之一。刚体转动定律及刚体转动惯量的研究，对于物体转动规律、机器设计、制造，有着非常重要的实际意义。

【实验目的】

1. 验证刚体转动定律，测定刚体的转动惯量。
2. 观察刚体转动惯性随质量及质量分布而改变的情况，验证平行轴定理。

【实验仪器】

刚体转动仪；滑轮；通用电脑式毫秒计；砝码。

【仪器描述】

1. 刚体转动仪

刚体转动实验装置如图 33－1 所示。刚体转动仪的塔轮，由五个不同半径的圆盘组成。上面绕有挂小砝码的细线，由它对刚体施加外力矩。对称形的细长伸杆，上有圆柱形配重物，调节其在杆上位置即可改变转动惯量，与塔轮和配重物构成一个刚体。底座调节螺钉，用于调节底座水平，使转动轴垂直于水平面。此外，还有转向定滑轮、起始点标志、滑轮高度调节螺钉等部分。

图 33－1　刚体转动实验仪实物图(左)和仿真图(右)

鼠标左键双击可以打开仪器的大视图，大视图中可以通过按钮对仪器进行操作（图 33－2）。

（1）大视图中点击按住缠绕细绳按钮，会将一端带有砝码的细绳缓缓缠绕在指定的位置，松开鼠标，细绳停止缠绕，出现一个手掌将转盘固定住。

（2）细绳长度固定，缠绕到最后自动停止。

（3）鼠标点击或按住松开细绳按钮，可以对缠绕的细绳进行松开操作，用来调节转盘初始的位置。

（4）点击松开“手掌”按钮后，“小手”消失，仪器转动部分在砝码的带动下开始缓慢加速转动，直至砝码掉地消失，开始减速转动，直至停止。

（5）点击停止转动按钮，可以立即停止转动体的转动。

图 33－2　刚体转动实验仪底座及调节旋钮

2. 滑轮

双击滑轮（图 33－3）支架上的旋钮，会弹出滑轮高度调节窗口，在滑轮高度调节窗口的旋钮上点击鼠标左、右键，可以调整滑轮高度。

图 33－3　刚体转动实验仪上的滑轮实物图（左）和仿真图（右）

3. 通用电脑式毫秒计

用于计时的通用电脑式毫秒计（图 33－4）。

图 33－4　通用电脑式毫秒计实物图（左）和仿真图（右）

(1) 鼠标左键点击仪器左下角电源开关,打开仪器电源。

(2) 电源打开后,鼠标左键点击设置按钮,可以进行仪器工作的模式及数据记录设置。

(3) 点击两次设置按钮后设置完成,设置未完成时点击计时按钮无效。

(4) 复位按钮复位所有对仪器做出的更改。

(5) 计时按钮触发后,再点击松开手掌按钮,仪器才会工作。

(6) 数据记录完成后点击仪器键盘上的数字,可以查看那一组数字下的时间值,连续按键可以完成一个两位数。

(7) 鼠标左键点击 β 按键可以调出 β 的大小,再次点击调出 β 的大小,重复点击循环。

(8) 再次使用时若直接点击计时按钮,则按照上一次设置的模式来记录数据。

4. 铝盘和铝环

鼠标左键双击仪器铝环或铝盘,可以分别打开仪器铝环或铝盘的大视图(图 33-5),大视图中可以查看铝环或铝盘的质量。

图 33-5 铝环和铝盘实物图(左)和仿真图(右)

5. 砝码

鼠标左键双击桌面上的砝码盒即可打开砝码的大视图(图 33-6),大视图中点击增加或减少砝码按钮可以增加或减少砝码的数量。

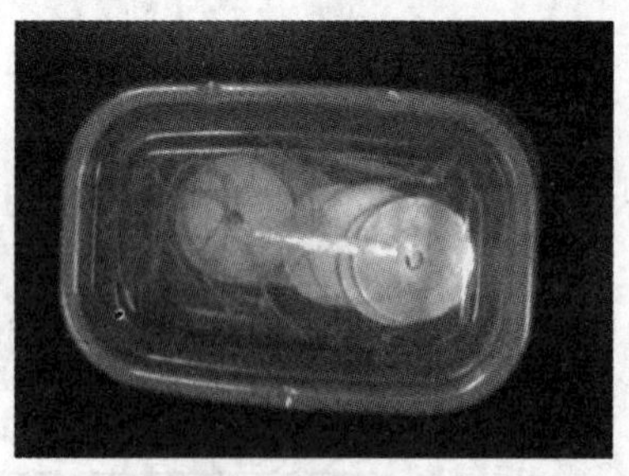

图 33-6 砝码实物图(左)和仿真图(右)

【实验原理】

转动惯量是刚体转动中惯量大小的量度,大小与刚体的质量、形状及转轴位置有关。转动体系对中心轴转动惯量为 J_0,铝盘或铝环对中心轴转动惯量为 J_x,则有

$$J=J_0+J_x \tag{33-1}$$

$$mgr-M_\mu=J\alpha \tag{33-2}$$

$$-M_\mu=J\alpha' \tag{33-3}$$

式中：α 为刚体在张力矩和摩擦力矩作用下的角加速度；α' 为砝码落地后，摩擦力矩作用下的角加速度。

由式(33-1)、式(33-2)和式(33-3)可以得到

$$M_\mu=-\frac{\alpha'}{\alpha-\alpha'}mgr \tag{33-4}$$

$$J=\frac{mgr}{\alpha-\alpha'} \tag{33-5}$$

在转动过程中：

$$\theta=\omega t+\frac{1}{2}\alpha t^2 \tag{33-6}$$

$$\alpha=\frac{2(\theta_1 t_2-\theta_2 t_1)}{t_1^2 t_2-t_1 t_2^2} \tag{33-7}$$

$$\alpha'=\frac{2(\theta_1 t_2'-\theta_2 t_1')}{t_1'^2 t_2'-t_1' t_2'^2} \tag{33-8}$$

由式(33-6)，当 $\omega_0=0$ 时，$\alpha=\frac{2\theta}{t^2}$，得到

$$m_1 gr-M_\mu=\frac{2J\theta}{t^2} \tag{33-9}$$

所以有

$$m_1=\frac{2J\theta}{gr}\cdot\frac{1}{t^2}+\frac{M_\mu}{gr}=K\cdot\frac{1}{t^2}+C \tag{33-10}$$

上式表明，m_1 与 $\frac{1}{t^2}$ 呈线性关系。以 $\frac{1}{t^2}$ 为横坐标，m_1 为纵坐标，作 $m_1-\frac{1}{t^2}$ 图线，如得到一条直线，表明 $M=J\alpha$ 是成立的，即验证了刚体的转动定律。由直线的斜率 K 和截距 C 即可求出刚体的转动惯量 J 和摩擦力矩 M_μ。

【实验内容】

1. 测量铝环对中心轴的转动惯量。
2. 用作图法处理数据，测量铝盘对中心轴的转动惯量。
3. 验证转动惯量平行轴定理。

【实验指导】

1. 实验重点难点

(1) 通用电脑式毫秒计的使用。

(2) 细线缠绕与砝码下落点的确定。

(3) 实验数据的处理。

2. 辅助功能介绍

实验项目:显示实验名称和实验内容信息(多个实验内容依次列出);可以通过单击实验内容进行实验内容之间的切换。切换至新的实验内容后,实验桌上的仪器会重新按照当前实验内容进行初始化。

实验仪器栏:存放实验所需的仪器,可以点击其中的仪器拖放至桌面,鼠标触及到仪器,实验仪器栏会显示仪器的相关信息;仪器使用完后,则不允许拖动仪器栏中的仪器。

工具箱:各种使用工具,如计算器等。

数据记录:打开实验数据记录表格。

帮助按钮:打开帮助文件。

提示信息栏:显示实验过程中的仪器信息、实验内容信息、仪器功能按钮信息等相关信息,按 F1 键可以获得更多帮助信息。

3. 实验操作方法

(1) 主窗口介绍

成功进入实验场景窗体,实验场景的主窗体如图 33-7 所示。

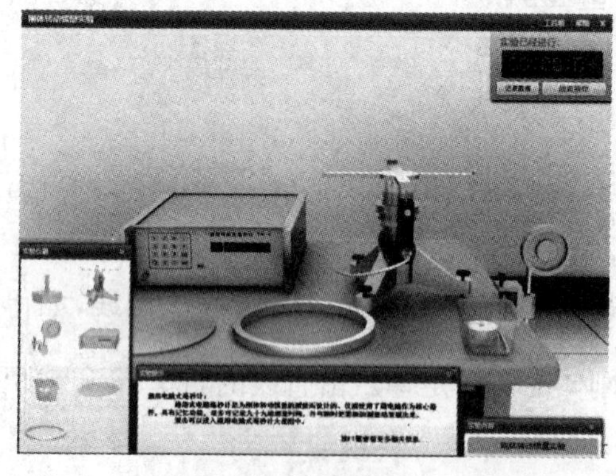

图 33-7　刚体转动惯量实验主场景视图

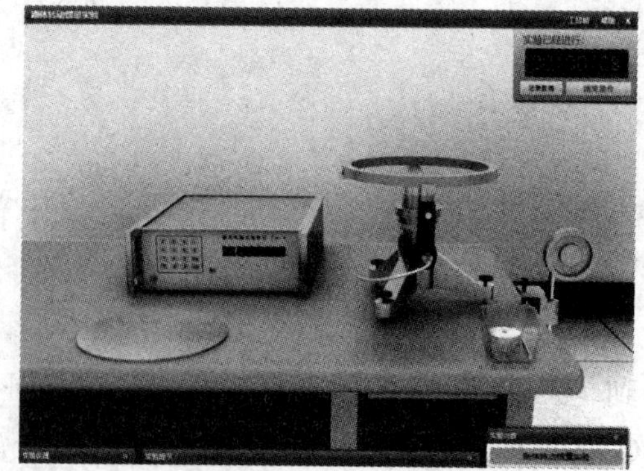

图 33-8　铝环放置在转动惯量实验仪上场景视图

(2) 测量铝环及转动体系对中心轴的总转动惯量

鼠标左键点击拖动桌面上的铝环至转动惯量实验仪上方位置,将铝环放置在转动惯量实验仪上(图 33-8)。

鼠标左键双击砝码盒位置打开砝码界面(图 33-9),控制砝码的增加或减少,此时选择 5 块砝码。

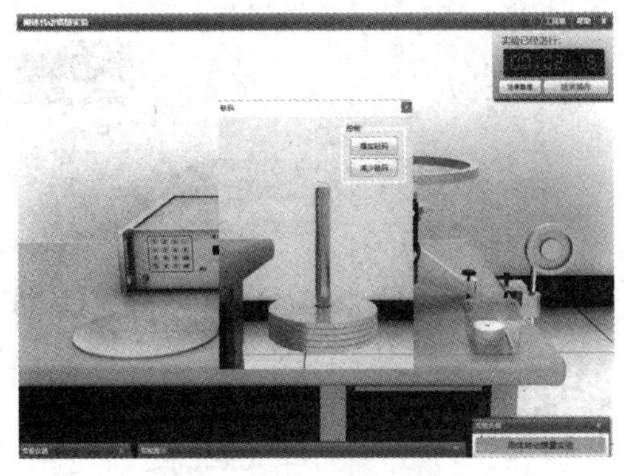

图 33 - 9　砝码界面图

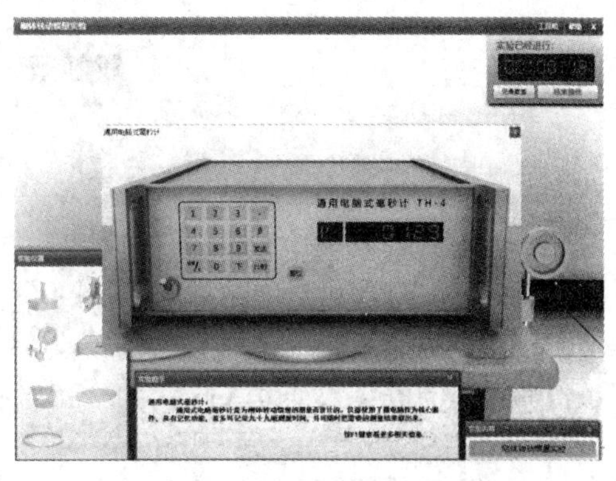

图 33 - 10　设置通用电脑式毫秒计界面图

鼠标左键双击打开通用电脑式毫秒计窗口，左键点击电源开关打开仪器电源，点击设置按键，输入 0129，如图 33 - 10 所示。

再次点击设置按键，确认所设置模式。

鼠标左键双击转动惯量实验仪，打开仪器大视图，点击缠绕细绳按钮，将带砝码的绳子缠绕到仪器上的指定位置，至少要缠绕 4.5 圈，如图 33 - 11 所示。

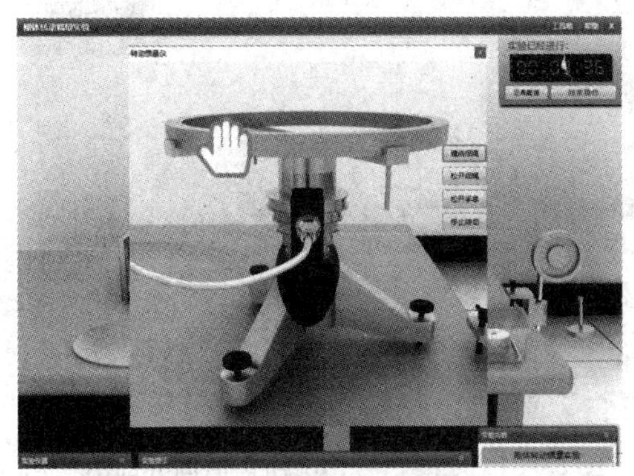

图 33 - 11　带砝码的绳子缠绕到仪器上的界面图

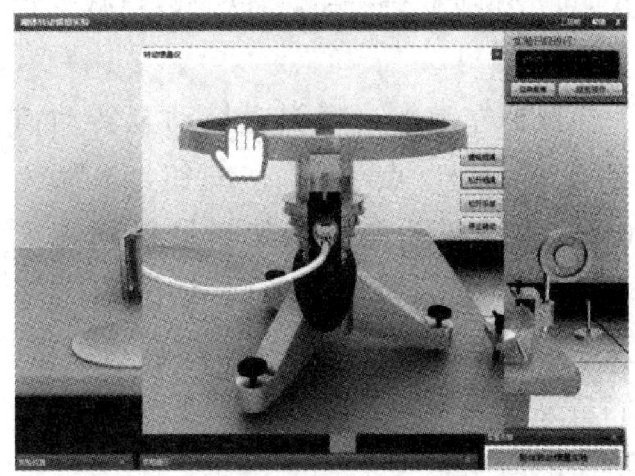

图 33 - 12　挡光片移至光电门最近位置界面图

点击松开细绳按钮，将挡光片移至光电门最近位置(图 33 - 12)。

在通用式电脑式毫秒计大视图中点击计时按钮(图 33 - 13)，再点击转动惯量仪中的松开手掌按钮，仪器在砝码的作用下开始转动，直到毫秒计中计满 29 个数据后才能点击停止转动按钮。

鼠标左键点击毫秒计数字键盘上的 β 按键(图 33 - 14)，记录 α 和 α' 的数值大小，其中 α' 为负值。

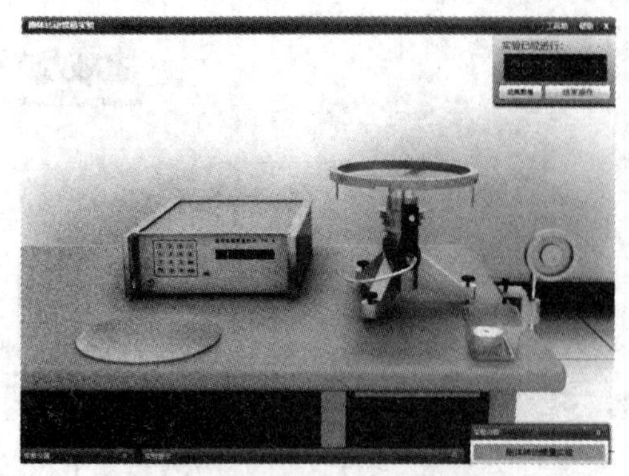

图 33-13　计时按钮界面图

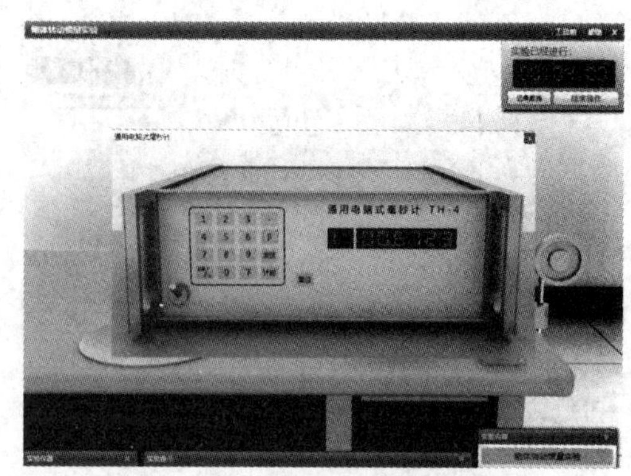

图 33-14　角加速度显示界面图

（3）测量转动体系空转时对中心轴的转动惯量大小

鼠标左键点击将铝环重新拖动至桌面，按照上面的步骤测量得到并记录 α 和 α' 的数值大小。

（4）测量铝盘和转动体系对中心轴的总转动惯量大小

鼠标左键双击打开仪器砝码的大视图，点击减少砝码按钮，将砝码数量减少到一片。

鼠标左键点击将铝盘拖动至转动惯量实验仪上，点击设置按钮，设置为 0109，再按照上面的步骤测量得到并记录系统转过 8π 所需的时间，如图 33-15 所示。改变砝码的个数从一片直到 8 片，测量并记录不同砝码数量下系统转过 8π 所需的时间。

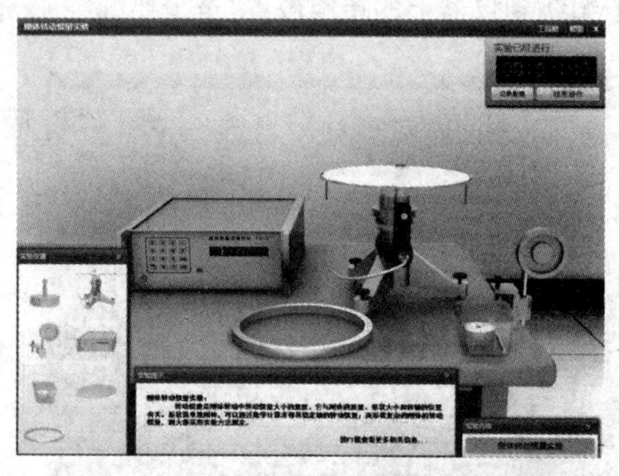

图 33-15　系统转过 8π 所需时间界面图

思考题

1. 刚体转动惯量的大小与哪些因素有关？

2. 在实验中，为什么要保证砝码一定要从静止下落？

3. 在实验中是否对绕线长短有要求，绕线多长合适？

4. 滑轮上端要与绕线塔轮等高，线一定要顺着滑轮，不能与滑轮扭曲。如果不满足这些条件，会对实验结果有何影响？

实验 34　不良导体导热系数的测定

不良导体是不善于传热的物质，导热系数是表征物质热传导性质的物理量。材料的导热系数与材料结构、所含的杂质有明显的影响，因此材料的导热系数常常需要由实验去具体测定。导热系数确定的实验方法一般分为稳态法和动态法。在稳态法中，适当控制实验条件和参数使加热和传热过程中样品内部各点的温度达到平衡状态，形成稳定的温度分布，根据温度分布计算出导热系数。在动态法中，最终在样品内部所形成的温度分布是随时间变化的，如呈周期性的变化，变化的周期和幅度亦受实验条件和加热快慢的影响，与导热系数的大小有关。本实验采用稳态平板法测定不良导体的导热系数。

【实验目的】

1. 观察和认识传热现象和过程，理解傅立叶导热定律。
2. 学会用作图法求冷却速率。
3. 学习用稳态平板法测量不良导体(橡胶盘)的导热系数。

【仪器和用具】

不良导体热导率的测量实验仪；自耦调压器；数字电压表；杜瓦瓶；游标卡尺；电子秒表。

【仪器描述】

1. 不良导体导热系数测量实验装置

图 34 - 1 为不良导体热导率的测量实验仪的实际照片和程序中的显示图。拖动桌面

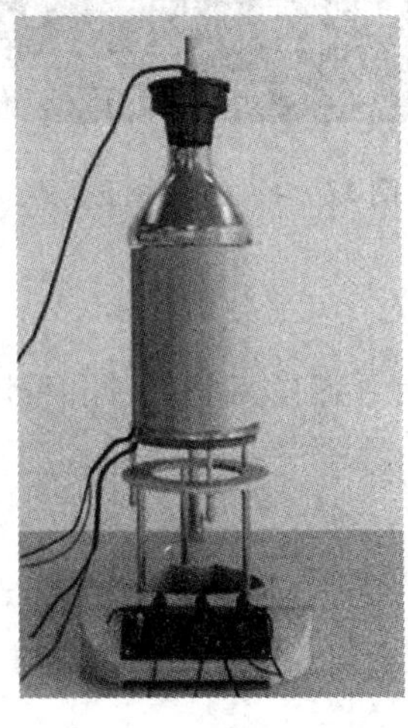

图 34 - 1　不良导体热导率的测量实验仪的实际照片(左)和程序中的显示图(右)

上的橡胶盘可拖至主仪器的支架上;点击红外灯可调节红外灯的高度,在调节前应移除红外灯上的连线;点击保温筒可调节保温筒的位置,在调节前应将红外灯移至最大位置,并且同时移除加热铜盘上的连线;点击双刀双掷开关,可改变开关的位置。

2. 自耦调压器

图 34－2 是自耦调压器的实际照片和程序中的显示图。鼠标左键或右键点击调压旋钮,调节输出电压,如图 34－3 所示。

图 34－2　自耦调压器的实际照片(左)和程序中的显示图(右)

图 34－3　自耦调压器调压方法

3. 数字电压表

图 34－4 是数字电压表的实际照片和程序中的显示图。点击电源开关可打开或关闭数字电压表。点击大视图中的相关按钮,可进行相应的设置及调节(按下调零按钮,可点击调零旋钮对其进行调零;调零后即可选择合适的档位进行测量)。

图 34－4　数字电压表的实际照片(左)和程序中的显示图(右)

3. 杜瓦瓶

图 34－5 是杜瓦瓶的实际照片和程序中的显示图。

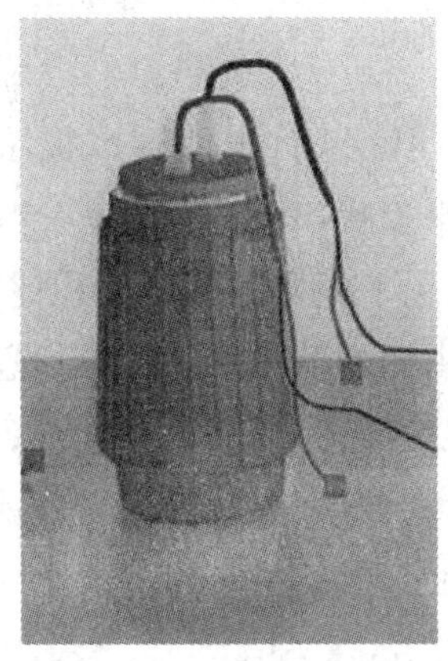

图 34-5　杜瓦瓶的实际照片(左)和程序中的显示图(右)

4. 游标卡尺

图 34-6 是游标卡尺的实际照片和程序中的显示图。可以拖动副尺部分，改变测量卡口张开的大小。用鼠标左键或者右键点击锁定旋钮，可锁住或者解锁副尺。

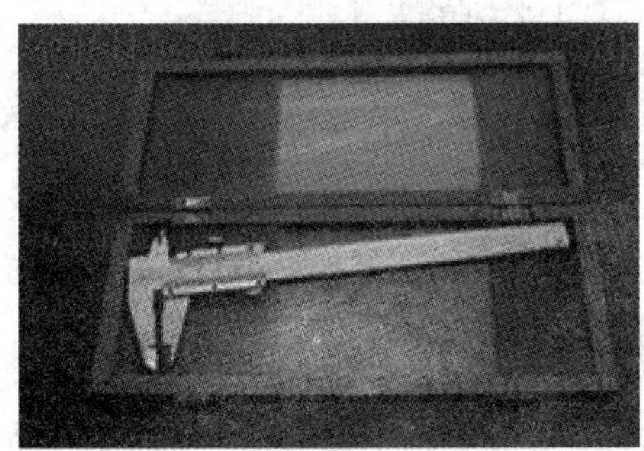
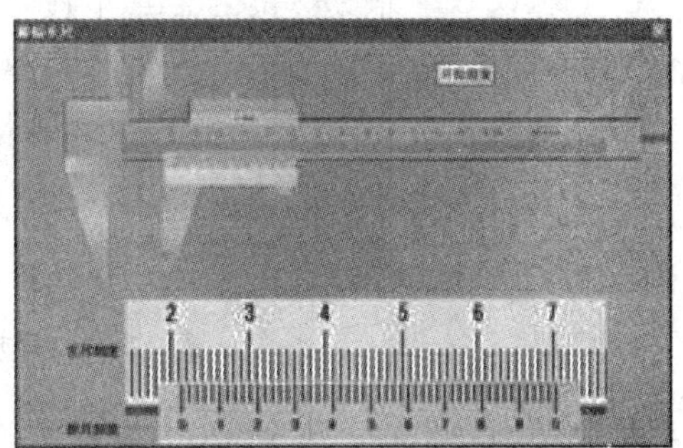

图 34-6　游标卡尺的实际照片(左)和程序中的显示图(右)

5. 电子秒表

图 34-7 是电子秒表的实际照片和程序中的显示图。鼠标点击开始暂停按钮可以开始或者暂停计时，鼠标点击复位按钮可以对秒表复位。

图 34-7　电子秒表的实际照片(左)和程序中的显示图(右)

【实验原理】

1898 年 C. H. Lees 首先使用平板法测量不良导体的导热系数，这是一种稳态法。实验中，样品制成平板状，其上端面与一个稳定的均匀发热体充分接触，下端面与一均匀散热体相接触。由于平板样品的侧面积比平板平面小很多，可以认为热量只沿着上下方向垂直传递，横向由侧面散去的热量可以忽略不计，即可以认为，样品内只有在垂直样品平面的方向上有温度梯度，在同一平面内各处的温度相同。

导热系数测量实验装置如图 34－8 所示。设稳态时，样品的上下平面温度分别为 T_1、T_2，根据傅立叶传导方程，在 $\mathrm{d}t$ 时间内通过样品的热量 $\mathrm{d}Q$ 满足：

$$\frac{\mathrm{d}Q}{\mathrm{d}t}=\lambda\frac{T_1-T_2}{h_B}S \tag{34-1}$$

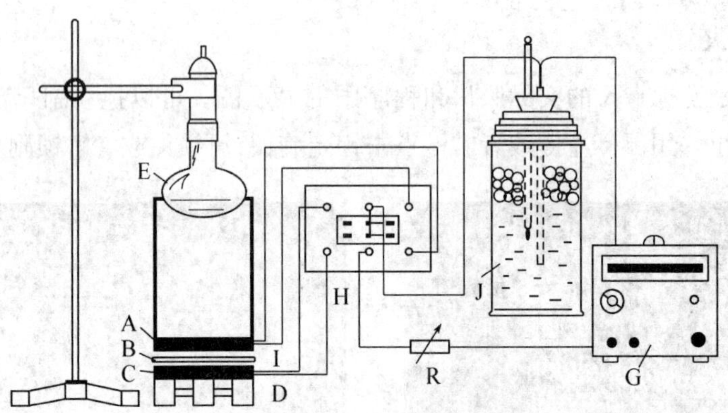

图 34－8 导热系数测量装置

式中：λ 为样品的导热系数；h_B 为样品的厚度；S 为样品的平面面积。实验中样品为圆盘状，设圆盘样品的直径为 d_B，则由式(34－1)得

$$\frac{\mathrm{d}Q}{\mathrm{d}t}=\lambda\frac{T_1-T_2}{4h_B}\pi d_B^{\ 2} \tag{34-2}$$

当传热达到稳定状态时，样品上下表面的温度 T_1 和 T_2 不变，这时可以认为加热盘 A 通过样品传递的热流量与散热盘 C 向周围环境散热量相等。因此可以通过散热盘 C 在稳定温度 T_2 时的散热速率来求出热流量 $\frac{\mathrm{d}Q}{\mathrm{d}t}$。

实验时，当测得稳态时的样品上下表面温度 T_1 和 T_2 后，将样品 B 抽去，让加热盘 A 与散热盘 C 接触，当散热盘的温度上升到高于稳态时的 T_2 值 20 ℃或者 20 ℃以上后，移开加热盘，让散热盘在电扇作用下冷却，记录散热盘温度 T 随时间 t 的下降情况，求出散热盘在 T_2 时的冷却速率 $\left.\frac{\mathrm{d}T}{\mathrm{d}t}\right|_{T=T_2}$，则散热盘 C 在 T_2 时的散热速率为

$$\frac{\mathrm{d}Q}{\mathrm{d}t}=mc\left.\frac{\mathrm{d}T}{\mathrm{d}t}\right|_{T=T_2} \tag{34-3}$$

式中：m 为散热盘 C 的质量；c 为其比热容。

在达到稳态的过程中，C 盘的上表面并未暴露在空气中，而物体的冷却速率与它的散热表面积成正比，为此，稳态时铜盘 C 的散热速率的表达式应作面积修正：

$$\frac{\mathrm{d}Q}{\mathrm{d}t}=mc\frac{\mathrm{d}T}{\mathrm{d}t}\bigg|_{T=T_2}\frac{(\pi R_C^2+2\pi R_C h_C)}{(2\pi R_C^2+2\pi R_C h_C)} \tag{34-4}$$

式中：R_C 为散热盘 C 的半径；h_C 为其厚度。

由式(34－2)和式(34－4)可得

$$\lambda\frac{T_1-T_2}{4h_B}\pi d_B{}^2=mc\frac{\mathrm{d}T}{\mathrm{d}t}\bigg|_{T=T_2}\frac{(\pi R_C^2+2\pi R_C h_C)}{(2\pi R_C{}^2+2\pi R_C h_C)} \tag{34-5}$$

所以样品的导热系数 λ 为

$$\lambda=mc\frac{\mathrm{d}T}{\mathrm{d}t}\bigg|_{T=T_2}\frac{(R_C+2h_C)}{(2R_C+2h_C)}\frac{4h_B}{(T_1-T_2)}\frac{1}{\pi d_B^2} \tag{34-6}$$

本实验所用黄铜盘比热容为 0.370 9 kJ/(kg・K)，因此，只要求出$\frac{\Delta T}{\Delta t}$就可以求出导热系数 λ。

【实验内容】

1. 观察和认识传热现象、过程及其规律。

(1) 用游标卡尺测量铜盘和橡胶盘的直径及厚度，多次测量，并求出平均值。

(2) 熟悉各仪表的使用方法，按图 34－8 连接好仪器。

(3) 接通自耦调压器电源，缓慢转动调压旋钮，使红外灯电压逐渐升高，为缩短达到稳定态的时间，可先将红外灯电压升到左右，大约 5 min 之后，再降到 110 V 左右，然后每隔一段时间读一次温度值，若 10 min 内 T_1 和 T_2 的示值基本不变，则可以认为达到稳定状态，记下稳态时的 T_1 和 T_2 值。随后移去橡胶盘 B，让散热盘 C 与传热筒 A 的底部直接接触，加热 C 盘，使 C 盘的温度比 T_2 高约 10 ℃左右，把调压器调节到零电压，断开电源，移去传热筒 A，让 C 盘自然冷却，每隔 30 s 记一次温度 T 值，选择最接近 T_2 前后的各 6 个数据，填入表格中。

2. 用逐差法求出铜盘 C 的冷却速率$\frac{\mathrm{d}T}{\mathrm{d}t}$，并由式(34－6)求出样品的导热系数 λ。

3. 绘出 $T-t$ 关系图，用作图法求出冷却速率$\frac{\mathrm{d}T}{\mathrm{d}t}$。

4. 用方程回归法进行线性拟合，求解冷却速率$\frac{\mathrm{d}T}{\mathrm{d}t}$及其误差，将结果代入公式中，计算橡胶盘的导热系数 λ。

【实验指导】

1. 实验重点及难点

实验重点：观察和认识传热现象和过程，理解傅立叶导热定律；学习用平板稳态法测量不良导体(橡胶盘)的导热系数。

实验难点:测量加热时,加热桶、铜盘、橡胶盘的平衡温度;加热过程中系统升、降温速度的控制;铜盘散热速率的求解。

2. 辅助功能介绍

界面的右上角的功能显示框:当在普通实验状态下,显示实验实际用时、记录数据按钮、结束实验按钮、注意事项按钮;在考试状态下,显示考试所剩时间的倒计时、记录数据按钮、结束考试按钮、显示试卷按钮(考试状态下显示)、注意事项按钮。

右上角工具箱:各种使用工具,如计算器等。

右上角 help 和关闭按钮:help 可以打开帮助文件,关闭按钮功能就是关闭实验。

实验仪器栏:存放实验所需的仪器,可以点击其中的仪器拖放至桌面,鼠标触及到仪器,实验仪器栏会显示仪器的相关信息;仪器使用完后,则不允许拖动仪器栏中的仪器了。

提示信息栏:显示实验过程中的仪器信息、实验内容信息、仪器功能按钮信息等相关信息,按 F1 键可以获得更多帮助信息。

实验状态辅助栏:显示实验名称和实验内容信息(多个实验内容依次列出),当前实验内容显示为红色,其他实验内容为蓝色;可以通过单击实验内容进行实验内容之间的切换。切换至新的实验内容后,实验桌上的仪器会重新按照当前实验内容进行初始化。

3. 实验操作方法

成功进入实验场景窗体,实验场景的主窗体如图 34-9 所示。

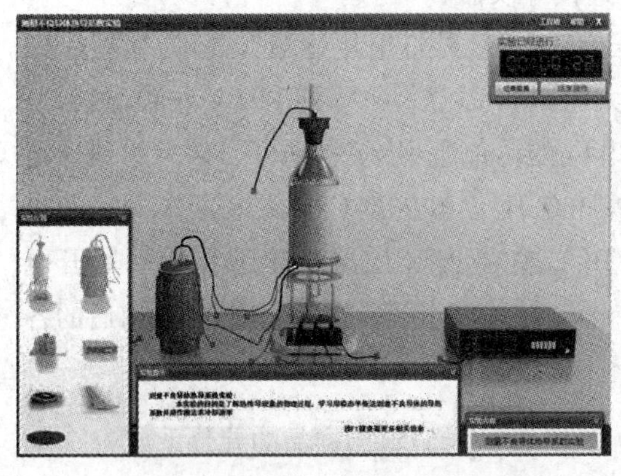

图 34-9 实验场景的主窗体

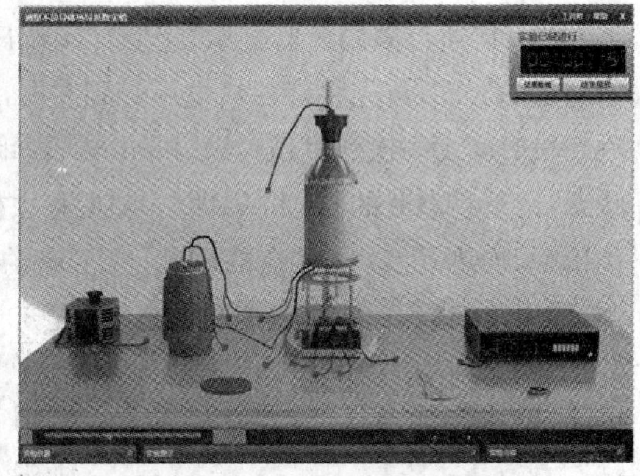

图 34-10 橡胶盘、电子秒表和游标卡尺放在实验台上

(1) 开始实验后,从实验仪器栏将橡胶盘、电子秒表和游标卡尺拖至实验台上(图 34-10)。

(2) 测量铜盘、橡胶盘的直径及厚度并记录到实验表格中。

① 右击锁定按钮,将游标卡尺解锁(如 34-11)。

② 拖动下爪一段距离(图 34-12)。

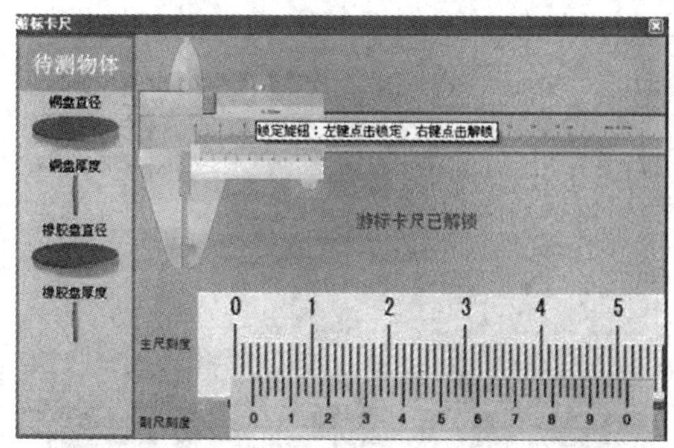

图 34－11　游标卡尺解锁

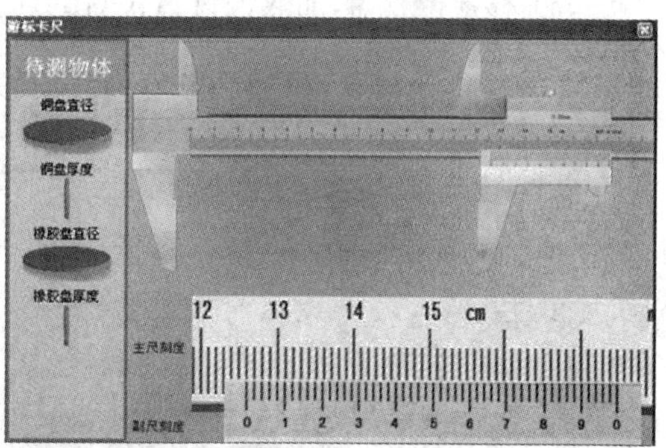

图 34－12　拖动游标卡尺下爪进行测量

③ 将待测物体从待测物栏中到两爪之间，松下鼠标，待测物会放在合适的位置(图 34－13)。

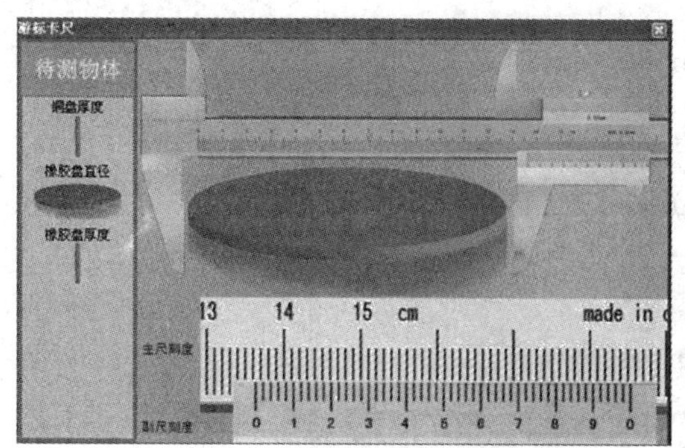

图 34－13　测量橡胶盘的直径

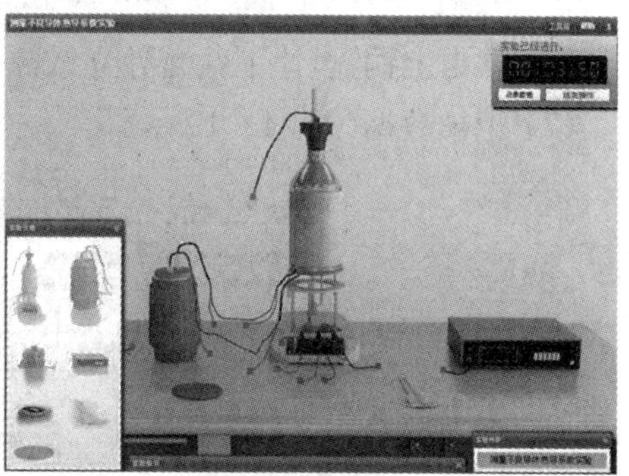

图 34－14　将橡胶盘从实验仪器栏中拖放到实验桌上

(3) 将橡胶盘拖至主仪器的支架上。

① 先将橡胶盘从实验仪器栏中拖放到实验桌上(图 34－14)。

② 双击打开主仪器窗体，依次移开红外灯、杜瓦瓶，再将橡胶盘拖放到散热铜盘上(图 34－15)。

(4) 连接好线路，调节自耦调压器，开始加热(图 34－16)。

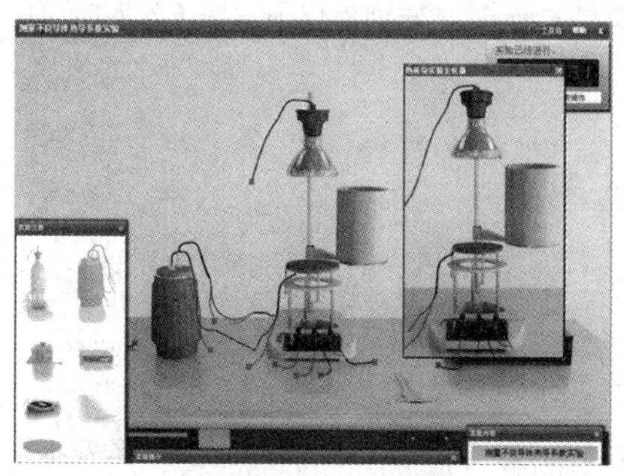

图 34－15　将橡胶盘拖放到散热铜盘上

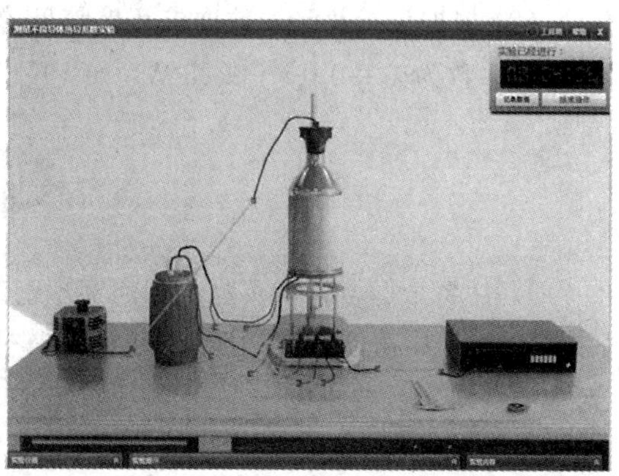

图 34－16　连接电路后开始加热

(5) 移走橡胶盘，加热铜盘 A、C(图 34－17)。

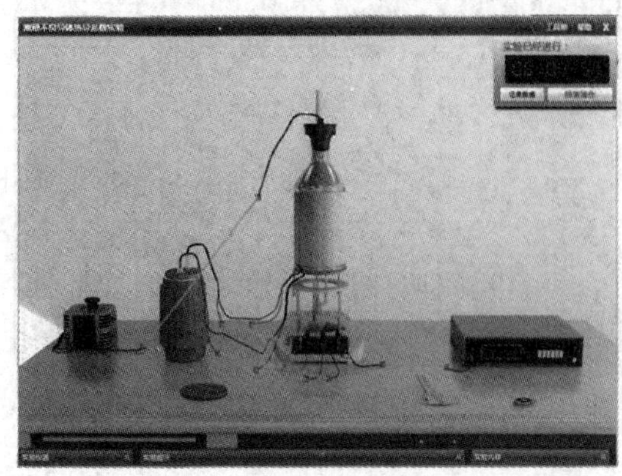

图 34－17　移走橡胶盘后加热铜盘 A 和 C

图 34－18　移走上铜盘后让下铜盘独立散热

(6) 移走上铜盘，让下铜盘独立散热(图 34－18)。

(7) 记录数据(图 34－19)。

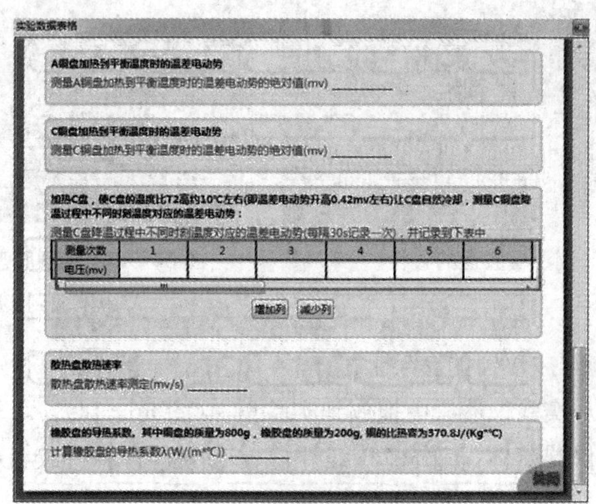

图 34－19　数据记录界面

(8) 根据记录及已知数据求解橡胶盘的热导系数，并填写到表格中。橡皮在 20 ℃时的导热系数为 $\lambda_0=0.13\sim0.23\ \mathrm{W/(m\cdot K)}$。

1. 什么是稳态法？实验是如何实现它的？

2. 实验中可能存在的误差有哪些？它使得实验数据是偏大还是偏小？实验过程中对实验环境有无要求？

3. 应用稳态法是否可以测量良导体的导热系数？如可以，对实验样品有什么要求？实验方法与测不良导体有什么区别？

实验 35　热电偶特性及其研究

热电偶又称温差电偶，是利用温差电现象制成的一种元件。利用两种能产生显著温差电现象的金属丝(如铜和康铜)端点焊接而成。其一端置于待测温度 T 处，另一端(冷端)置于恒定的已知温度 $T=0$ 的物质(如冰水混合物)中。这样，回路中将产生一定的温差电动势，可由电流计 G 直接读出待测温度值。温差电偶的主要用途是测量温度，它的特点是测量范围广(−200 ℃～2 000 ℃)、灵敏度高(可达 10^{-3}℃)、稳定性好、准确度高。常用的温差电偶有铜-康铜热电偶(测 300 ℃以下温度)、镍铝-镍铬热电偶(测 1 300 ℃以下温度)、铂-铂铑热电偶(测 1 700 ℃以下温度)和钨-钛热电偶(测 2 000 ℃以下温度)。

【实验目的】

1. 加深对温差电动势原理和现象的理解。
2. 掌握热电偶定标的方法。
3. 学会用热电偶测量温度的基本方法。

【仪器和用具】

电位差计；标准电池；光点检流计；稳压电源；热电偶；冰筒；水银温度计；烧杯等。

【仪器描述】

1. UJ31 型电位差计

UJ31 型电位差计是一种测量低电势的电位差计，如图 35－1 所示。它的测量范围是 1 μV 至 17 mV(K_0 旋至×1 档)或 10 μV 至 170 mV(K_0 旋至×10 档)。使用 5.7～6.4 V 外接工作电源，标准电池和检流计均为外接。UJ31 型电位差计面板上的各旋钮与原理图中各元件相对应，R_n 被分成 R_{n1}(粗调)、R_{n2}(中调)、R_{n3}(细调)三个电阻转盘，以保证迅速准确地调节工作电流。

R_s 是为了适应温度不同时标准电池电动势的变化而设置的，当温度不同引起标准电池电动势变化时，通过调节 R，进而调节 R_s 两端的电压，使工作电流保持不变。

R_x 被分成Ⅰ(×1)、Ⅱ(×0.1)、Ⅲ(×0.001)三个电阻转盘，并在转盘上标示出电压，电位差计处于补偿状态时可以从三个转盘读出未知电动势(或电压)。

K_1 为两个按钮，分别标记为“粗”和“细”。按下“粗”按钮，使保护电阻和检流计串联；按下“细”按钮，保护电阻被短路。

K_2 为标准电池和未知电动势转换开关。

标准电池 E_s、检流计 G、工作电源 E 和未知电动势 E_x 由相应的接线柱外接。

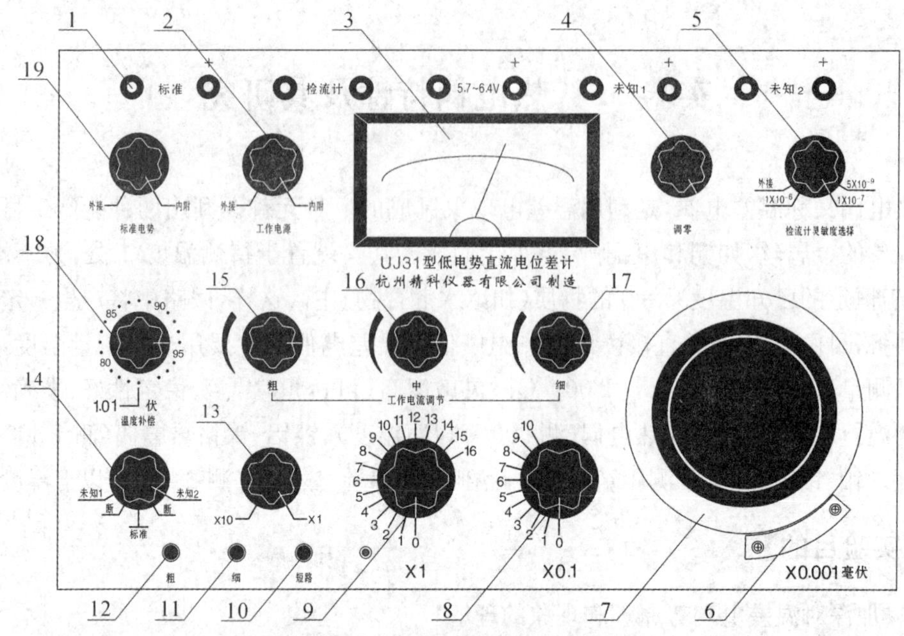

图 35-1　UJ31 型电位差计面板图

1—接线端钮　2—工作电源外接(内附)选择开关　3—检流计表头　4—检流计调零旋钮　5—检流计灵敏度选择开关　6—游标尺　7—第Ⅲ测量盘(滑线盘)　8—第Ⅱ步进测量盘　9—第Ⅰ步进测量盘　10—检流计短路按钮　11—检流计细调按钮　12—检流计粗调按钮　13—量限转换开关　14—测量转换开关　15—工作电流粗调开关　16—工作电流中调开关　17—工作电流细调开关　18—标准电势温度补偿开关　19—标准电势外接(内附)选择开关

2. 标准电池

标准电池是一种汞镉电池(图 35-2)。常用的有 H 形封闭玻璃管式和单管式两种,前者只能直立放置,切忌翻荡。电池的电解液为硫酸镉溶液,按电解液浓度又分为饱和式和不饱和式两种。饱和式电动势最稳定,但随温度变化比较大。若已知 20 ℃时的电动势为 E_{20},则温度为 t ℃时的电动势可由下式近似得到

$$E(\mathrm{V})=E_{20}-4\times10^{-5}(t-20)-10^{-6}(t-20)^2$$

其中,E_{20} 应根据所用的标准电池型号来确定。不饱和式标准电池不必做温度修正,实验中使用饱和标准电池的 $E_{20}=1.0186$ V。

图 35-2　标准电池

使用标准电池要注意:

(1) 远离热源,避免阳光直射。

(2) 正负极不能接错。通过或取自标准电池的电流不应大于 10^{-5} A,决不允许将电池正负极短路或者用电压表测量其电动势。

(3) 标准电池是装有化学物质溶液的玻璃容器,要防止振动和碰撞,也不要倒置。

标准电池在实验中操作方法为:双击仪器可进入仪器调节窗体,按 Delete 键可将仪器移回仪器栏。双击实验场景中的仪器图标可进入仪器调节窗口,查看当前室温。

3. 检流计

检流计(图 35－3)的一种用途是平衡指零。电位差计校准和测量未知电压时,根据流过检流计的电流是否为零来判断电路是否平衡。

图 35－3　检流计

档位旋钮置于“关机”时,仪器电源关闭。置于“调零”位时,调节调零旋钮可对仪器进行调零。置于“1 μA、3 μA、10 μA、30 μA、100 μA、300 μA、1 mA”时,档位值为满量程的读数值。

4. 控温实验仪

智能温控实验仪(图 35－4)用于调节输出的加热电流,接受传感器反馈的实际温度,实验中与样品室加热装置配套使用。

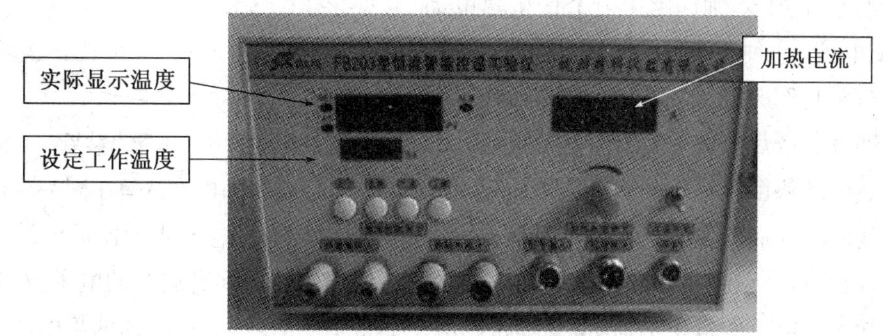

图 35－4　智能温控实验仪

温度设置方法如下:

轻按“SET”按钮开始设置温度。此时轻按“位移”按钮,改变调节焦点位置;轻按“下调”按钮,减小焦点处数字;轻按“上调”按钮时,增大焦点处数字。再次轻按“SET”按钮,确认温度设置完成。温度设置范围为室温～99.9 ℃,分辨率:0.1 ℃。

读数温度为实际测量信号的温度,当实际温度高于设置温度时,系统降温;当实际温度低于设置温度时,系统升温。

加热电流调节旋钮,调节范围为 0.000～1.000 A,加热电流大时升温速度快。

风扇电流开关:置于左侧“开”时,风扇打开,加热装置散热加快,使得样品室快速降温;置于右侧“关”时,风扇关闭,加热装置散热减慢。

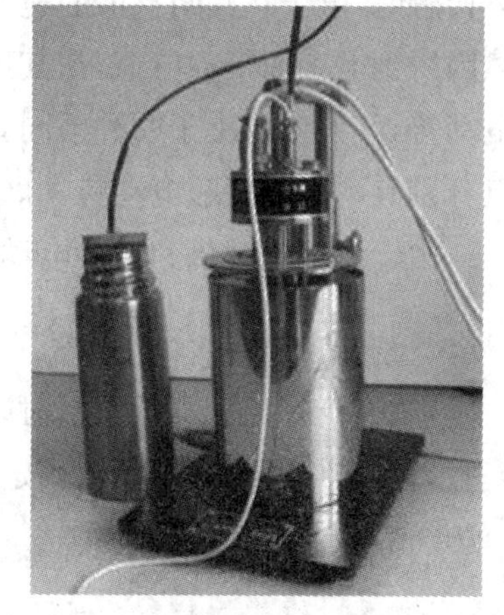

图 35－5　样品室以及加热装置

5. 样品室以及加热装置

样品室以及加热装置(图 35－5)用于放置待测样

品，并可以根据加热电流的大小给样品进行加热；同时底部装有风扇，当风扇打开时，可以进行散热。温差电偶的热端插入样品室中，冷端插入杯中。

样品室的加热电源插口与由控温仪恒流输出连接，通过信号输入插口与控温仪的信号输入连接，将样品室温度反馈给控温实验仪。

6. 保温杯

保温杯内置冰水混合物，热电偶的其中一端插入冰水混合物中。保温杯在实验中操作方法为：热电偶的冷端通过保温杯插口插入冰水混合物中（图 35－5）。

【实验原理】

1. 热电偶的测温原理

把两种不同的导体或半导体连接成一闭合回路，如图 35－6 所示。如两接点分别处于不同的温度 t_1 和 t_0，则回路中就会产生热电动势，形成电流，这种现象称作热电效应。同时把这个电路叫作 A、B 组成的热电偶，如铂-铂铑热电偶、铜-铁热电偶等。在热电偶回路中，

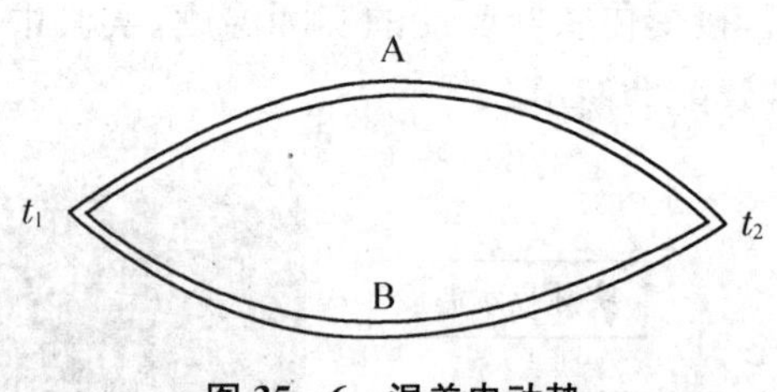

图 35－6　温差电动势

产生的热电动势由接触电动势和温差电动势两部分组成。温差电动势是在同一导体的两端因温度的不同而产生的一种热电动势，由于材料中高温端的电子能量比低温端的电子能量大，因而从高温端扩散到低温端的电子数比从低温端扩散到高温端的电子数多，结果使高温端失去电子而带正电荷，低温端得到电子而带负电荷，产生一附加的静电场。此静电场阻碍电子从高温端向低温端的扩散，在达到动态平衡时，导体的高温和低温端间有一个电位差 $U_t - U_{t0}$，此即温差电动势。在热电偶回路中，导体 A 和 B 分别有自己的温差电动势 $e_A(t,t_0)$ 和 $e_B(t,t_0)$。

接触电动势产生的原因是两种导体材料的电子密度和逸出功不同。这样，当两种导体接触时，电子在其间扩散的速率就不同，使一种导体因失去电子而带正电荷，另一种导体因得到电子而带负电荷，在其接触面上形成一个静电场，即产生了电位差，这就是接触电动势，其数值取决于两种不同导体材料的性质和接点的温度。在热电偶回路中两个接点分别有不同的接触电动势 $e_{AB}(t)$、$e_{AB}(t_0)$。

由于温差电动势和接触电动势的影响，在热电偶回路中产生总的热电动势可表达为

$$E_{AB}(t,t_0) = e_{AB}(t) + e_B(t,t_0) - e_{AB}(t_0) - e_A(t,t_0) \tag{35-1}$$

它是材料和温度的函数，对确定的热电偶材料，热电动势 $E_{AB}(t,t_0)$ 是温度 t 和 t_0 的函数差。如果使某接点温度固定（常取水的液、固相点温度作为 t_0），则总电动势成为温度 t 的单值函数

$$E_{AB}(t,t_0) = f(t) - f(t_0) = C(t - t_0) \tag{35-2}$$

式中：t 为热端的温度；t_0 为冷端的温度；C 为温度系数（或称为温差电偶常数）。单位

为 mV·℃$^{-1}$，它表示两接点的温度相差 1 ℃时所产生的电动势，其大小取决于组成温差电偶材料的性质，即

$$C=\frac{K}{e}\ln\frac{n_{0A}}{n_{0B}} \tag{35-3}$$

式中：K 为玻尔兹曼常数；e 为电子电量；n_{0A} 和 n_{0B} 为两种金属单位体积内的自由电子数目。

2. 温差电偶测温度

根据热电偶的测温原理，温差电偶可以测量温度，式(35－2)中 t_0 是已知的冷端温度，C 是常数，这样只要测量出温差电动势 E，就可以测量出热端温度 t。

如图 35－7 所示，温差电偶与测量仪器有两种联接方式：(a) 金属 B 的两端分别和金属 A 焊接，测量电动势的仪器 M 置入 A 线中间；(b) A、B 的一端焊接，另一端和测量仪器联接，在本图中少一个自由端，没有了参考点，在实践中经常这样使用，采用电阻补偿的方法解决参考点的问题，同学们自己查阅资料，了解相关原理。

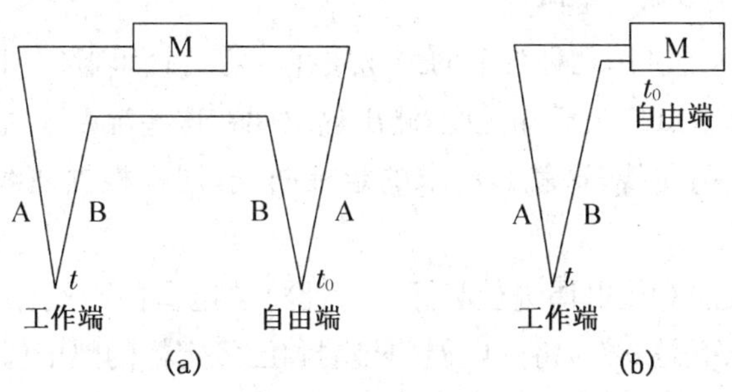

图 35－7　温差电偶测温度电路

有关热电偶回路的几点结论：

(1) 若组成热电偶回路的两种导体相同，则无论两接点温度如何，热电偶回路内的总热电动势为零。

(2) 如热电偶两接点温度相同，则无论导体由何种材料制成，热电偶回路内的总热电动势亦为零。

(3) 热电偶的热电动势只与接点的温度有关，与导体的中间温度分布无关。

(4) 在热电偶回路中接入第三种材料的导线，只要第三种材料的两端温度相同，第三种导线的引入就不会影响热电偶的热电动势，这一性质称中间导体定律。

正是由于上述这些性质，才使我们对热电偶的热电动势的测量成为可能，在实际使用中往往需要在热电偶回路里接入各种仪表(如电位差计、灵敏电流计和数字电压表)、连接导线等。但只要与这些器件相接的各接点的温度保持相同，就不必担心对热电动势产生影响，而且也允许用任意的焊接方法来焊接热电偶。

需要注意，只有当组成热电偶材料的化学成分和物理状态是均匀的，才有上述结论成立，如材料的物理化学性质不均匀(如组分不同、结构不均匀等)，就会引入难以确定的附加电动势而使结果产生较大的误差。

3. 热电偶的定标

在测量温度前，必须知道热电偶的热电动势和温度的关系曲线，称作定标曲线。以后就可以根据热电偶与未知温度接触时产生的热电动势，由曲线查出对应的温度。常用的几种具有标准组分的热电偶（如含铂 90%、铑 10%的铂铑丝和纯铂丝组成的铂铑－铂热电偶，含镍 89%、铬 9.8%、铁 1%、锰 0.2%的镍铬丝和含镍 94%、铝 2%、铁 0.5%、硅 1%、锰 2.5%的镍铝丝组成的镍铬－镍铝热电偶等），它们的定标曲线（或校准数据表）在有关手册中可以查到，不必自己定标，如果实验室自制的热电偶组分并不标准，则定标工作就不可缺少。确定热电偶的热电动势和温度关系的曲线就是测量常数 C 的值，再测量电动势，根据式(35-2)就可以得到被测量的温度。

热电偶的定标方法有两种。

(1) 比较法：用被定标热电偶与一标准组分的热电偶去测量同一温度，测得一组数据，其中被定标热电偶测得的热电动势即由标准热电偶所测的热电动势所校准，在被定标热电偶的使用范围内改变不同的温度，进行逐点校准，就可得到被定标热电偶的一条曲线，由曲线可以计算出常数 C 的值。

(2) 固定点法：这是利用几种合适的纯物质在一定的气压下（一般是标准大气压），将这些纯物质的沸点或熔点作为已知温度，测出热电偶在这些温度下对应的电动势，从而得到热电势和温度的关系曲线，这就是所求的定标曲线，同样根据曲线可以计算出常数 C 的值。

本实验采用比较法对热电偶进行定标。为此将热电偶的冷端保持在冰水混合物内，其温度在标准大气压下是 0 ℃，将热电偶的热端和已经定标的热电偶放在恒温装置中，选择 10 个左右点作为定标的固定点。

【实验内容】

测铜-康铜热电偶的温差系数

(1) 按图 35-8 接好电路。根据室温求出标准电池电动势的数值，按电位差计的使用方法调节好电位差计。

(2) 加热杯中的液体，至一定温度后停止加热，在读出水银温度计读数的同时用电位差计测出温差电动势的大小。在液体冷却过程中，高温端温度每降低 5 ℃，测量一次温差电动势，测 8 组以上数据。

(3) 参照数据表格，记录测量的数据。根据测量数据，作出温差电动势 E_x 和温度差 $t-t_0$ 的关系图线 $E_x-(t-t_0)$，该热电偶在此温度范围内图线应为一直线，图解法求出直线的斜率，即温差系数 C。或用逐差法、最小二乘法求温差系数 C。

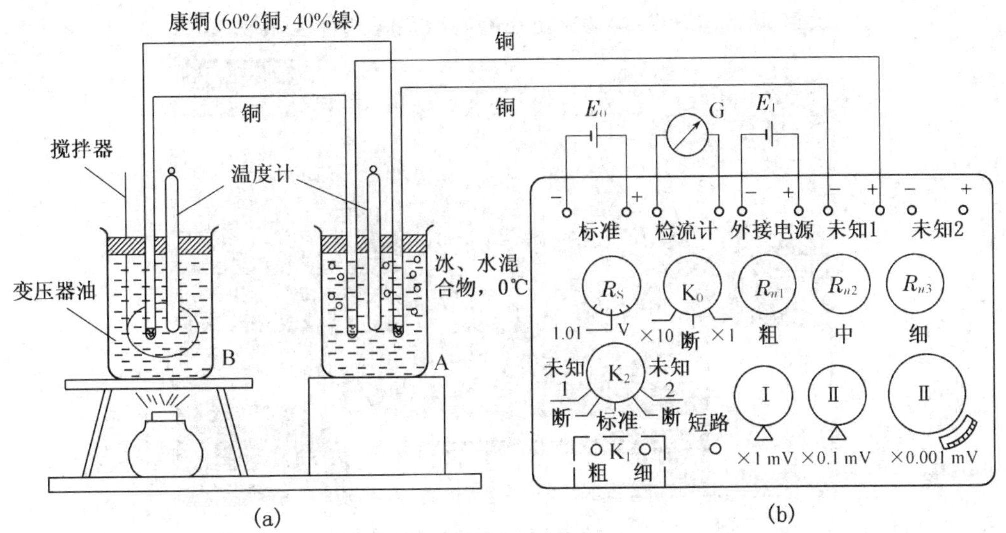

图 35-8　用 UJ31 型电位差计测定温差电动势的装置图

【实验指导】

1. 实验重点、难点

(1) 掌握电位差计的工作原理和结构特点。

(2) 了解温差电偶测温的原理和方法。

(3) 学会电位差计的使用及注意事项。

2. 辅助功能介绍

界面的右上角的功能显示框:当在普通做实验状态下,显示实验实际用时、记录数据按钮、结束实验按钮、注意事项按钮;在考试状态下,显示考试所剩时间的倒计时、记录数据按钮、结束考试按钮、显示试卷按钮(考试状态下显示)、注意事项按钮。

右上角工具箱:各种使用工具,如计算器等。

右上角 help 和关闭按钮:help 可以打开帮助文件,关闭按钮功能就是关闭实验。

实验仪器栏:存放实验所需的仪器,可以点击其中的仪器拖放至桌面,鼠标触及到仪器,实验仪器栏会显示仪器的相关信息;仪器使用完后,则不允许拖动仪器栏中的仪器了。

提示信息栏:显示实验过程中的仪器信息,实验内容信息,仪器功能按钮信息等相关信息,按 F1 键可以获得更多帮助信息。

实验状态辅助栏:显示实验名称和实验内容信息(多个实验内容依次列出),当前实验内容显示为红色,其他实验内容显示为蓝色;可以通过单击实验内容进行实验内容之间的切换。切换至新的实验内容后,实验桌上的仪器会重新按照当前实验内容进行初始化。

3. 实验操作方法

测铜-康铜热电偶的温差系数,启动实验程序,进入实验窗口,如图 35-9 所示。

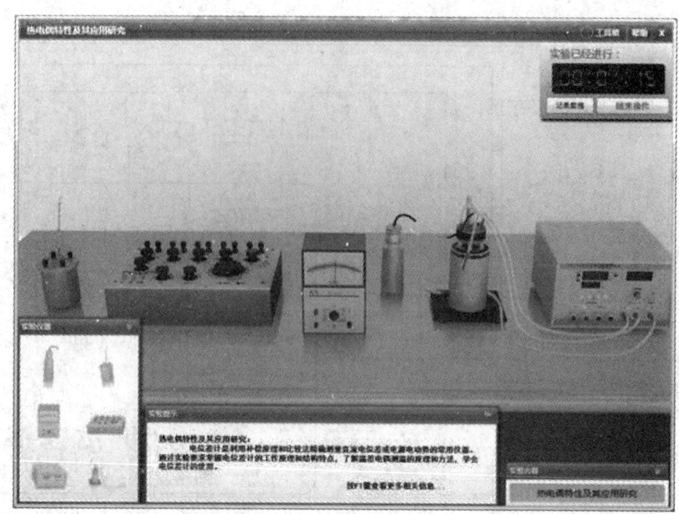

图 35 - 9　实验场景图

(1) 按照图 35 - 8 电位差计测定温差电动势装置图连线,如图 35 - 10 所示。当鼠标移动到实验仪器接线柱的上方,拖动鼠标,便会产生"导线",当鼠标移动到另一个接线柱时,松开鼠标,两个接线柱之间便产生一条导线,连线成功;如果松开鼠标时,鼠标不是在某个接线柱上,画出的导线将会被自动销毁,此次连线失败。根据实验电路图正确连线。

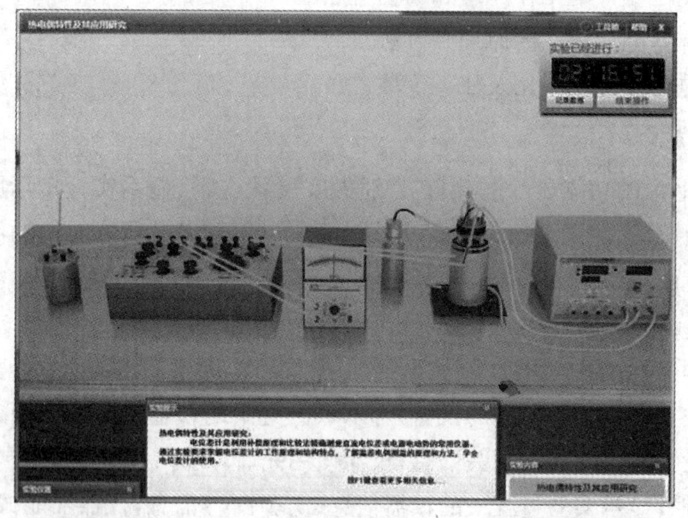

图 35 - 10　测定温差电动势装置连线实验场景图

(2) 根据室温求出标准电池电动势的数值。鼠标双击实验场景中的标准电池(图 35 - 2),查看当前室温,根据标准电池电动势公式计算当前电动势。

(3) 检流计的校准调节

电位差计的"粗调、细调、短路按钮"都保持松开状态。打开检流计调节窗口,将档位旋钮置于"调零"位(图 35 - 11),调节调零旋钮可对仪器进行调零。

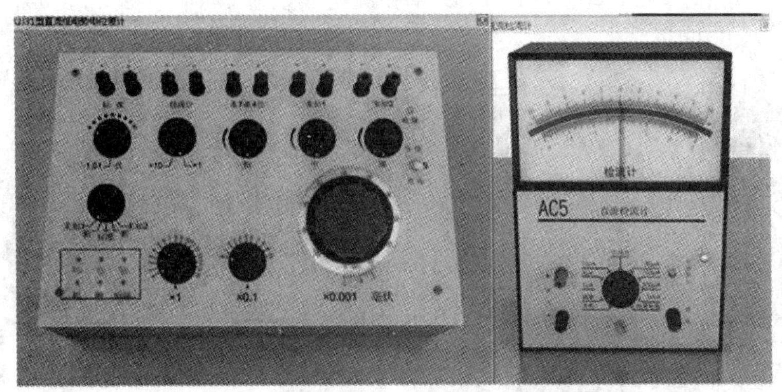

图35-11　检流计"调零"实验场景图

(4) 电位差计的校准调节

调节标准电池电动势设置旋钮 R_S 到当前室温对应的电动势，将"标准电池、未知电动势转换开关 K_2"转动到"标准"位置，检流计档位开关转到适当的量程，开始电位差计的校准(图35-12)。

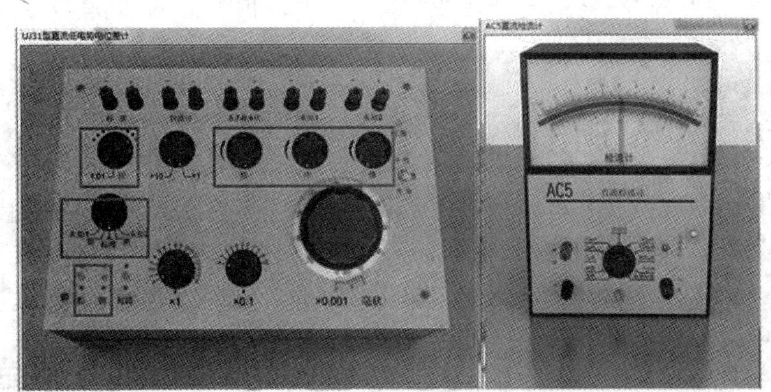

图35-12　电位差计"调零"实验场景图

电位差计按下"粗调"按钮后，调节"粗、中、细"旋钮使检流计指针指零，完成粗调工作；然后松开"粗调"按钮，选择合适的检流计档位后按下电位差计"细调按钮"，调节"粗、中、细"旋钮使检流计指针指零，完成电位差计校准。

(5) 测量温差电偶在55.0～90.0之间的热电偶温差电动势

使用温控实验仪控制不同的加热温度，每隔5℃进行一次测量，分别测量高温端在55.0～90.0之间的热电偶温差电动势。

① 调节温控仪的设定工作温度为55℃(图35-13)，调整加热电流，等待样品室实际温度稳定后，测量此时热电偶的温差电动势。

② 使用电位差计测量温差电动势时，将热电偶与电位差计连接起来，如图35-14所示。根据温差电偶正负极连接的接线柱，将"标准电池、未知电动势转换开关 K_2"转动到对应的位置。"×10、×1"档位开关 K_0 选择合适的倍率。

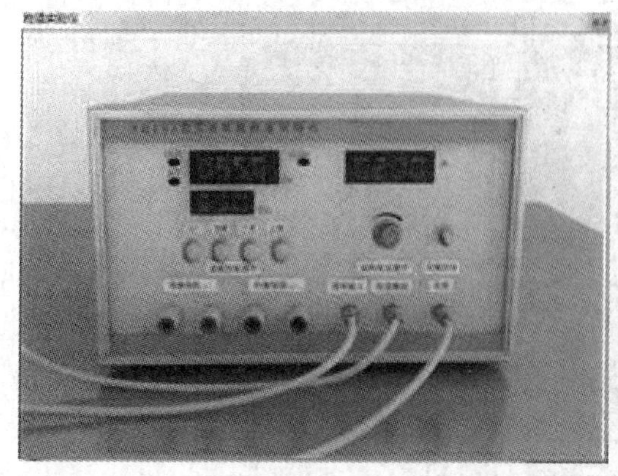

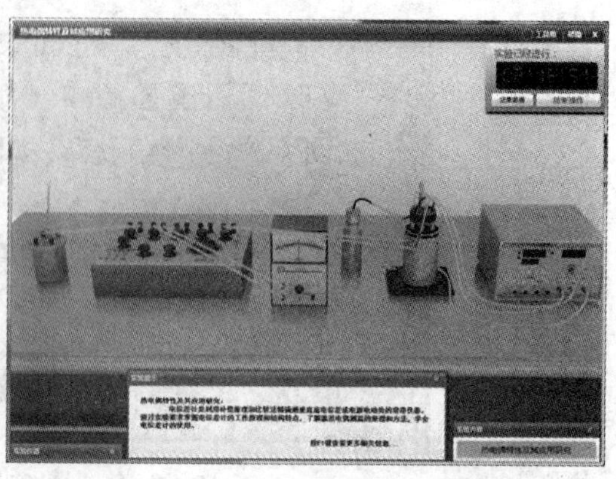

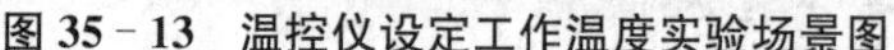

图 35-13　温控仪设定工作温度实验场景图　　　　图 35-14　热电偶与电位差计连线图

③ 电位差计按下“粗调”按钮后，调节×1、×0.1、×0.001 三个电阻转盘使检流计指针指零，完成粗调工作，如图 35-15 所示。然后松开“粗调”按钮，选择合适的检流计档位后按下电位差计“细调按钮”，调节调节调节×1、×0.1、×0.001 三个电阻转盘使检流计指针指零。此时，温差电动势＝三个电阻转盘读数和×倍率。

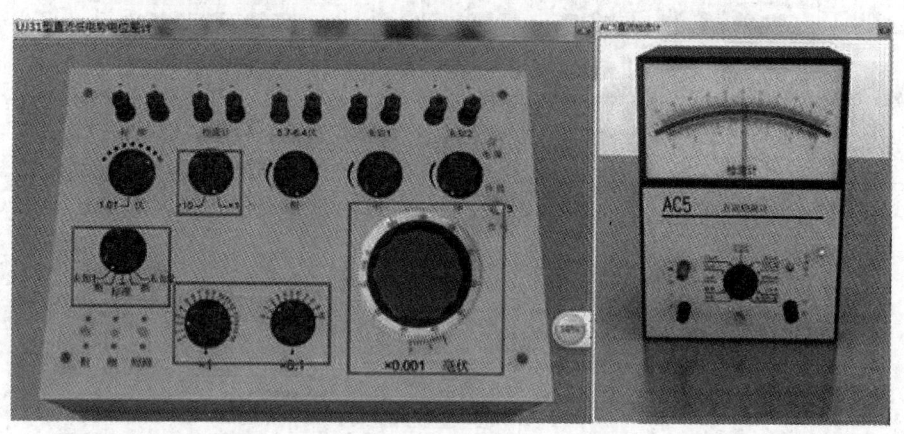

图 35-15　电位差计侧温差电偶调节图(左)和检流计显示图(右)

④ 改变温控仪的工作设定温度，每隔 5 ℃测量一次温差电动势；并利用逐差法计算热电偶的温差系数，完成实验数据表格。

【注意事项】

1. 电位差计的调节必须按规定步骤，线路中极性不可接反。
2. 实验操作要谨慎，注意标准电池的接入，正接正、负接负，严防两极短路。

1. 具体考察一下在实验线路中热电偶是如何和第三种金属联成回路的，接头在哪里？处在什么温度？并证明若热电偶与第三种金属的两个接头温度一样时，回路电动势不因为接入第三种金属而变化。

2. 为什么要测金属凝固时的热电动势？测熔化时的热电动势行吗？

3. 若以一内阻及电流灵敏度均已知的灵敏电流计代替电位差计，能否测定热电偶的电动势？为什么？

实验 36 影响太阳能电池输出功率变化因素的探究

太阳能为一种新兴的能源，是人类目前可以利用的最丰富最清洁的能源之一。太阳能作为清洁能源，受到各国政府的重视，并不遗余力地投入资金来发展太阳能。太阳能电池(Solar Cells)，也称为光伏电池，是将太阳光辐射能直接转换为电能的器件。由这种器件封装成太阳电池组件，再按需要将一块以上的组件组合成一定功率的太阳能电池方阵，经与储能装置、测量控制装置及直流-交流变换装置等相配套，即构成太阳能电池发电系统，也称之为光伏发电系统。太阳能光伏发电已成为 21 世纪的重要新能源，在世界能源构成中占有一定地位。

【实验目的】

1. 掌握太阳能电池阵列的串联和并联电学量的测试方法，了解太阳能电池板特性和要求。

2. 探究一天当中不同时刻太阳光照、一年当中不同节气温度以及负载电阻的变化对 LED 灯的影响。

3. 设计光伏系统最优实验参数使得 LED 灯功率达到设定数值，即在给定 LED 灯功率(1 W 或 3 W)情况下确定太阳能电池板所需要的个数、串并联方式，以及太阳光照条件、环境温度、匹配负载等参数。

【实验仪器】

本项目的预设参数参照某光电设备有限公司的 V-Ets-solar-Ⅱ太阳能光伏发电系统平台的实验数据。

表 36-1 太阳能电池特性的测量预设参数一览表

预设参数名称	设置范围及要求	参数及单位
晨日	模拟光源开左侧一盏大功率卤钨灯	功率 500 W
午日	模拟光源开中间一盏大功率卤钨灯	功率 500 W
夕日	模拟光源开右侧一盏大功率卤钨灯	功率 500 W
光照度	根据测试要求自由调节	0～20 K(LUX)
温度	测试环境要求	－30 ℃～80 ℃
湿度	测试环境要求	0～99.9%
太阳能组件	提供四块单晶太阳能组件，根据输出功率要求合适选取 1～4 块进行串并联	10 W/块
控制器	PWM 方式供电	额定电流 DC10 A 额定电压 12 V 或 24 V

（续表）

预设参数名称	设置范围及要求	参数及单位
离网逆变器	纯正弦波	DC12 V，AC220 V±10%
并网逆变器	纯正弦波	功率 200 W，电压 AC180～260 V，频率 45～53 Hz
蓄电池	铅酸蓄电池	12 V/12 AH
可调电阻	变阻器	0～2 000 Ω

【仪器描述】

1. 实验界面

从国家虚拟仿真实验教学课程共享平台（网址：http://www.ilab-x.com/details/v4?id=4154）进入虚拟仿真实验场景窗体，如图 36－1 所示。当鼠标移动到实验仪器接线柱的上方，拖动鼠标，便会产生“导线”，当鼠标移动到另一个接线柱时，松开鼠标，两个接线柱之间便产生一条导线，连线成功。如果松开鼠标时，鼠标不是在某个接线柱上，软件会给出错误提示，画出的导线将会被自动销毁，此次连线失败；鼠标停留在已经连好的导线上时，导线变粗，此时鼠标点击导线即可清除此条连线。

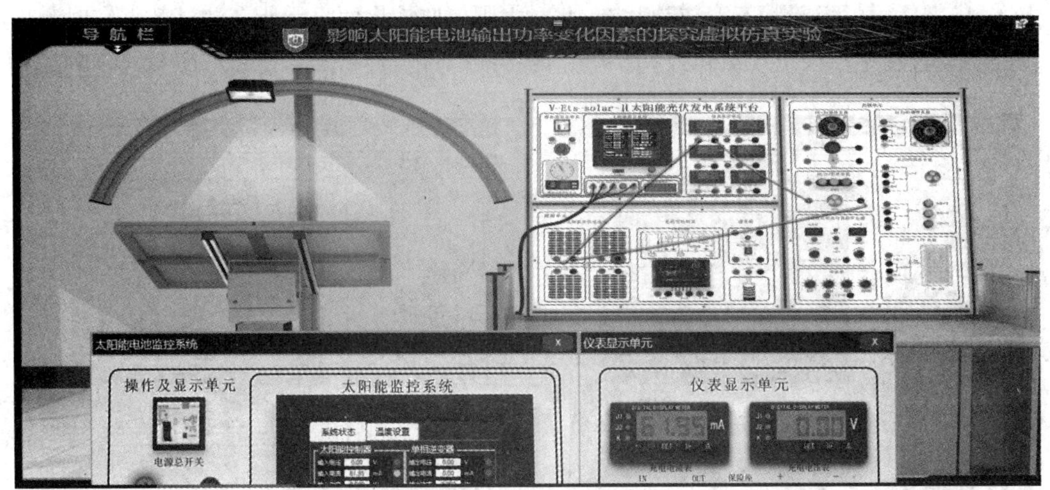

图 36－1　虚拟仿真界面图

2. 单元模块

点击虚拟实验台上的各个单元模块，此时将弹出放大后的仪器仪表界面。比如单击太阳能电池板和仪表显示单元，弹出的放大面板如图 36－2 所示，其他仪表和部件同理操作。

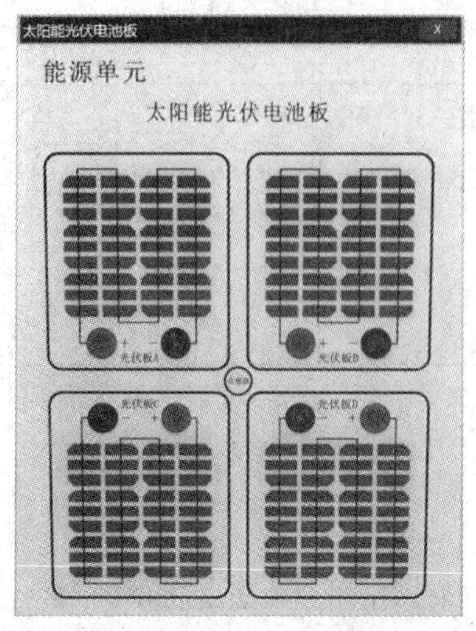

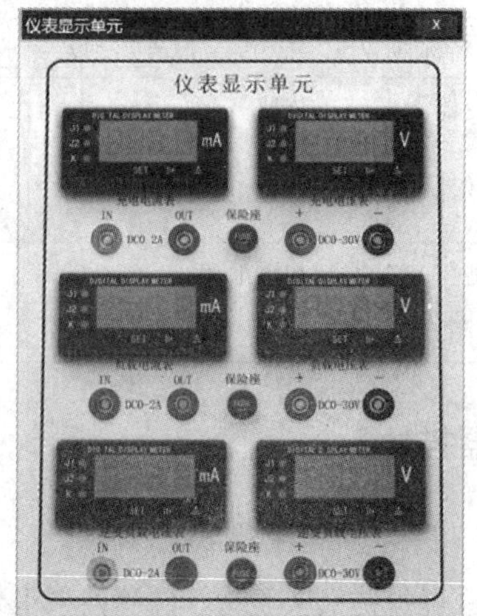

图 36 - 2　太阳能电池板和仪表显示单元截图

3. 电源开关和急停开关

单击太阳能电池监控系统,左上角为电源总开关。虚拟仿真实验中的所有部件操作与实体实验一致,实体实验中如何操作,在虚拟仿真实验中也同样操作。此时打开电源总开关,电源指示灯由暗状态变成亮状态,此时太阳能监控界面显示所有测试数据实时测量值。实验过程中如果出现故障或调整电路的接线,点击急停开关,切断电源。

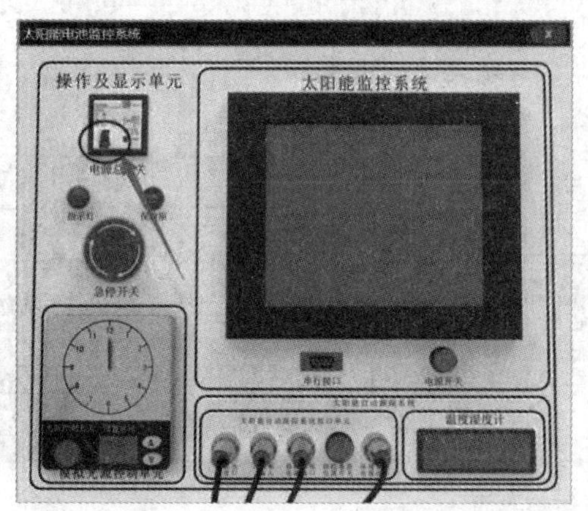

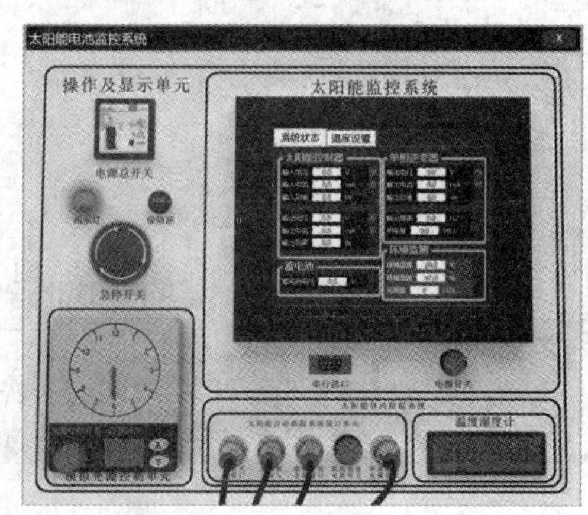

图 36 - 3　电源开关打开前后对比图

4. 光源开关

在太阳能电池监控系统界面中打开模拟光源控制单元的光源控制开关,如图 36 - 4 所示。

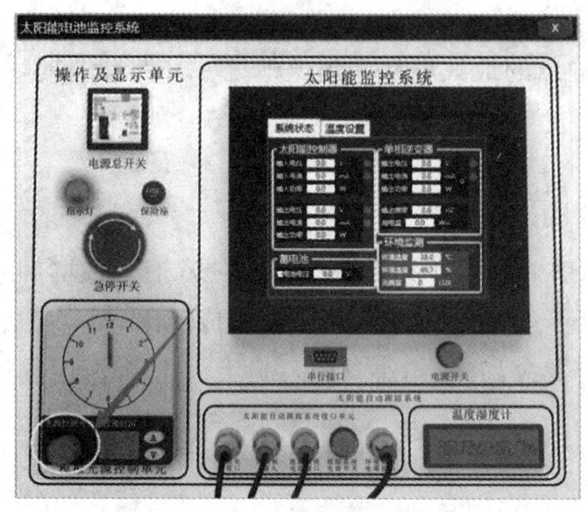

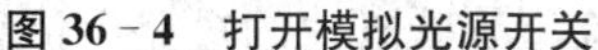
图 36－4　打开模拟光源开关

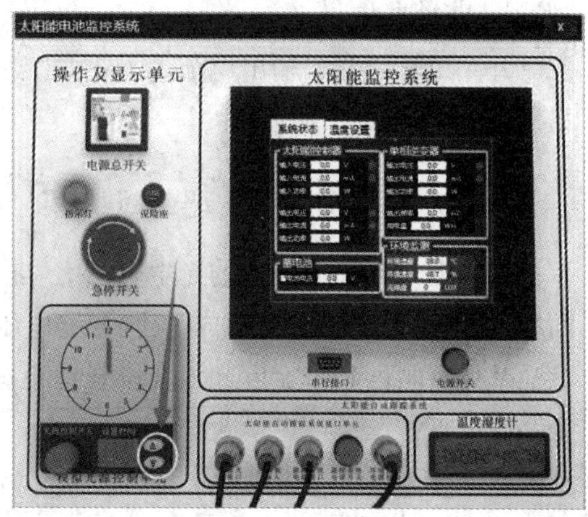

图 36－5　调节入射光源时间和入射角度

5. 入射光源的角度和位置的调节

调节模拟光源控制单元中设置时间按钮，根据实验要求设置 5～10 种不同入射时间。此时入射光源和太阳能电池板的相对位置发生变化，从主界面窗口左侧模拟光源三维装置中实时看到光源与太阳能电池板的相对位置。

【实验原理】

当光照射在距太阳能电池表面很近的 PN 结时，只要入射光子的能量大于半导体材料的禁带宽度 E_g，则在 P 区、N 区和结区光子被吸收会产生电子-空穴对(如图 36－6)。在 PN 结附近 N 区中产生的少数载流子，由于存在浓度梯度而要扩散。只要少数载流子离 PN 结的距离小于它的扩散长度，总有一定概率的载流子扩散到结界面处。在 P 区与 N 区交界面的两侧即结区，存在空间电荷区，也称为耗尽区。在耗尽区中，正负电荷间形成电场，电场方向由 N 区指向 P 区，这个电场称为内建电场。这些扩散到结界面处的少数载流子(空穴)在内电场的作用下被拉向 P 区。同样，在 PN 结附近 P 区中产生的少数载流子(电子)扩散到结界面处，也会被内建电场迅速拉向 N 区。结区内产生的电子-空穴对在内电场的作用下分别移向 N 区和 P 区。这导致在 N 区边界附近有光生电子积累，在 P 区边界附近有光生空穴积累。它们产生一个与 PN 结的内建电场方向相反的光生电场，在 PN 结上产生一个光生电动势，其方向由 P 区指向 N 区，这一现象称为光伏效应(Photovoltaic Effect)。

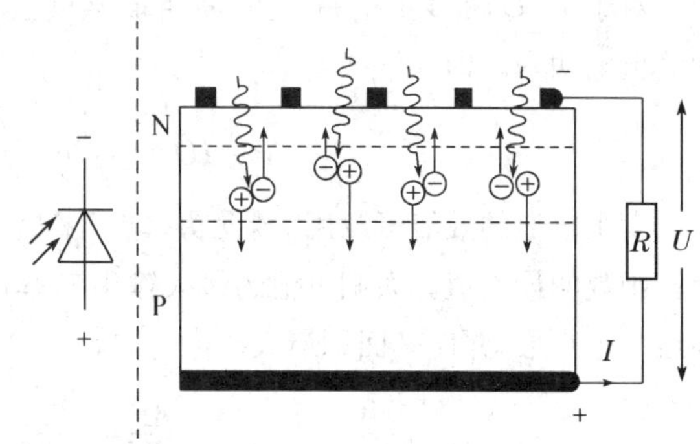

图 36－6　太阳能电池的工作原理

1. 开路电压 U_{oc}

开路电压是指当输出电流为 0 时，电池输出的最大电压。当电池处于开路状态时，R_L 趋于无穷，$I=0$，所以

$$U_{oc}=\frac{KT}{q}\ln\left(\frac{I_L}{I_0}+1\right) \tag{36-1}$$

由于流过太阳能电池的光生电流 I_L 与入射光强成正比，因此 U_{oc} 也随入射光强增加而增大，与入射光强的对数成正比，开路电压还与反向饱和电流 I_0 的对数成反比，而 I_0 与电池基体材料的禁带宽度和复合机制有关，禁带愈宽，I_0 越小，则 U_{oc} 愈大。U_{oc} 随温度的升高而降低。

2. 短路电流 I_{sc}

短路电流是指当电压为 0 时，电池输出的最大电流。晶硅电池的短路电流密度可表示为

$$J_{sc}=q\int_{总}G_L\mathrm{d}x-q\int_p\frac{\Delta p}{\tau}-q\int_n\frac{\Delta n}{\tau}-q\int_{耗尽区}U\mathrm{d}x-q\Delta pS_p-q\Delta nS_n \tag{36-2}$$

式中：G_L 是光生载流子的产生率；$\Delta n(\Delta p)$ 为过剩载流子浓度；$\tau_n(\tau_p)$ 是电子（空穴）的少子寿命；U 为耗尽层的复合率；$S_p(S_n)$ 为空穴（电子）的表面复合速率。

当电池处于短路状态时，$R_L=0$，$U=0$，所以

$$I_{sc}=I=I_L \tag{36-3}$$

即短路电流 I_{sc} 等于光生电流 I_L，与入射光强成正比。

3. 电功率

对于 $I-U$ 曲线上的每一点，都可取该点上电流与电压的乘积，以反映此工作情形下的输出电功率。即

$$P=IU=[I_0(e^{\frac{qV}{k_BT}}-1)-I_L]U \tag{36-4}$$

太阳电池的效能可以用“最大功率点”来描述，在最大功率点 $U_m\times I_m$ 达到电流电压乘积函数的最大值。太阳电池的最大输出功率可以用图形方式表示，即在 $I-U$ 曲线下描绘一个矩形，并使其面积最大。换言之，令

$$\frac{\mathrm{d}P}{\mathrm{d}U}=\frac{\mathrm{d}(IU)}{\mathrm{d}U}=0 \tag{36-5}$$

从而

$$U_m=\frac{k_BT}{q}\ln\left[\frac{1+\frac{I_L}{I_0}}{1+\frac{qU_m}{k_BT}}\right]\approx U_{oc}-\frac{k_BT}{q}\ln(1+\frac{qU_m}{k_BT}) \tag{36-6}$$

$$I_m=I_0\left(\frac{qU_m}{k_BT}\right)e^{\frac{qV_m}{k_BT}}\approx I_L(1-\frac{k_BT}{qU_m}) \tag{36-7}$$

$$P_m = I_m U_m = I_L [U_{oc} - \frac{k_B T}{q} \ln(1 + \frac{qU_m}{k_B T}) - \frac{k_B T}{q}] \tag{36-8}$$

在存在电阻负载时，负载为一直线，如图 36－7 所示，其斜率由电阻的大小决定。

负载线与伏-安特性曲线的交点 W 为工作点。负载电阻 R_L 从电池获得的功率为

$$P_R = I \times U \tag{36-9}$$

即图 36－7 中矩形面积，能使矩形面积为最大的负载电阻称为最佳负载。最佳负载能够从太阳能电池获得最大输出功率。曲线上任意一点都是太阳能电池的工作点。工作点和原点的连线是负载线，负载线的斜率的倒数即等于 R_L。可以调节负载电阻 R_L 到某一个数值 R_m 时，在曲线上得到一点 W，W 点对应的工作电流 I_m 和工作电压 U_m 之乘积为最大。即

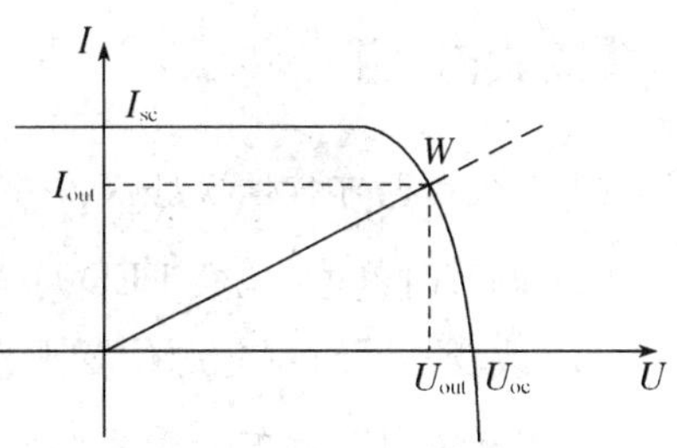

图 36－7　太阳能电池的工作点

$$P_m = I_m \times U_m \tag{36-10}$$

W 点称为太阳能电池的最佳工作点，I_m 为最佳工作电流，U_m 为最佳工作电压，R_m 为最佳负载电阻，P_m 为最大输出功率。太阳能电池的转换效率为

$$\eta = \frac{P_m}{P_{in}} \times 100\% \tag{36-11}$$

式中：P_{in} 为太阳能电池的输入功率。所以太阳能电池的转换效率指在外部回路上连接最佳负载时的最大能量转换效率。

4. 填充因子（FF，Fill Factor）

填充因子是衡量电池 PN 结质量及串联电阻的参数。它的定义是

$$FF = \frac{U_m I_m}{U_{oc} I_{sc}} \tag{36-12}$$

因此有

$$P_m = U_{oc} I_{sc} \cdot FF \tag{36-13}$$

很明显，填充因子越接近 1，太阳能电池的质量就越好。

5. 温度特性

由于太阳能电池是半导体器件，载流子的扩散系数随温度的增高而增大，少数载流子的扩散长度也随温度的增大而稍有增大。因此，光生电流也随着温度的升高而有所增加，但是，电流随温度的增高呈指数增长，因此开路电压会随温度的升高急剧下降。当温度升高时，$I-U$ 曲线形状改变，填充因子下降，所以，转换效率会随着温度的增加而降低。

6. 太阳能电池板输出功率随负载变化规律

固定短路电流最大时太阳能电池板的倾斜角度，以固定太阳能电池板的内阻；在电池板两端接入负载电阻，测量不同负载阻值下电路的电流，以确定太阳能电池的输出功率；

限制外接负载在输出功率最大时的负载电阻区间内，局部微调负载阻值，寻找最大输出功率所对应的负载阻值，并比较其与电池板内阻的关系。

【实验内容】

1. 光伏发电可行性实验

(1) 调节时刻值，观察 LED 灯发光变化。

(2) 改变不同时刻光源位置观察光源位置和光照角度。

2. 探究不同条件下太阳能电池板输出功率变化的关系

(1) 不同光照下，太阳能电池板输出功率与光照之间变化的关系。

(2) 不同环境温度下，太阳能电池板输出功率与温度变化的关系。

(3) 不同负载情况下，太阳能电池输出功率变化关系。

【实验指导】

1. 实验重点及难点

(1) 通过对太阳能电池基本特性的测量，了解和掌握它的特性和有关的测量方法。

(2) 测量不同照度下太阳能电池的伏安特性、开路电压 U_0 和短路电流 I_s。

(3) 在不同照度下，测定太阳能电池的输出功率 P 和负载电阻 R 的函数关系。

(4) 确定太阳能电池的最大输出功率 P_{max} 及相应的负载电阻 R_{max} 和填充因数。

2. 实验操作方法

从网址：http://www.ilab-x.com/details/v4?id=4154 可以进入图 36－1 的虚拟仿真实验场景窗体。

(1) 光伏发电可行性实验

图 36－8 是可行性验证电路接线示意图。将两块太阳能电池板串联，然后接负载

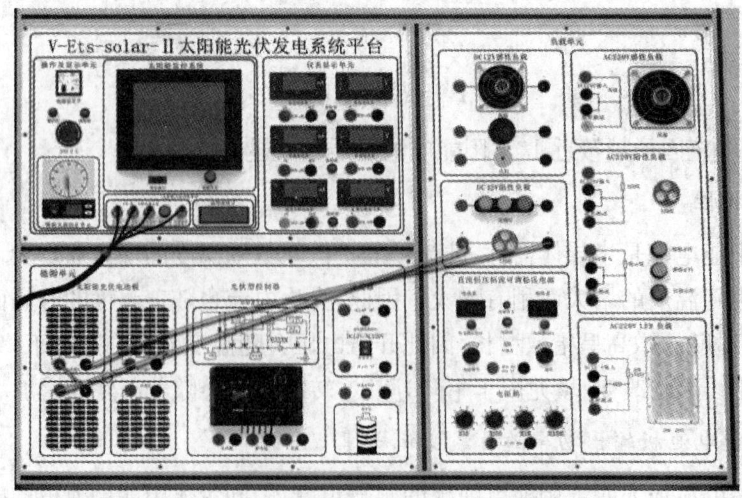

图 36－8　可行性验证电路接线示意图

LED灯。打开电源总开关，模拟光源开关，调节时刻值，使得光照慢慢增强，观察LED灯发光变化。

① 接线完成以后打开电源总开关（点击太阳能电池监控系统），如图36-9所示。

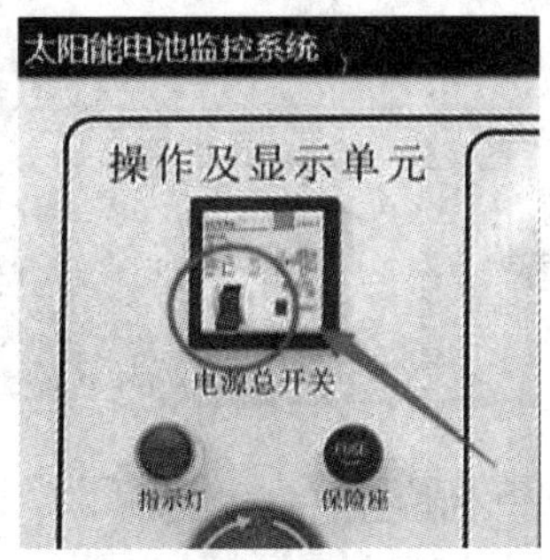

图36-9 太阳能电池监控系统操作示意图

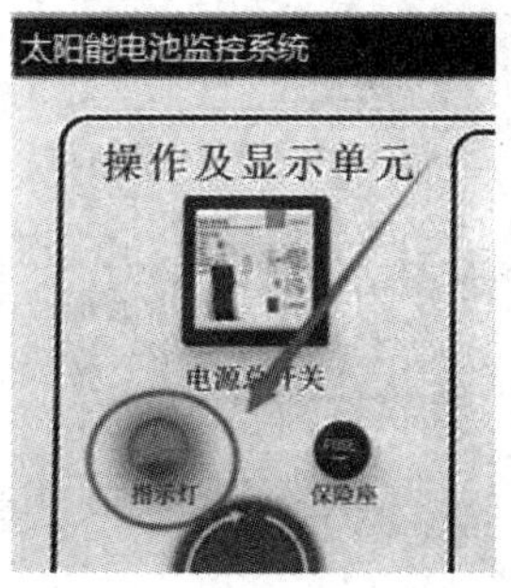

图36-10 指示灯示意图

此时电源指示灯由暗变亮，如图36-10所示。

② 打开模拟光源控制单元开关，如图36-11所示。

③ 模拟早晨、中午和傍晚不同时刻的太阳光，调节“模拟光源控制单元”开关右下方“设置时间”按钮，如图36-12所示。

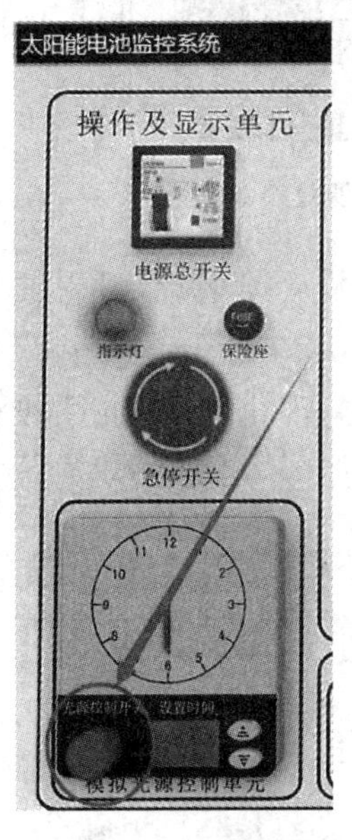

图36-11 光源开关图

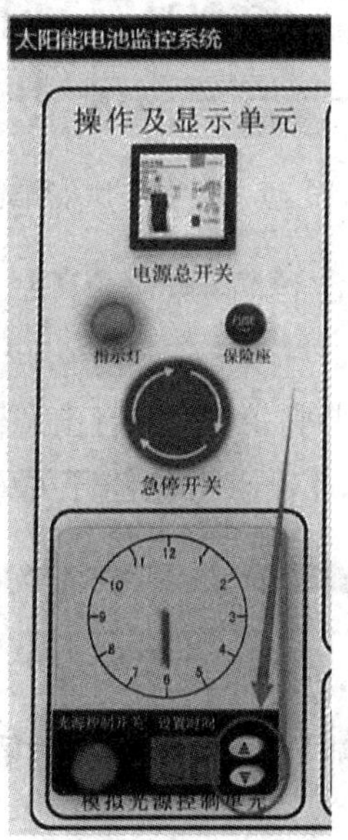

图36-12 模拟光源控制单元时间设定功能

改变不同时刻光源位置可通过主界面实时观察光源位置和光照角度，如图36-13所示。

此时点击“太阳能电池监测系统”，在环境监测中查看所选时刻模拟太阳光源所对应的光强数值，如图36-14所示。

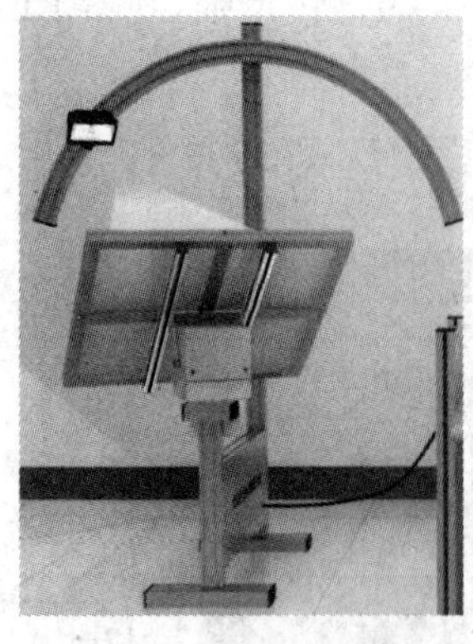
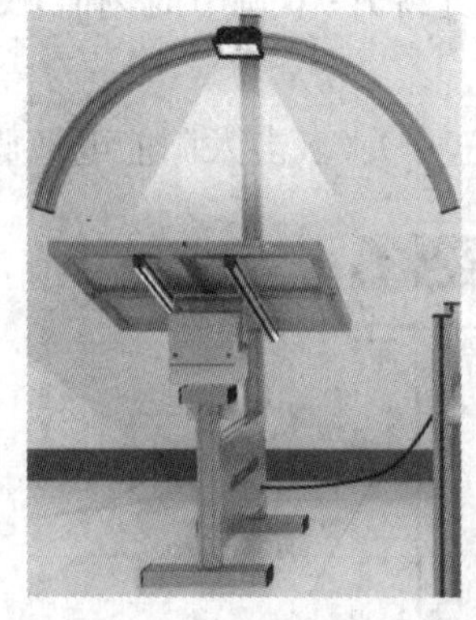
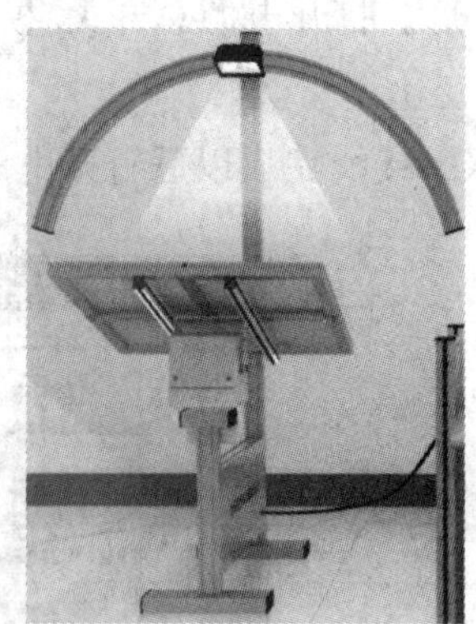

图 36 - 13　光源位置调节效果图

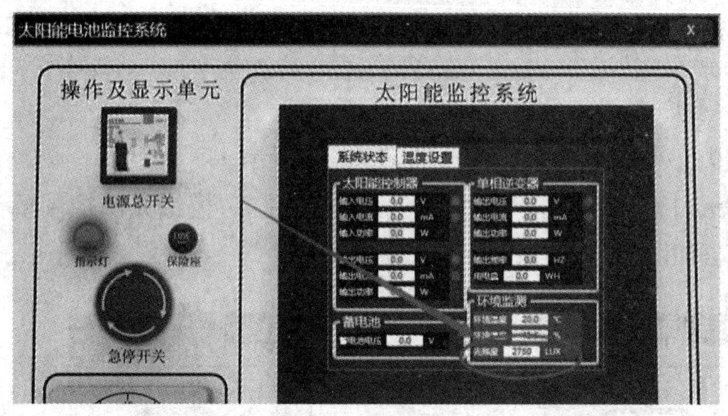

图 36 - 14　模拟太阳光源所对应的光强数值查看示意图

④ 调节不同光源位置，点击“DC12V 阻性负载”，查看 LED 负载灯亮度变化，如图 36 - 15 所示。

⑤ 实验中需要拆除接线，先点击急停开关（开关左旋），停止供电，如图 36 - 16 所示。测试或继续实验时，还需点击急停开关（开关右旋），恢复供电。

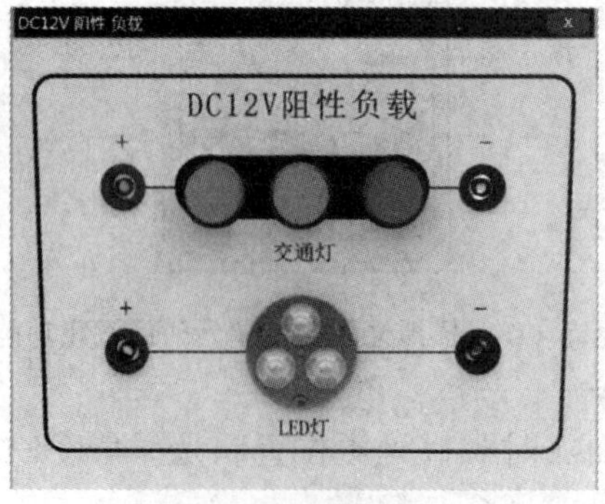

图 36 - 15　负载模块

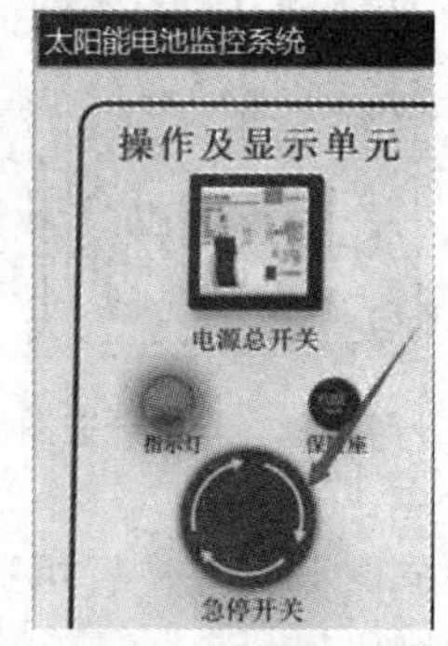

图 36 - 16　急停开关截图

（2）探究在不同光照条件下，太阳能电池板输出功率变化的关系

在环境温度 20 ℃条件下，测试 A、B、C、D 四块太阳能电池板并联时开路电压 U_{oc} 和

短路电流 I_{sc}，计算输出功率。图 36－17 是 I_{sc} 和 U_{oc} 测试电路示意图。

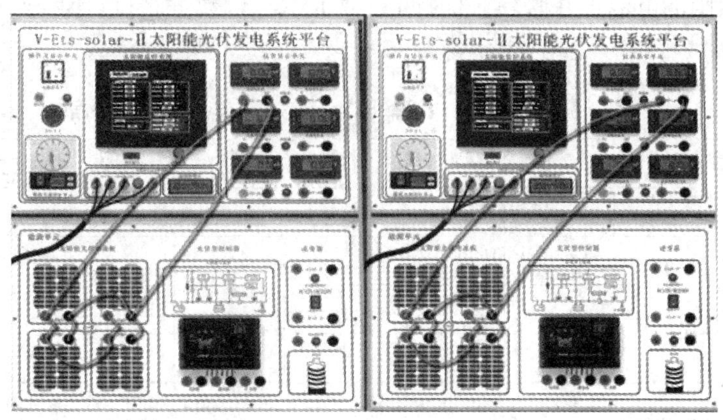

图 36－17 I_{sc}（左）和 U_{oc}（右）测试电路示意图

① 将测试数据记入太阳能电池板输出功率随太阳光照变化的测试数据一览表（A、B、C、D 四块太阳能电池板并联，环境温度为 20 ℃，数据精度：小数点后保留 2 位有效数字）。

表 36－2 太阳能电池板输出功率随太阳光照变化的测试数据

时刻值	6	7	8	9	10	11	12	13	15	16	17	18
I_{sc}/mA												
U_{oc}/V												
功率/W												

② 点击拟合曲线。

（3）探究在不同环境温度下，太阳能电池板随温度变化的输出功率变化关系

在时刻为 12 点时，将太阳能电池板 A、B、C、D 并联后与电流表、LED 灯串联；电压表与 LED 灯并联，连接线路，如图 36－18 所示。选择不同节气（即改变环境温度），测试 LED 灯功率的变化。

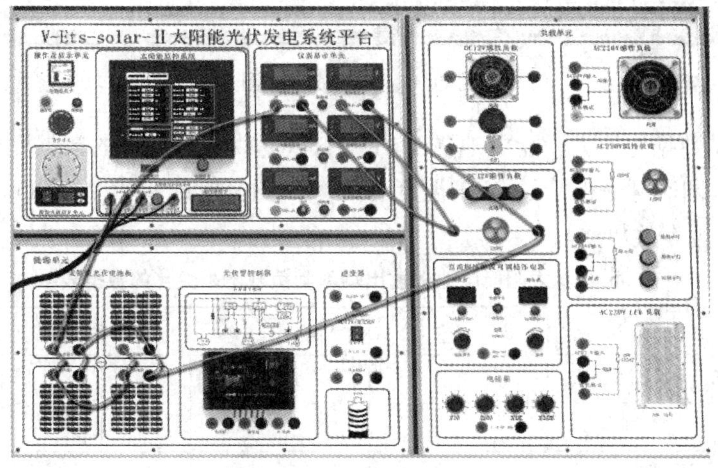

图 36－18 接线参考图

① 将测试数据记入太阳能电池板输出功率随季节温度变化的数据测试一览表(A、B、C、D 四块太阳能电池板并联,测试时间为中午 12 点,数据精度:小数点后保留 2 位有效数字)。

表 36-3　太阳能电池板输出功率随季节温度变化的数据

季节	冬至	立春	立冬	春分	秋分	立夏	立秋	夏至
温度/℃								
电流/mA								
电压/V								
功率/W								

② 点击拟合曲线。

(4) 探究在不同负载情况下,太阳能电池板输出功率变化的关系

在环境温度 20 ℃、时刻值为 12 点时,测量光伏组件(4 块电池板并联)的最大功率点。

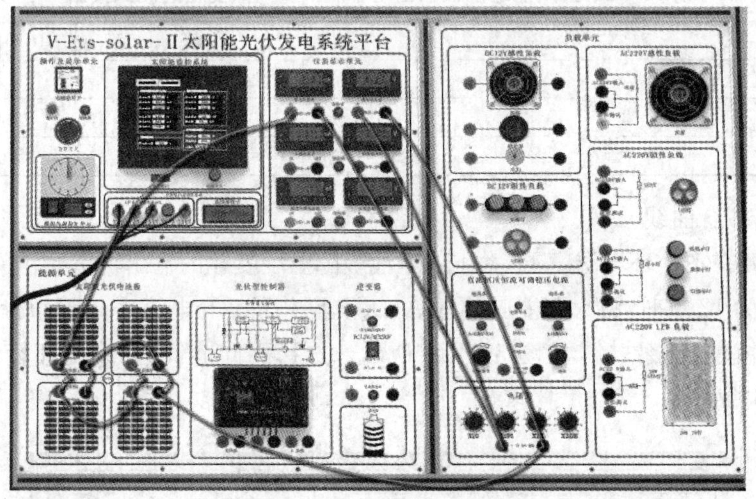

图 36-19　接线示意图

① 将测试数据记入太阳能电池板输出功率随负载电阻变化的数据测试一览表(A、B、C、D 四块太阳能电池板并联,环境温度为 20 ℃,测试时间为中午 12 点,数据精度:小数点后保留 2 位有效数字)。

表 36-4　太阳能电池板输出功率随负载电阻变化的数据表

负载电阻/Ω	0	10	20	50	90	100	500	900	1 000	5 000
电流 I/mA										
电压 U/V										
功率 P/W										

② 点击拟合曲线。

③ 光伏组件的最大输出功率 P_{max}(W)=____________。

④ 光伏组件的填充因子(%)FF= ____________。

拓展实验

探究不同光照、不同温度、不同负载条件下,LED 灯功率为 1 W 或 3 W 时的最优参数。

【注意事项】

1. 连接电路时,保持太阳能电池无光照条件。
2. 计算时注意各个物理量的单位。
3. 连接电路时,保持电源开关断开。

思考题

1. 太阳能电池的短路电流与光照强度之间是什么关系?

2. 在一定的负载电阻下,太阳能电池的输出功率取决于什么? 何时输出功率最大? 且与光照强度有怎样的关系?

3. 为什么要测量太阳能电池的开路电压和短路电流?

4. 对于负载电阻较小时,太阳能电池表现出什么特性,负载电阻较大时又有什么特性?

附　录

附录A　中华人民共和国法定计量单位

我国的法定计量单位(简称法定单位)包括:① 国际单位制的基本单位(表A-1);② 国际单位制的辅助单位(表A-2);③ 国际单位制中具有专门名称的导出单位(表A-3);④ 国家选定的非国际单位制单位(表A-4);⑤ 由以上单位构成的组合形式单位;⑥ 由词头和以上单位所构成的十进倍数和分数单位(表A-5)。

表A-1　国际单位制的基本单位

量的名称	单位名称	单位符号	量的名称	单位名称	单位符号
长度	米	m	热力学温度	开[尔文]	K
质量	千克(公斤)	kg	物质的量	摩[尔]	mol
时间	秒	s	发光强度	坎[德拉]	cd
电流	安[培]	A			

表A-2　国际单位制的辅助单位

量的名称	单位名称	单位符号
平面角	弧度	rad
立体角	球面度	Sr

表A-3　国际单位制中具有专门名称的导出单位

量的名称	单位名称	单位符号	用SI基本单位的表示式	其他表示式例
频率	赫[兹]	Hz	s^{-1}	
力,重力	牛[顿]	N	$m \cdot kg \cdot s^{-2}$	
压力,压强,应力	帕[斯卡]	Pa	$m^{-1} \cdot kg \cdot s^{-2}$	N/m^2
能[量],功,热量	焦[耳]	J	$m^2 \cdot kg \cdot s^{-2}$	$N \cdot m$
功率,辐[射能]通量	瓦[特]	W	$m^2 \cdot kg \cdot s^{-3}$	J/s
电荷[量]	库[仑]	C	$s \cdot A$	
电位,电压,电动势,(电势)	伏[特]	V	$m^2 \cdot kg \cdot s^{-3} \cdot A^{-1}$	W/A
电容	法[拉]	F	$m^{-2} \cdot kg^{-1} \cdot s^4 \cdot A^2$	C/V

（续表）

量的名称	单位名称	单位符号	用 SI 基本单位的表示式	其他表示式例
电阻	欧[姆]	Ω	$m^2 \cdot kg \cdot s^{-3} \cdot A^{-2}$	V/A
电导	西[门子]	S	$m^{-2} \cdot kg^{-1} \cdot s^3 \cdot A^2$	A/V
磁[通量]	韦[伯]	Wb	$m^2 \cdot kg \cdot s^{-2} \cdot A^{-1}$	V • s
磁[通量]密度，磁感应强度	特[斯拉]	T	$kg \cdot s^{-2} \cdot A^{-1}$	Wb/m^2
电感	亨[利]	H	$m^2 \cdot kg \cdot s^{-2} \cdot A^{-2}$	Wb/A
摄氏温度	摄氏度	℃	K	
光通量	流[明]	lm	cd • sr	
[光]强度	勒[克斯]	lx	$m^{-2} \cdot cd \cdot sr$	lm/m^2
[放射性]活度	贝克[勒尔]	Bq	s^{-1}	
吸收剂量	戈[瑞]	Gy	$m^2 \cdot s^{-2}$	J/kg
剂量当量	希[沃特]	Sv	$m^2 \cdot s^{-2}$	J/kg

表 A-4　国家选定的非国际单位制单位

量的名称	单位名称	单位符号	换算关系和说明
时间	分 [小]时 天(日)	min h d	1 min=60 s 1 h=60 min=3 600 s 1 d=24 h=86 400 s
[平面]角	[角]秒 [角]分 度	(″) (′) (°)	1″=(π/64 800)rad(π 为圆周率) 1′=60″=(π/10 800)rad 1″=60′=(π/180)rad
旋转速度	转每分	r/min	$1\ r/min=(1/60)s^{-1}$
长度	海里	n mile	1n mile=1 852 m(只用于航程)
速度	节	kn	1 kn=1 n mile/h=(1 852/3 600)m/s(只用于航行)
质量	吨 原子质量单位	t u	$1\ t=10^3\ kg$ $1\ u\approx1.660\ 565\ 5\times10^{-27}\ kg$
体积，容积	升	L，(l)	$1\ L=1\ dm^3=10^{-3}$m3
能	电子伏	eV	$1\ eV\approx1.602\ 189\times10^{-19}\ J$
级差	分贝	dB	
线密度	特[克斯]	tex	$1\ tex=10^{-6}\ kg/m$

表 A-5　用于构成十进倍数和分数单位的词头

所表示的因数	词头名称	词头符号	所表示的因数	词头名称	词头符号
10^{24}	尧[它]	Y	10^{-1}	分	d
10^{21}	泽[它]	Z	10^{-2}	厘	c
10^{18}	艾[可萨]	E	10^{-3}	毫	m
10^{15}	拍[它]	P	10^{-6}	微	μ
10^{12}	太[拉]	T	10^{-9}	纳[诺]	n
10^{9}	吉[咖]	G	10^{-12}	皮[可]	p
10^{6}	兆	M	10^{-15}	飞[母托]	f
10^{3}	千	k	10^{-18}	阿[托]	a
10^{2}	百	h	10^{-21}	仄[普托]	z
10^{1}	十	da	10^{-24}	幺[科托]	y

注:1. 周、月、年(年的符号为 a),为一般常用时间单位。

2. [　]内的字,是在不致混淆的情况下,可以省略的字。

3. (　)内的字为前者的同义语。

4. 平面角单位度、分、秒的符号,在组合单位中应采用(°),(′),(″)的形式。例如,不用°/s 而用(°)/s。

5. 升的两个符号属同等地位,可任意选用。

6. r 为“转”的符号。

7. 日常生活和贸易中,质量习惯称为重量。

8. 公里为千米的俗称,符号为 km。

9. 10^4 称为万,10^8 称为亿,10^{12} 称为万亿,这类数词的使用不受词头名称的影响,但不应与词头混淆。

附录 B 常用物理数据

表 B-1 基本物理常量

名 称	符号、数值和单位
真空中的光速	$c=2.997\,924\,58\times10^{8}$ m/s
电子的电荷	$e=1.602\,189\,2\times10^{-19}$ C
普朗克常量	$h=6.626\,176\times10^{-34}$ J·s
阿伏伽德罗常量	$N_0=6.022\,045\times10^{23}$ mol^{-1}
原子质量单位	$u=1.660\,565\,5\times10^{-27}$ kg
电子的静止质量	$m_e=9.109\,534\times10^{-31}$ kg
电子的荷质比	$e/m_e=1.758\,804\,7\times10^{11}$ C/kg
法拉第常量	$F=9.648\,456\times10^{4}$ C/mol
氢原子的里德伯常量	$R_H=1.096\,776\times10^{7}$ m^{-1}
摩尔气体常量	$R=8.314\,41$ J/(mol·k)
玻尔兹曼常量	$k=1.380\,622\times10^{-23}$ J/K
洛施密特常量	$n=2.687\,19\times10^{25}$ m^{-3}
万有引力常量	$G=6.672\,0\times10^{-11}$ N·m^2/kg^2
标准大气压	$p_0=101\,325$ Pa
冰点的绝对温度	$T_0=273.15$ K
声音在空气中的速度(标准状态下)	$v=331.46$ m/s
干燥空气的密度(标准状态下)	$\rho_{空气}=1.293$ kg/m^3
水银的密度(标准状态下)	$\rho_{水银}=13\,595.04$ kg/m^3
理想气体的摩尔体积(标准状态下)	$V_m=22.413\,83\times10^{-3}$ m^3/mol
真空中介电常量(电容率)	$\varepsilon_0=8.854\,188\times10^{-12}$ F/m
真空中磁导率	$\mu_0=12.566\,371\times10^{-7}$ H/m
钠光谱中黄线的波长	$D=589.3\times10^{-9}$ m
镉光谱中红线的波长(15 ℃,101 325 Pa)	$\lambda_{cd}=643.846\,96\times10^{-9}$ m

表 B-2　在 20 ℃时固体和液体的密度

物质	密度 ρ(kg/m^3)	物质	密度 ρ(kg/m^3)	物质	密度 ρ(kg/m^3)
铝	2 698.9	铅	11 350	乙醇	789.4
铜	8 960	锡	7 298	乙醚	714
铁	7 874	水银	13 546.2	汽车用汽油	710～720
银	10 500	钢	7 600～7 900	弗利昂－12	1 329
金	19 320	石英	2 500～2 800	蓖麻油	960
钨	19 300	水晶玻璃	2 900～3 000	变压器油	840～890
铂	21 450	冰(0 ℃)	880～920	甘油	1 260

表 B-3　在海平面上不同纬度处的重力加速度①

纬度 φ(度)	g(m/s^2)	纬度 φ(度)	g(m/s^2)	纬度 φ(度)	g(m/s^2)
0	9.780 49	35	9.797 46	70	9.826 14
5	9.780 88	40	9.801 80	75	9.828 73
10	9.782 04	45	9.806 29	80	9.830 65
15	9.783 94	50	9.810 79	85	9.831 82
20	9.786 52	55	9.815 15	90	9.832 21
25	9.789 69	60	9.819 24		
30	9.783 38	65	9.822 94		

① 表中所列数值是根据公式 $g=9.780\,49(1+0.005\,288\sin^2\varphi-0.000\,006\sin^2\varphi)$ 算出的，其中 φ 为纬度。

表 B-4　固体的线膨胀系数

物质	温度或温度范围(℃)	α($\times10^{-6}$℃$^{-1}$)	物质	温度或温度范围(℃)	α($\times10^{-6}$℃$^{-1}$)
铝	0～100	23.8	锌	0～100	32
铜	0～100	17.1	铂	0～100	9.1
铁	0～100	12.2	钨	0～100	4.5
金	0～100	14.3	石英玻璃	20～200	0.56
银	0～100	19.6	窗玻璃	20～200	9.5
钢(0.05%碳)	0～100	12.0	花岗石	20	6～9
康铜	0～100	15.2	瓷器	20～700	3.4～4.1
铅	0～100	29.2			

表 B-5　在 20 ℃时某些金属的弹性模量(杨氏模量)[①]

金属	杨氏模量 Y		金属	杨氏模量 Y	
	(GPa)	(kgf/mm^2)		(GPa)	(kgf/mm^2)
铝	69～70	7 000～7 100	锌	78	8 000
钨	407	41 500	镍	203	20 500
铁	186～206	19 000～21 000	铬	235～245	24 000～25 000
铜	103～127	10 500～13 000	合金钢	206～216	21 000～22 000
金	77	7 900	碳钢	196～206	20 000～21 000
银	69～80	7 000～8 200	康铜	160	16 300

① 杨氏弹性模量的值与材料的结构、化学成分及其加工制造方法有关。因此，在某些情况下，Y 的值可能与表中所列的平均值不同。

表 B-6-1　在 20 ℃时与空气接触的液体的表面张力系数

液体	$\sigma(\times 10^{-3}$ N/m)	液体	$\sigma(\times 10^{-3}$ N/m)
石油	30	甘油	63
煤油	24	水银	513
松节油	28.8	蓖麻	36.4
水	72.75	乙醇	22.0
肥皂溶液	40	乙醇(在 60 ℃时)	18.4
弗利昂—12	9.0	乙醇(在 0 ℃时)	24.1

表 B-6-2　在不同温度下与空气接触的水的表面张力系数

温度(℃)	$\sigma(\times 10^{-3}$N/m)	温度(℃)	$\sigma(\times 10^{-3}$N/m)	温度(℃)	$\sigma(\times 10^{-3}$N/m)
0	75.62	16	73.34	30	71.15
5	74.90	17	73.20	40	69.55
6	74.76	18	73.05	50	67.90
8	74.48	19	72.89	60	66.17
10	74.20	20	72.75	70	64.41
11	74.07	21	72.60	80	62.60
12	73.92	22	72.44	90	60.74
13	73.78	23	72.28	100	58.84
14	73.64	24	72.12		
15	73.48	25	71.96		

表 B-7 常见液体的黏滞系数

液体	温度(℃)	η(μPa·s)	液体	温度(℃)	η(μPa·s)
汽油	0	1 788	甘油	−20	134×10^{6}
	18	530		0	121×10^{5}
甲醇	0	817		20	$1\,499\times10^{3}$
	20	584		100	12 945
乙醇	−20	2 780	蜂蜜	20	650×10^{4}
	0	1 780		80	100×10^{3}
	20	1 190	鱼肝油	20	45 600
乙醚	0	296		80	4 600
	20	243	水银	−20	1 855
变压器	20	19 800		0	1 685
蓖麻油	10	242×10^{4}		20	1 554
葵花子油	20	50 000		100	1 224

表 B-8 固体导热系数 λ

物质	温度(K)	λ($\times10^{2}$ W/m·K)	物质	温度(K)	λ($\times10^{2}$ W/m·K)
银	273	4.18	康铜	273	0.22
铝	273	2.38	不锈钢	273	0.14
金	273	3.11	镍铬合金	273	0.11
铜	273	4.0	软木	273	0.3×10^{-3}
铁	273	0.82	橡胶	298	1.6×10^{-3}
黄铜	273	1.2	玻璃纤维	323	0.4×10^{-3}

表 B-9-1 某些固体的比热容

固体	比热容($J\cdot kg^{-1}\cdot K^{-1}$)	固体	比热容($J\cdot kg^{-1}\cdot K^{-1}$)
铝	908	铁	460
黄铜	389	钢	450
铜	385	玻璃	670
康铜	420	冰	2 090

表 B-9-2 某些液体的比热容

液体	比热容($J\cdot kg^{-1}\cdot K^{-1}$)	温度(℃)	液体	比热容($J\cdot kg^{-1}\cdot K^{-1}$)	温度(℃)
乙醇	2 300	0	水银	146.5	0
	2 470	20		139.3	20

表 B-9-3　不同温度时水的比热容

温度(℃)	0	5	10	15	20	25	30	40	50	60	70	80	90	99
比热容($J \cdot kg^{-1} \cdot K^{-1}$)	4 217	4 202	4 192	4 186	4 182	4 179	4 178	4 178	4 180	4 184	4 189	4 196	4 205	4 215

表 B-10　某些金属和合金的电阻率及其温度系数①

金属或合金	电阻率($\times 10^{-6}$ $\Omega \cdot m$)	温度系数($℃^{-1}$)	金属或合金	电阻率($\times 10^{-6}$ $\Omega \cdot m$)	温度系数($℃^{-1}$)
铝	0.028	42×10^{-4}	锌	0.059	42×10^{-4}
铜	0.017 2	43×10^{-4}	锡	0.12	44×10^{-4}
银	0.016	40×10^{-4}	水银	0.958	10×10^{-4}
金	0.024	40×10^{-4}	武德合金	0.52	37×10^{-4}
铁	0.098	60×10^{-4}	钢(0.10%～0.15%碳)	0.10～0.14	6×10^{-3}
铅	0.205	37×10^{-4}	康铜	0.47～0.51	$(-0.04\sim+0.01)\times 10^{-3}$
铂	0.105	39×10^{-4}	铜锰镍合金	0.34～1.00	$(-0.03\sim+0.02)\times 10^{-3}$
钨	0.055	48×10^{-4}	镍铬合金	0.98～1.10	$(0.03\sim 0.4)\times 10^{-3}$

① 电阻率与金属中的杂质有关，因此表中列出的只是 20 ℃时电阻率的平均值。

表 B-11-1　不同金属或合金与铂(化学纯)构成热电偶的热电动势

(热端在 100 ℃，冷端在 0 ℃时)①

金属或合金	热电动势(mV)	连续使用温度(℃)	短时使用最高温度(℃)
95%Ni+5%(Al,Si,Mn)	−1.38	1 000	1 250
钨	+0.79	2 000	2 500
手工制造的铁	+1.87	600	800
康铜(60%Cu+40%Ni)	−3.5	600	800
56%Cu+44%Ni	−4.0	600	800
制导线用铜	+0.75	350	500
镍	−1.5	1 000	1 100
80%Ni+20%Cr	+2.5	1 000	1 100
90%Ni+10%Cr	+2.71	1 000	1 250
90%Pt+10%Ir	+1.3	1 000	1 200
90%Pt+10%Rh	+0.64	1 300	1 600
银	+0.72②	600	700

① 表中的“+”或“−”表示该电极与铂组成热电偶时，其热电动势是正或负。当热电动势为正时，在处于 0 ℃的热电偶一端电流由金属(或合金)流向铂。

② 为了确定用表中所列任何两种材料构成的热电偶的热电动势，应当取这两种材料的热电动势的差值。例如：铜-康铜热电偶的热电动势等于+0.75−(−3.5)=4.25(mV)。

表 B-11-2 几种标准温差电偶

名　　称	分度号	100 ℃时的电动势(mV)	使用温度范围(℃)
铜-康铜(Cu55Ni45)	CK	4.26	−200～300
镍铬(Cr9～10Si0.4Ni90)-康铜(Cu56～57Ni43～44)	EA-2	6.95	−200～800
镍铬(Cr9～10Si0.4Ni90)-镍硅(Si2.5～3Co<0.6Ni97)	EV-2	4.10	1 200
铂铑(Pt90Rh10)-铂	LB-3	0.643	1 600
铂铑(Pt70Rh30)-铂铑(Pt94Rh6)	LL-2	0.034	1 800

表 B-11-3 铜-康铜热电偶的温差电动势(自由端温度 0 ℃)　(单位:mV)

康铜的温度	铜的温度(℃)										
	0	10	20	30	40	50	60	70	80	90	100
0	0.000	0.389	0.787	1.194	1.610	2.035	2.468	2.909	3.357	3.813	4.277
100	4.227	4.749	5.227	5.712	6.204	6.702	7.207	7.719	8.236	8.759	9.288
200	9.288	9.823	10.363	10.909	11.459	12.014	12.575	13.140	13.710	14.285	14.864
300	14.864	15.448	16.035	16.627	17.222	17.821	18.424	19.031	19.642	20.256	20.873

表 B-12 在常温下某些物质相对于空气的光的折射率

物质	H_α 线(656.3 nm)	D 线(589.3 nm)	H_β 线(486.1 nm)
水(18 ℃)	1.331 4	1.333 2	1.337 3
乙醇(18 ℃)	1.360 9	1.362 5	1.366 5
二硫化碳(18 ℃)	1.619 9	1.629 1	1.654 1
冕玻璃(轻)	1.512 7	1.515 3	1.521 4
冕玻璃(重)	1.612 6	1.615 2	1.621 3
燧石玻璃(轻)	1.603 8	1.608 5	1.620 0
燧石玻璃(重)	1.743 4	1.751 5	1.772 3
方解石(寻常光)	1.654 5	1.658 5	1.667 9
方解石(非常光)	1.484 6	1.486 4	1.490 8
水晶(寻常光)	1.541 8	1.544 2	1.549 6
水晶(非常光)	1.550 9	1.553 3	1.558 9

表 B－13　常用光源的谱线波长表　　（单位：nm）

光源	谱线波长	光源	谱线波长
H（氢）	656.28 红	Ne（氖）	626.25 橙
	486.13 绿蓝		621.73 橙
	434.05 蓝		614.31 橙
	410.17 蓝紫		588.19 黄
	397.01 蓝紫		585.25 黄
He（氦）	706.52 红	Na（钠）	589.592(D_1)黄
	667.82 红		588.995(D_2)黄
	587.56(D_3)黄	Hg（汞）	623.44 橙
	501.57 绿		579.07 黄
	492.19 绿蓝		576.96 黄
	471.31 蓝		546.07 绿
	447.15 蓝		491.60 绿蓝
	402.62 蓝紫		435.83 蓝
	388.87 蓝紫		407.78 蓝紫
Ne（氖）	650.65 红		404.66 蓝紫
	640.23 橙	He－Ne 激光	632.8 橙
	638.30 橙		

参考书目

[1] 曹钢. 大学物理实验教程(第二版)[M]. 北京:高等教育出版社,2021.
[2] 江美福等. 大学物理实验教程(第三版)[M]. 北京:高等教育出版社,2020.
[3] 杨能勋,基础物理实验教程[M]. 北京:科学出版社,2020.
[4] 钟小丽. 大学物理实验[M]. 北京:高等教育出版社,2020.
[5] 孙建. 大学物理实验[M]. 西安:西北工业大学出版社,2019.
[6] 游泳等. 大学物理实验[M]. 北京:北京理工大学出版社,2019.
[7] 何光宏等. 大学物理实验[M]. 北京:科学出版社,2019.
[8] 张清. 大学物理实验[M]. 北京:高等教育出版社,2018.
[9] 李学惠等. 大学物理实验(第四版)[M]. 北京:高等教育出版社,2018.
[10] 林伟华等. 大学物理实验[M]. 北京:高等教育出版社,2017.
[11] 方利广等. 大学物理实验[M]. 北京:高等教育出版社,2016.
[12] 杨述武. 普通物理实验.(1、2、3)(第五版)[M]. 北京:高等教育出版社,2016.
[13] 吕斯骅等. 新编基础物理实验(第二版)[M]. 北京:高等教育出版社,2013.
[14] 沙振舜等. 当代物理实验手册[M]. 南京:南京大学出版社,2012.
[15] 马以春等. 大学物理实验[M]. 北京:北京出版社,2008.
[16] 万纯娣. 普通物理实验[M]. 南京:南京大学出版社,2000.
[17] 李寿松. 物理实验[M]. 南京:江苏教育出版社,1995.
[18] 林抒. 普通物理实验[M]. 北京:高等教育出版社,1981.